高等学校计算机类专业系列教材

Java 程序设计教程

向守超 刘 军 张永志 编著

于 柏 参编

西安电子科技大学出版社

内 容 简 介

本书深入浅出讲述了 Java 面向对象程序设计的基础知识，并对 Java 的高级应用进行深入分析和讲解。内容涵盖 Java 概述，数据类型与运算符，流程控制结构，数组，类和对象，Java 常用类，继承与多态，抽象类、接口和枚举，异常，泛型与集合，输入/输出流，多线程，Swing UI 设计，JDBC 与 MySQL 编程，网络编程。本书所有代码都是基于 Java 8 环境调试运行的。

本书注重可读性和实用性，并且重点突出，强调动手操作能力。书中配备了大量的例题和习题，这些例题和习题既能帮助理解知识，又具有启发性。本书通俗易懂，便于自学，针对较难理解的问题，都是从简单到复杂，逐步深入地引入例子，便于读者掌握 Java 面向对象编程的思想。

本书适用面广，既可作为高校、培训机构的 Java 教材，也可作为计算机科学与技术、物联网工程、软件工程、电子商务等专业的程序设计课程的教材，也可供自学者及软件开发人员参考。

图书在版编目(CIP)数据

Java 程序设计教程 / 向守超，刘军，张永志编著. —西安：
西安电子科技大学出版社，2019.7(2021.6 重印)
ISBN 978–7–5606–5326–6

Ⅰ. ① J⋯ Ⅱ. ① 向⋯ ② 刘⋯ ③ 张⋯ Ⅲ. ① JAVA 语言—程序设计—教材
Ⅳ. ① TP312.8

中国版本图书馆 CIP 数据核字(2019)第 086001 号

策划编辑　刘玉芳
责任编辑　万晶晶
出版发行　西安电子科技大学出版社(西安市太白南路 2 号)
电　　话　(029)88202421　88201467　　邮　编　710071
网　　址　www.xduph.com　　　　　　电子邮箱　xdupfxb001@163.com
经　　销　新华书店
印刷单位　陕西天意印务有限责任公司
版　　次　2019 年 7 月第 1 版　　2021 年 6 月第 2 次印刷
开　　本　787 毫米×1092 毫米　1/16　印　张　24.25
字　　数　578 千字
印　　数　3001～6000 册
定　　价　56.00 元

ISBN 978–7–5606–5326–6 / TP

XDUP 5628001-2

如有印装问题可调换

前　言

本书基于 Java 8 新特性而编写，具有很强的可读性和实用性，并根据知识点的难易程度，精心选择了许多例题和习题，帮助读者理解知识，启发学习。

全书共分为 15 章，分别为 Java 概述，数据类型与运算符，流程控制结构，数组，类和对象，Java 常用类，继承与多态，抽象类、接口和枚举，异常，泛型与集合，输入/输出流，多线程，Swing UI 设计，JDBC 与 MySQL 编程，网络编程。

第 1 章介绍 Java 语言的来历、发展史、特点和 Java 体系架构，详细讲解了 Java 集成开发环境的安装和配置使用，以及 Java 应用程序的基本结构和基本编写规范。第 2 章讲解了 Java 的基本数据类型、各种运算符和表达式。第 3 章详细介绍了 Java 流程控制结构以及转移语句。第 4 章介绍了数组的创建、初始化、冒泡排序、foreach 遍历、二维数组以及 Arrays 类的常用方法。第 5 章作为面向对象的开始，重点讲述了类的声明、对象的创建和使用、成员方法和构造方法的基本结构特点和应用规则、方法的重载、包的应用以及访问权限修饰符等关键字的使用原则。第 6 章讲述了常用的实用类，包括 Object 类、字符串类、Scanner 类、Math 类、Date 类、Calendar 类和一些格式化处理规则。第 7 章讲述了类的继承、多态、内部类以及类之间的其他各种关系。第 8 章讲述了抽象类、接口和枚举的应用。第 9 章讲述了 Java 的异常处理机制，包括捕获异常、抛出异常和自定义异常。第 10 章讲述了泛型和集合，包括泛型的定义、通配符、泛型的限制、集合框架、迭代器接口以及几种常用集合类的使用方法。第 11 章重点讲述了输入/输出流，包括文件类、字节流、字符流、过滤流、转换流和对象流，以及 NIO 的应用。第 12 章讲述了多线程的创建、启动、实现、优先级、生命周期以及实现多线程的同步和网络通信等内容。第 13 章介绍了 Java 的 Swing UI 组件的设计，包括基本组件、高级组件、容器和布局，并把事件处理作为难点讲解。第 14 章讲述了 JDBC 与 MySQL 数据库的编程，重点是数据库的访问和操作数据库。第 15 章讲述了关于 Java 的网络编程的基础知识，针对套接字，用通俗易懂的语言给予了详细的讲解，使读者能够轻松接受网络编程知识，并通过聊天室案例实现网络编程，有利于读者举一反三编写相应的网络程序。

本书由重庆机电职业技术大学向守超老师、天津商业大学于柏老师负责第 1 章到第 7 章的编写，重庆电信职业学院刘军老师负责第 8 章到第 12 章的编写，重庆机电职业技术大学张永志老师负责第 13 章到第 15 章的编写。由于编者水平有限且时间仓促，书中难免存在疏漏和不足，希望同行专家和读者给予批评和指正。

编　者

2019 年 1 月

目 录

第1章 Java 概述 1
1.1 Java 简介 1
1.1.1 Java 起源 1
1.1.2 Java 发展史 2
1.1.3 Java 的特点 2
1.2 Java 体系 4
1.2.1 Java 应用平台 4
1.2.2 Java 专有名词 5
1.2.3 Java 跨平台原理 5
1.3 JDK 工具 7
1.3.1 JDK 简介 7
1.3.2 JDK 安装配置 7
1.3.3 JDK 目录 9
1.4 集成开发环境 10
1.4.1 Eclipse 简介 10
1.4.2 Eclipse 下载及安装 10
1.4.3 Eclipse 基本操作 12
1.5 Java 应用程序 16
1.5.1 Java 语言编写规范 16
1.5.2 Java 注释 17
1.5.3 Java 打印输出 18
1.5.4 Hello World 程序 19
练习题 19

第2章 数据类型与运算符 21
2.1 字符 21
2.1.1 字符集 21
2.1.2 分隔符 22
2.1.3 标识符 22
2.1.4 关键字 23
2.2 变量和常量 23
2.2.1 变量 23
2.2.2 常量 24
2.3 数据类型 24
2.3.1 基本数据类型 24
2.3.2 引用数据类型 28

2.3.3 数据类型转换 29
2.4 运算符 30
2.4.1 自增、自减运算符 31
2.4.2 算术运算符 32
2.4.3 关系运算符 34
2.4.4 逻辑运算符 35
2.4.5 位运算符 37
2.4.6 赋值运算符 38
2.4.7 条件运算符 40
2.4.8 运算符优先级 40
练习题 41

第3章 流程控制结构 44
3.1 语句概述 44
3.2 分支结构 45
3.2.1 if 条件语句 45
3.2.2 switch 开关语句 49
3.3 循环结构 51
3.4 转移语句 55
练习题 59

第4章 数组 62
4.1 创建数组 62
4.1.1 数组的声明 62
4.1.2 数组的初始化 63
4.2 访问数组 64
4.3 冒泡排序算法 65
4.4 foreach 遍历数组 66
4.5 二维数组 67
4.6 Arrays 类 69
练习题 72

第5章 类和对象 76
5.1 面向对象思想 76
5.1.1 面向对象简介 76
5.1.2 面向对象的基本名称 77
5.2 类和对象 79
5.3 方法 85

5.3.1 方法的声明 85	7.3.1 上转型对象 150
5.3.2 方法的参数传递机制 ... 86	7.3.2 引用变量的强制类型转换 ... 152
5.3.3 构造方法 88	7.3.3 instanceof 运算符 153
5.3.4 方法的重载 90	7.4 内部类 154
5.3.5 static 关键字 91	7.4.1 非静态内部类 154
5.3.6 this 关键字 92	7.4.2 局部内部类 156
5.3.7 可变参数 94	7.4.3 静态内部类 158
5.4 包 95	7.4.4 匿名内部类 159
5.5 访问权限修饰符 98	7.5 类之间的其他关系 161
5.6 单例类 102	7.5.1 依赖关系 162
练习题 103	7.5.2 关联关系 162
	7.5.3 聚合关系 163
第6章 Java 常用类 106	7.5.4 组成关系 164
6.1 基本类型的封装类 106	练习题 166
6.2 Object 类 108	
6.2.1 equals()方法 109	第8章 抽象类、接口和枚举 ... 168
6.2.2 toString()方法 110	8.1 抽象类 168
6.3 字符串类 112	8.1.1 抽象类的定义 168
6.3.1 String 类 113	8.1.2 抽象类的使用 169
6.3.2 StringBuffer 类 115	8.1.3 抽象类的作用 171
6.3.3 StringBuilder 类 117	8.2 接口 172
6.4 Scanner 类 119	8.2.1 接口的定义 172
6.5 Math 类 120	8.2.2 接口的实现 173
6.6 Date 类与 Calendar 类 123	8.2.3 接口的继承 175
6.6.1 Date 类 123	8.3 枚举 176
6.6.2 Calendar 类 125	8.3.1 枚举类的定义 177
6.7 格式化处理 126	8.3.2 包含属性和方法的枚举类 ... 179
6.7.1 数字格式化 127	8.3.3 Enum 类 181
6.7.2 货币格式化 128	练习题 184
6.7.3 日期格式化 129	
6.7.4 消息格式化 132	第9章 异常 186
练习题 135	9.1 异常概述 186
	9.1.1 异常类 186
第7章 继承与多态 138	9.1.2 异常处理机制 187
7.1 类之间关系概述 138	9.2 捕获异常 188
7.2 继承 139	9.2.1 try...catch 语句 189
7.2.1 继承的特点 139	9.2.2 try...catch...finally 语句 ... 192
7.2.2 方法的重写 143	9.2.3 嵌套的 try...catch 语句 ... 195
7.2.3 super 关键字 144	9.2.4 多异常捕获 197
7.2.4 final 关键字 148	9.3 抛出异常 198
7.3 多态 150	9.3.1 throw 抛出异常对象 199

9.3.2　throws 声明抛出异常序列 199	11.7.3　Channel 250
9.4　自定义异常 201	11.7.4　字符集和 Charset 252
练习题 202	11.7.5　文件锁 254
第 10 章　泛型与集合 205	11.7.6　NIO.2 255
10.1　泛型 205	练习题 257
10.1.1　泛型定义 205	**第 12 章　多线程** 260
10.1.2　通配符 207	12.1　线程概述 260
10.1.3　有界类型 208	12.1.1　线程和进程 260
10.1.4　泛型的限制 212	12.1.2　Java 线程模型 262
10.2　集合概述 212	12.1.3　主线程 263
10.2.1　集合框架 212	12.2　线程的创建和启动 264
10.2.2　迭代器接口 214	12.3　线程的生命周期 269
10.3　集合类 215	12.3.1　新建和就绪状态 270
10.3.1　Collection 接口 215	12.3.2　运行和阻塞状态 271
10.3.2　List 接口及其实现类 217	12.3.3　死亡状态 272
10.3.3　Set 接口及其实现类 219	12.4　线程的优先级 274
10.3.4　Queue 接口及其实现类 221	12.5　线程的同步 276
10.3.5　Map 接口及其实现类 224	12.5.1　同步代码块 276
10.4　集合转换 226	12.5.2　同步方法 279
练习题 228	12.5.3　同步锁 282
第 11 章　输入/输出流 230	12.6　线程通信 285
11.1　输入/输出流概述 230	12.7　Timer 定时器 288
11.2　File 类 231	练习题 289
11.3　字节流 234	**第 13 章　Swing UI 设计** 292
11.3.1　InputStream 234	13.1　WindowBuilder 插件 292
11.3.2　OutputStream 236	13.1.1　WindowBuilder 插件安装 292
11.4　字符流 238	13.1.2　WindowBuilder 插件的
11.4.1　Reader 238	使用过程 295
11.4.2　Writer 240	13.2　GUI 概述 298
11.5　过滤流和转换流 241	13.2.1　AWT 和 Swing 298
11.5.1　过滤流 241	13.2.2　Swing 组件层次 299
11.5.2　转换流 243	13.3　容器与布局 299
11.6　对象流 244	13.3.1　JFrame 顶级容器 300
11.6.1　对象序列化与反序列化 245	13.3.2　JPanel 中间容器 300
11.6.2　ObjectInputStream 和	13.3.3　BorderLayout 边界布局 301
ObjectOutputStream 245	13.3.4　FlowLayout 流布局 301
11.7　NIO 247	13.3.5　GridLayout 网格布局 302
11.7.1　NIO 概述 248	13.3.6　CardLayout 卡片布局 302
11.7.2　Buffer 248	13.3.7　NULL 空布局 303

13.4 基本组件 304
　13.4.1　Icon 图标 305
　13.4.2　JButton 按钮 306
　13.4.3　JLabel 标签 306
　13.4.4　文本组件 307
　13.4.5　JComboBox 组合框 308
　13.4.6　JList 列表框 308
　13.4.7　JRadioButton 单选按钮 309
　13.4.8　JCheckBox 复选框 310
　13.4.9　用户注册界面 310
13.5 事件处理 316
　13.5.1　Java 事件处理机制 316
　13.5.2　事件和事件监听器 318
13.6 标准对话框 319
　13.6.1　消息对话框 320
　13.6.2　输入对话框 321
　13.6.3　确认对话框 321
　13.6.4　选项对话框 322
13.7 菜单 322
　13.7.1　下拉式菜单 322
　13.7.2　弹出式菜单 326
13.8 表格与树 327
　13.8.1　表格 328
　13.8.2　树 331
练习题 336

第 14 章　JDBC 与 MySQL 编程 338
14.1 JDBC 基础 338
　14.1.1　JDBC 简介 338
　14.1.2　JDBC 驱动 339
　14.1.3　JDBC API 340
14.2 数据库环境搭建 343
　14.2.1　创建数据库表 343
　14.2.2　设置 MySQL 驱动类 344
14.3 数据库访问 345
　14.3.1　加载数据库驱动 345
　14.3.2　建立数据库连接 346
　14.3.3　创建 Statement 对象 346
　14.3.4　执行 SQL 语句 347
　14.3.5　访问结果集 347
14.4 操作数据库 349
　14.4.1　execute()方法 349
　14.4.2　executeUpdate()方法 351
　14.4.3　PreparedStatement 接口 353
14.5 事务处理 355
练习题 357

第 15 章　网络编程 359
15.1 Java 网络 API 359
　15.1.1　InetAddress 类 359
　15.1.2　URL 类 362
　15.1.3　URLConnection 类 364
　15.1.4　URLDecoder 类和
　　　　　URLEncoder 类 365
15.2 基于 TCP 的网络编程 366
　15.2.1　Socket 类 367
　15.2.2　ServerSocket 类 369
　15.2.3　聊天室 372
练习题 378

参考文献 380

第 1 章 Java 概述

本章学习目标：

- 熟悉 Java 语言的产生、特点以及编写规范
- 掌握 Java 开发环境和开发工具的使用
- 掌握编写简单的 Java 程序
- 掌握创建、编译和运行 Java 程序的基本步骤

随着计算机技术的不断发展和计算机网络的完善与普及，面向对象程序设计的 Java 语言越来越受到编程爱好者的青睐。本章首先简要介绍了 Java 语言的发展、特点和编写规范，其次详细介绍 Java 语言的开发环境和开发工具的使用，最后详细介绍了 Java 程序的创建、编译和运行的整个过程。

1.1 Java 简介

Java 是一种可用于编写跨平台应用软件的面向对象程序设计语言，也是 Java SE(标准版)、Java EE(企业版)和 Java ME(微型版)三种平台的总称。由于 Java 具有"一次编写，多处应用(Write Once，Run Anywhere)"的特点，因此被广泛应用于 PC、数据中心、游戏控制台、科学超级计算机、移动电话和互联网等不同的媒介。Java 具有卓越的通用性、高效性、平台移植性和安全性，为其赢得了大量的爱好者和专业社群组织。

1.1.1 Java 起源

Java 自 1995 年诞生，至今已有 20 多年的历史。Java 的名字来源于印度尼西亚爪哇岛。该地因盛产咖啡而闻名，因此 Java 的图标是一杯正冒着热气的咖啡，如图 1.1 所示。Java 来自于 Sun 公司的一个"绿色项目(Green Project)"，其原先的目的是为家用消费电子产品开发一个分布式代码系统，目标是把 E-mail 发给电冰箱、电视机等家用电器，对这些电器进行控制以及信息交流。詹姆斯·高斯林(James Gosling)(见图 1.2)加入到该项目小组。开始，项目小组准备采

图 1.1 Java 图标

图 1.2 詹姆斯·高斯林

用 C++，但 C++ 太复杂，安全性差，最后高斯林用 C++ 开发了一种新的语言 Oak(橡树)，这就是 Java 的前身，1994 年 Oak 被正式更名为 Java。詹姆斯·高斯林(James Gosling)也被人们亲切地称为 Java 之父。

1.1.2 Java 发展史

自 1995 年，Java 先后经历了 8 个版本的变更，版权的所有者也一度由 Sun 变为 Oracle。表 1-1 所示为 Java 发展过程中几个重要的里程碑。

表 1-1 Java 发展史

日 期	版 本 号	说 明
1995 年 5 月 23 日	无	Java 语言诞生
1996 年 1 月	JDK 1.0	第一个 JDK 1.0 诞生，还不能进行真正的应用开发
1998 年 12 月 8 日	JDK 1.2	企业平台 J2EE 发布，里程碑式的产品，性能提高，完整的 API
1999 年 6 月	Java 三个版本	标准版(J2SE)、企业版(J2EE)、微型版(J2ME)
2000 年 5 月 8 日	JDK 1.3	JDK1.3 发布，对 1.2 版进行改进，扩展标准类库
2000 年 5 月 29 日	JDK 1.4	JDK 1.4 正式发布，提高系统性能，修正一些 Bug
2001 年 9 月 24 日	J2SE 1.3	J2SE 1.3 正式发布
2002 年 2 月 26 日	J2SE 1.4	计算能力有了大幅提升
2004 年 9 月 30 日	J2SE 5.0	Java 语言发展史上的重要里程碑，从该版本开始，增加了泛型类、foreach 循环、可变元参数，自动打包、枚举、静态导入和元数据等技术，为了表示该版本的重要性，J2SE 1.5 更名为 Java SE 5.0
2005 年 6 月	Java SE 6.0	发布 Java SE 6.0，此时 Java 的各种版本已更名，取消数字"2"，分别更名为 Java EE、Java SE、Java ME
2006 年 12 月	JRE 6.0	SUN 公司发布 JRE 6.0
2009 年 04 月 20 日	收购	甲骨文 74 亿美元收购 Sun，获得 Java 版权
2011 年 7 月 28 日	Java SE 7.0	甲骨文发布 Java SE 7.0 正式版
2014 年 3 月	Java SE 8.0	又一里程碑，甲骨文发布 Java SE 8.0，增加 Lambda、Default Method 等新特性
2014 年 11 月	Java SE 9.0	增加的新特性比较重要的有：统一的 JVM 日志，支持 HTTP 2.0、Unicode 7.0、安全数据包传输(DTLS)、Linux/AArch64

1.1.3 Java 的特点

Java 语言之所以受到广大编程爱好者的青睐，是因为其有着以下几方面的语言优势。

1. 资源开源性

Java 技术虽然最初由 Sun 公司开发，但是 Java Community Process(JCP，一个由全世界的 Java 开发人员和获得许可的人员组成的开放性组织)可以对 Java 技术规范、参考实现和技术兼容包进行开发和修订。虚拟机和类库的源代码都可以免费获取，但只能够查阅，不能修改和再发布。

2. 跨平台性

Java 是一种与平台无关的语言，它可以跨越各种操作系统、硬件平台以及可移动和嵌入式部件，其源代码被编译成一种结构中立的中间文件(.class，字节码)，在 Java 虚拟机上运行。

3. 健壮性和安全性

Java 是一种强类型的语言，其强类型机制、异常处理、垃圾的自动回收等都是 Java 程序健壮性的重要保证，对指针的丢弃是 Java 的明智选择，Java 的安全检查机制使得 Java 更具健壮性。

在安全性方面，Java 提供了一个安全机制以防止恶意代码的攻击，对通过网络下载的类具有一个安全防范机制，如分配不同的名字空间以防替代本地的同名类、字节代码检查，并提供安全管理机制(类 SecurityManager)，让 Java 应用设置安全哨兵。

4. 高性能性

Java 是一种解释执行的语言，其速度和使用与其他基于编译器的语言(C 和 C++)相当。为了提高执行速度，Java 引入 JIT(Just In Time，即时)编译技术，可以对执行过程进行优化，如监控经常执行代码并进行优化、保存翻译过的机器码、消除函数调用(内嵌)等，以加快程序的执行速度。事实上，与其他解释型的高级脚本语言相比，Java 的运行速度随着 JIT 编译器技术的发展越来越接近于 C++。

5. 简单性

Java 语言简单易学、使用方便，语法结构更加简洁统一，编程风格类似于 C++，而且摒弃了 C++中容易引发程序错误的一些特性，如指针、结构体等。在内存管理方法中，Java 提供垃圾内存自动回收机制，有效地避免了 C++ 中内存泄漏的问题。Java 还提供了丰富的类库，使开发人员不需要懂得底层的工作原理就可以实现应用开发。

6. 面向对象

Java 是一种完全面向对象的语言，基于对象的编程更符合人的思维模式和编写习惯，已经成为主流的程序设计方式。Java 语言支持继承、重载、多态等面向对象的特性。

7. 动态性

Java 的动态特性是其面向对象设计方法的扩展。Java 允许程序动态地装入运行过程中所需要的类，这是采用 C++ 语言进行面向对象程序设计所无法实现的。

8. 多线程

Java 内置了对多线程的支持，提供了用于同步多个线程的解决方案。相对于 C/C++，使用 Java 编写多线程使应用程序变得更加简单，这种对线程的内置支持使交互式应用程序能在 Internet 上顺利运行。

9. 支持分布式网络应用

Java 除了支持基本的语言功能，还包括一个支持 HTTP 和 FTP 等基于 TCP/IP 的类库。Java 应用程序可通过 URL 打开，并访问网络上的对象，其访问方式与访问本地文件系统一样方便。由于在网上传输的只是 Java 程序的字节码，而且 Java 程序中的每一个类都单独编译成一个字节码文件，所以传输量小、传输速度快，因此，Java 是适合在网上运行的编程语言。

1.2　Java 体系

1.2.1　Java 应用平台

1999 年，在美国旧金山的 Java One 大会上，Sun 公司公布了 Java 体系架构，该架构根据不同级别的应用开发划分了三个版本，如图 1.3 所示。Java 三个平台应用于不同方向。

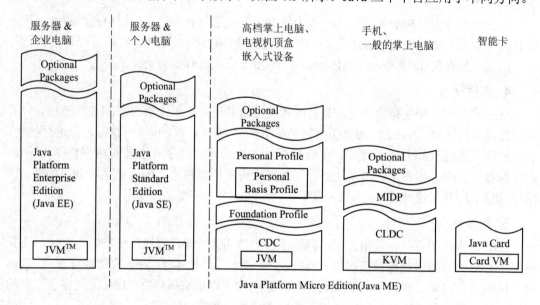

图 1.3　Java 应用平台

1．Java SE(Java Standard Edition，Java 标准版)

Java SE 是 Java 技术的基础，适用于桌面系统应用程序(Application)、网页小程序(Applet)以及服务器程序的开发。Java SE 主要包括 Java 语言核心技术和应用，如数据库访问、I/O、网络编程、多线程等。

2．Java EE(Java Enterprise Edition，Java 企业版)

Java EE 是企业级解决方案，支持开发、部署和管理等相关复杂问题的体系结构，主要用于分布式系统的开发、构建企业级的服务器应用，例如，电子商务网站、ERP 系统等。Java EE 在 Java SE 基础上定义了一系列的服务、API 和协议等，如 Servlet、JSP、RMI、EJB、Java Mail、JTA 等。

3．Java ME(Java Micro Edition，Java 微型版)

Java ME 是各版本中最小的，在 SE 基础上进行了裁剪和高度优化，目的是在小型的受限设备上开发和部署应用程序，例如手机、PDA、智能卡、机顶盒、汽车导航或家电系统等。Java ME 遵循微型开发规范和技术，如 MIDLet、CLDC、Personal Profile 等。

1.2.2 Java 专有名词

1. JDK

JDK(Java Development Kit,Java 开发工具包)是 Sun 公司提供的一套用于开发 Java 程序的开发工具包。JDK 提供编译、运行 Java 程序所需要的各种工具及资源,包括 Java 开发工具、Java 运行时的环境以及 Java 的基础类库。

2. JRE

JRE(Java Runtime Environment,Java 运行时环境)是运行 Java 程序所依赖的环境的集合,包括类加载器、字节码校验器、Java 虚拟机、Java API。JRE 已包含在 JDK 中,但是如果仅仅是为了运行 Java 程序,而不是从事 Java 开发,可以直接下载安装 JRE。

3. JVM

JVM(Java Virtual Machine,Java 虚拟机)是一个虚构出来的计算机,是通过在实际的计算机上仿真模拟各种计算机功能来实现的。Java 虚拟机有自己完善的硬件架构,如处理器、堆栈、寄存器等,还具有相应的指令系统。Java 虚拟机屏蔽了与具体操作系统平台相关的信息,只需将 Java 语言程序编译成在 Java 虚拟机上运行的目标代码(.class,字节码),就可以在多种平台上不加修改地运行。Java 虚拟机在执行字节码时,实际上最终还是把字节码解释成具体平台上的机器指令来执行。

4. SDK

SDK(Software Development Kit,软件开发工具包)在版本 1.2 到 1.4 时,被称为 Java SDK。

JVM、JRE 和 JDK 三者有非常紧密的关系,从范围上来讲是从小到大的关系,如图 1.4 所示。因此,在计算机上安装 JDK 时,会同时将 JRE 和 JVM 安装到计算机中。

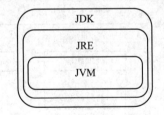

图 1.4　JVM、JRE 和 JDK 的关系

1.2.3 Java 跨平台原理

JVM 在具体的操作系统之上运行,其本身具有一套虚拟指令,这套虚拟指令通常是在软件上而不是在硬件上实现。JVM 形成一个抽象层,将底层硬件平台、操作系统与编译过的代码联系起来。Java 字节码的格式通用,具有跨平台特性,但这种跨平台性是建立在 JVM 虚拟机的基础之上的,只有通过 JVM 处理后才可以将字节码转换为特定机器上的机器码,然后在特定的机器上运行。JVM 跨平台原理如图 1.5 所示。

JVM 体现了 Java 程序具有"一次编译,多处应用"的特性,如图 1.6 所示。首先,Java 编译器将 Java 源程序编译成 Java 字节码;然后,字节码在本地或通过网络传达给 JVM 虚拟机;接着,JVM 对字节码进行即时编译或解释执行后,形成二进制的机器码;最后,生成的机器码可以在硬件设备上直接运行。

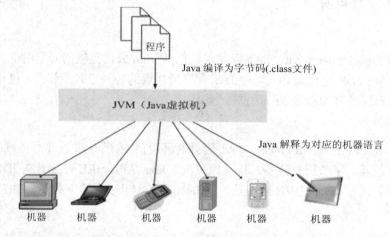

图 1.5 JVM 跨平台示意图

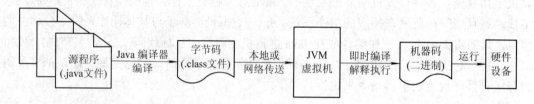

图 1.6 Java 程序运行机制

JVM 执行时将在其内部创建一个运行时环境,每次读取并执行一条 Java 语句会经过三个过程:装载、校验和执行,如图 1.7 所示。

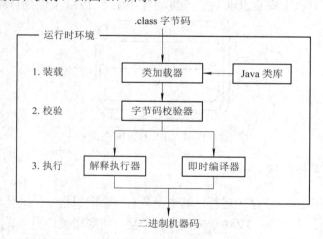

图 1.7 JVM 运行过程图

Java 字节码有两种执行方式:

(1) 解释执行方式。JVM 通过解释器将字节码逐条读入,逐条解释翻译成对应的机器指令。很显然,这种执行方式虽灵活但执行速度会比较慢。为了提高执行速度,引入了 JIT(Just-In-Time Compiler)技术。

(2) 即时编译方式(JIT 编译)。当 JIT 编译启用时(默认是启用的),JVM 将解释后的字节码文件发给 JIT 编译器，JIT 编译器将字节码编译成机器代码，并把编译过的机器码保存起来，以备下次使用。为了加快执行速度，JIT 目前只对经常使用的热代码进行编译。

通常解释执行方式采用较多。由于 JVM 规格描述具有足够的灵活性，因此使得将字节码翻译为机器代码的工作具有较高的效率。对于那些对运行速度要求较高的应用程序，解释器可将 Java 字节码即时编译为机器码，从而很好地保证了 Java 代码的可移植性和高性能。

1.3 JDK 工具

"工欲善其事，必先利其器。"在开发的第一步，必须搭建起开发环境。本书以 Java SE Development Kit 8 在 Windows 操作系统的下载、安装作为范例，讲解整个 Java 开发环境的安装及配置过程。

1.3.1 JDK 简介

JDK(Java Development Kit)是 Sun Microsystems 公司针对 Java 开发人员发布的免费软件开发工具包。JDK 是整个 Java 的核心，是学好 Java 的第一步。如果没有 JDK，则无法安装或者运行 Eclipse。普通用户并不需要安装 JDK 来运行 Java 程序，而只需要安装 JRE(Java Runtime Environment)，而程序开发者必须安装 JDK 来编译、调试程序。

从 Sun 公司的 JDK 5.0 开始，JDK 提供了泛型等非常实用的功能，其版本也不断更新，运行效率得到了非常大的提高，其环境变量也可以不需要手动配置。

JDK 包含一批用于 Java 开发的组件，其中包括以下几部分：

(1) Java 开发工具。Java 开发工具都是可执行程序，主要包括：javac.exe(编译工具)、java.exe(运行工具)、javadoc.exe(生成 JavaDoc 文档的工具)和 jar.exe(打包工具)等。

(2) Java 运行环境。Java 虚拟机可以运行在各种操作系统平台上，负责解析和执行 Java 程序。

(3) Java 继承类库(rt.jar)。Java 继承类库提供了最基础的 Java 类以及各种实用类，如 java.lang、java.io、java.util、java.awt、java.swing 和 java.sql 包中的类都位于 JDK 类库中。

1.3.2 JDK 安装配置

JDK 下载与安装包括下载 JDK 和安装 JDK 两个内容，下面详细介绍下载 JDK 和安装 JDK 的具体过程。

1. 下载 JDK

进入 Oracle 官方网站可以下载 JDK 的最新版本。

Oracle 官方网站：http://www.oracle.com

JDK 8.0 的下载地址：http://www.oracle.com/technetwork/java/javase/downloads/jdk8-downloads-2133151.html

JDK 8.0 的下载页面如图 1.8 所示。下载 JDK 8.0 的 Windows x64 版本，即 jdk-8u171-windows-x64.exe。由于不同版本的下载地址会经常发生变化，因此最有效的方法是访问官方网站，通过导航找到下载页面。如果是 32 位操作系统，则下载对应的"x64"版本。

图1.8 下载Windows x64版本

2. 安装JDK

安装JDK可按以下步骤操作：

(1) 运行JDK的安装文件，进入JDK的安装程序向导界面，如图1.9所示。

(2) 单击"下一步"按钮，进入定制安装界面，如图1.10所示。可以单击右下方的"更改"按钮，设置JDK的安装路径，否则进入默认安装路径。

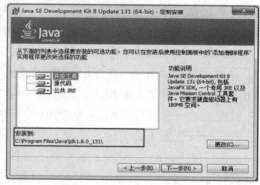

图1.9 安装程序向导界面　　　　　图1.10 定制安装界面

(3) 单击"下一步"按钮，进入安装进度界面，如图1.11所示。

(4) JDK安装进度完成，进入"目标文件夹"对话框，如图1.12所示。可以单击"更改"按钮，选择JRE的安装路径。一般要求JDK和JRE安装在同一个文件夹内。

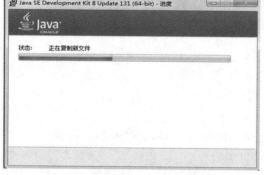
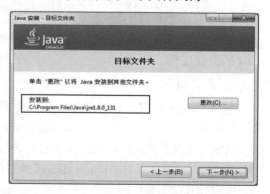

图1.11 安装进度界面　　　　　　图1.12 "目标文件夹"对话框

(5) 单击"下一步"按钮，进入JRE安装进度界面，如图1.13所示。当安装完成以后，便进入JDK安装成功界面，如图1.14所示。单击"关闭"按钮，完成JDK整个安装过程。

图 1.13　JRE 安装进度界面

图 1.14　JDK 安装成功界面

1.3.3　JDK 目录

JDK 安装完成后，在安装的位置中可以找到如图 1.15 所示的目录。

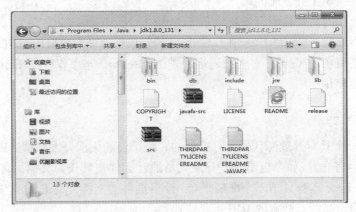

图 1.15　JDK 8.0 安装完成目录

JDK 主要目录如下：

(1) bin：JDK 包中命令及工具所在目录。这是 JDK 中非常重要的目录，它包含大量开发过程中的常用工具程序，如编译器、解释器、打包工具、代码转换器和相关调试工具等。

(2) jre：运行环境目录。这是 JDK 自己附带的 Java 运行环境。

(3) lib：类库所在目录。包含了开发所需要的类库(即 Java API)和支持文件。

(4) db：附带数据库目录。在 JDK 6.0 以上的版本中附带 Apache Derby 数据库，这是一个 Java 编写的数据库，支持 JDBC 4.0。

(5) include：包含本地代码的 C 头文件的目录。用于支持 java 本地接口和 Java 虚拟机调试程序接口的本地代码编译。

(6) src：源代码压缩文件。Java 提供的 API 都可以通过此文件查看其源代码是如何实现的。

在 JDK 的 bin 目录下，提供了大量的开发工具程序，以下是几个常用的工具：

(1) javac: Java 语言编译器。可以将 Java 源文件编译成与平台无关的字节码文件(.class 文件)。

(2) java：Java 字节码解释器。将字节码文件在不同的平台中解释执行。

(3) javap：Java 字节码分解程序。可以查看 Java 程序的变量以及方法等信息。

(4) javadoc：文档生成器。可以将代码中的文档注释生成 HTML 格式的 Java API 文档。

(5) javah：JNI 编程工具。用于从 Java 类调用 C++ 代码。

(6) appletviewer：小应用程序浏览工具，用于测试并运行 Java 小应用程序。

(7) jar：打包工具。在 Java SE 中压缩包的扩展名为.jar。

1.4 集成开发环境

安装配置好 JDK 后可以直接使用记事本编写 Java 程序，但是，当程序复杂到一定程度、规模逐渐增大后，使用记事本就远远满足不了开发的需求了。一个好的集成开发环境(Integrated Development Environment，IDE)可以起到事半功倍的效果。集成开发环境具有很多优势：不仅可以检查代码的语法，还可以调试、跟踪、运行程序；通过菜单、快捷键可以自动补全代码；在编写代码的时候会自动进行编译；运行 Java 程序时，只需要单击运行按钮即可，大大缩短了开发时间。

目前，最流行的两种集成开发环境是 Eclipse 和 NetBeans，为了争当"领头羊"，两者之间展开了激烈的竞争。这些年来由于 Eclipse 的开放性、极为高效的 GUI、先进的代码编辑器等特性，在 IDE 的市场占有率上远远超越 NetBeans。本节仅介绍 Eclipse 这一款 IDE 工具的下载、安装和使用。

1.4.1 Eclipse 简介

Eclipse 是一个具有开放源代码、可扩展的、跨平台的集成开发环境。Eclipse 最初主要用来进行 Java 语言开发，如今也是一些开发人员通过插件使其作为其他语言，如 C++和 PHP 的开发工具。Eclipse 本身只是一个框架平台，众多插件的支持使得 Eclipse 具有更高的灵活性，这也是其他功能相对固定的 IDE 工具很难做到的。

Eclipse 发行版本如表 1-2 所示。

表 1-2 Eclipse 发行版本

版本号	代号	代号名	发布日期	版本号	代号	代号名	发布日期
Eclipse 3.1	IO	木卫一，伊奥	2005	Eclipse 4.2	Juno	朱诺	2012
Eclipse 3.2	Callisto	木卫四，卡里斯托	2006	Eclipse 4.3	Kepler	开普勒	2013
Eclipse 3.3	Europa	木卫二，欧罗巴	2007	Eclipse 4.4	Luna	月神	2014
Eclipse 3.4	Ganymede	木卫三，盖尼米得	2008	Eclipse 4.5	Mars	火星	2015
Eclipse 3.5	Galileo	伽利略	2009	Eclipse 4.6	Neon	霓虹灯	2016
Eclipse 3.6	Helios	太阳神	2010	Eclipse 4.7	Oxygen	氧气	2017
Eclipse 3.7	Indigo	靛蓝	2011	Eclipse 4.8	Photon	光子	2018

1.4.2 Eclipse 下载及安装

1. Eclipse 下载

进入 Eclipse 官方网站可以下载最新版本的 Eclipse 安装文件。

第 1 章　Java 概述

Eclipse 官方网站：http://www.eclipse.org

Eclipse 下载地址：https://www.eclipse.org/downloads/download.php?file=/oomph/epp/photon/R/eclipse-inst-win64.exe&mirror_id=1261

Eclipse 下载页面如图 1.16 所示。

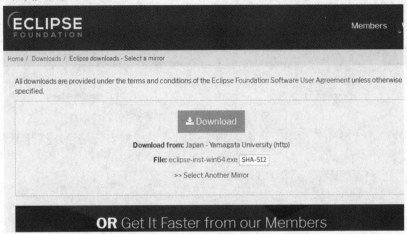

图 1.16　Eclipse 下载页面

2. Eclipse 安装

Eclipse 的安装一般有两种方式：一种是在网上下载绿化版的 Eclipse 开发工具，不需要安装，直接解压即可使用；另一种是在官网下载需要安装的 Eclipse 软件。我们这里主要介绍第二种安装方式。下面对 Eclipse 的安装分步骤进行详细介绍。

(1) 下载完成后解压下载包，可以看到 Eclipse Installer 安装器，双击它，弹出安装类型选择页面，如图 1.17 所示。可以根据具体需求，选择不同的语言开发环境(包括 Java、C/C++、Java EE、PHP 等)。

(2) 选择"Eclipse IDE for Java Developers"项，进入安装路径选择界面，如图 1.18 所示。可以单击右侧的文件夹图标，进行安装路径选择。

图 1.17　安装类型选择界面　　　　图 1.18　安装路径选择界面

(3) 按回车键，进入安装版本选择界面，如图 1.19 所示。这里选择 64 位的 Oxygen(氧气)版本进行安装。

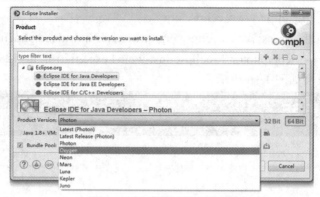

图 1.19　安装版本选择界面

(4) 依次单击"Next"按钮，直至安装完成即可。根据安装路径，打开 Eclipse 安装文件夹，其目录如图 1.20 所示。

图 1.20　Eclipse 安装后目录

1.4.3　Eclipse 基本操作

1. Eclipse 启动

单击 eclipse.exe 启动开发环境,第一次运行 Eclipse,启动向导会提示选择 Workspace(工作区)，如图 1.21 所示。在 Workspace 中输入某个路径，表示接下来的代码和项目设置都将保存在该工作目录下。单击"Launch"按钮，进入启动界面，如图 1.22 所示。

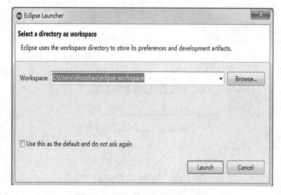

图 1.21　工作区设置界面　　　　　　　　图 1.22　Eclipse 启动界面

启动成功后，第一次运行会显示欢迎界面，如图 1.23 所示，单击 Welcome 标签页上的关闭按钮，关闭欢迎界面，将显示 Eclipse 开发环境布局界面，如图 1.24 所示。

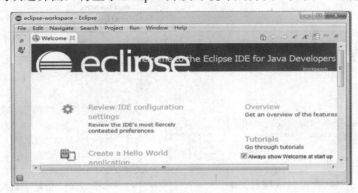

图 1.23　欢迎界面

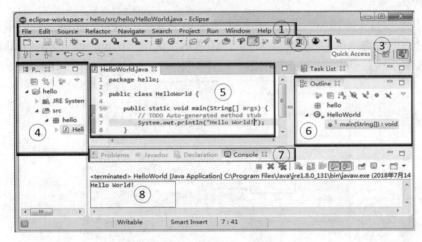

图 1.24　Eclipse 开发环境布局

开发环境分为如下几个部分：

（1）菜单栏。

（2）工具栏。

（3）IDE 的透视图。IDE 的透视图用于切换 Eclipse 不同的视图外观，通常根据开发项目的需要切换不同的视图。

（4）项目资源导航。项目资源导航主要有包资源管理器。

（5）代码编辑区。代码编辑区用于编写程序代码。

（6）程序文件分析工具。程序文件分析工具主要有大纲和任务列表。

（7）问题列表、文档注释、声明和控制台窗口。

（8）显示区域。显示区域主要有编译问题列表、运行结果输出等。

2. 创建 Java 项目

打开 Eclipse 集成开发工具，选择"File→New→Java Project"菜单项，如图 1.25 所示，或直接在项目资源管理器空白处右击，在弹出的菜单中选择"New→Java Project"菜单项。在弹出的创建项目对话框中输入项目名称，如图 1.26 所示。直接单击"Finish"按钮，项目创建成功。

图 1.25　新建 Java 项目菜单

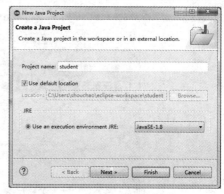

图 1.26　新建项目对话框

3. 创建类

在 student 项目中右击 src 节点，在弹出的菜单中选择"New→Class"菜单项。在弹出的新建类对话框中输入包名和类名，如图 1.27 所示，选中"public static void main(String[] args)"复选框，然后单击"Finish"按钮，创建类完成。

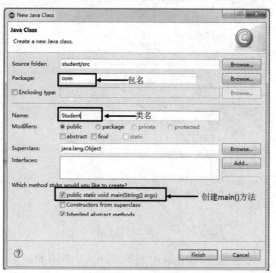

图 1.27　新建类对话框

新建类后，Eclipse 会自动打开新建类的代码编辑窗口，在 main()方法中输入如下代码：

　　System.out.println("我是一个好学生，我要好好学习 Java！");

单击工具栏中的"保存"按钮，或者按"Ctrl + S"快捷键保存代码。单击工具栏上的运行按钮，选择"Run As→Student"选项，即可运行 Student.java 程序，并且在控制台中可以看到输出结果如下：

　　我是一个好学生，我要好好学习 Java！

4. Eclipse 调试

Eclipse 调试可按如下步骤操作：

(1) 设置断点。单击需要设置断点的程序行左侧，在弹出的对话框中选择"设置断点"选项，会出现一个蓝色的断点标识，如图 1.28 所示。

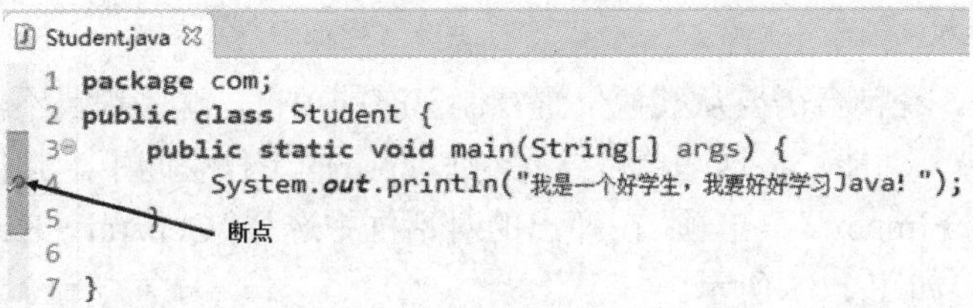

第 1 章　Java 概述

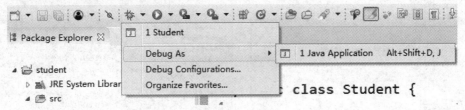

图 1.28　设置断点

(2) 调试程序。单击工具栏的调试按钮 ，然后选择"Debug As→Java Application"选项，如图 1.29 所示，调试 Student.java 程序。此时弹出切换到调试视图对话框，如图 1.30 所示，询问是否切换到 Debug 透视图，单击"Yes"按钮，进入程序调试界面，如图 1.31 所示。单击调试工具栏的　　或　　按钮，观察 Variables 窗口中局部变量的变化，以及输出的变化，对代码进行调试并运行。

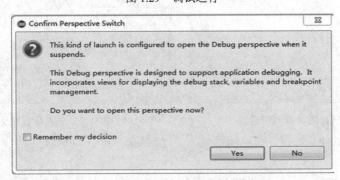

图 1.29　调试运行

图 1.30　切换到调试视图

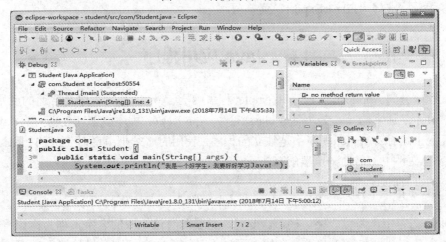

图 1.31　调试界面

5. Eclipse 导入

在开发过程中，经常会需要从其他位置复制已有的项目，这些项目不需要重新创建，可以通过 Eclipse 的导入功能，将这些项目导入到 Eclipse 的工作空间中。具体操作步骤如下：

(1) 选择"File→Import"菜单项，在弹出的对话框中选择"General→Existing Projects into Workspace"选项，如图 1.32 所示。

(2) 单击"Next"按钮，弹出导入项目对话框，如图 1.33 所示。可以导入两种形式的项目：

① 项目根目录，即该项目以文件夹形式存放，单击"Browse"按钮，指定其项目的根目录即可。

② 项目压缩存档文件，即整个项目压缩成 zip 文件，单击"Browse"按钮，指定其项目的压缩存档文件即可。

图 1.32　选择项目类型对话框

图 1.33　导入项目对话框

(3) 单击"Finish"按钮，完成项目导入。此时需要导入的项目已经引入到 Eclipse 工作空间中。

注意：能够向 Eclipse 中导入的项目必须是使用 Eclipse 导出的项目。导出项目与导入项目正好相反，选择"File→Export"菜单项。

1.5　Java 应用程序

Java 程序分为 Application 程序和 Applet 程序两类。Application 程序是普通的应用程序，其编译结果不是通常的 exe 文件而是 class 文件。Application 程序能够在任何具有 Java 解释器的计算机上运行。Applet 程序不是独立的程序，使用时必须把编译时生成的 class 文件嵌入到 HTML 文件中，借助浏览器解释执行。

1.5.1　Java 语言编写规范

在 Java 语言中，为包、类、接口、变量、常量和方法等取的名字，称为标识符。有关标识符的命名规则将在第 2 章详细介绍，不遵循标识符命名规则会导致编译错误。在 Java

中,还有一种推荐的编程习惯,如果不遵守,虽然不会导致编译错误,但是编写的程序后期维护成本较高,可读性也较差。一般素质良好的程序员,在编写Java程序时,通常都会遵守如下的编程规范。

(1) 包名。包名是全小写的名词,具有多个层次结构的包名中间用点号分隔开。例如:com. student 或 java. sql. jdbc 等。

(2) 类名和接口名。类名和接口名通常由多个单词构成,要求每个单词的首字母都要大写,其余字母小写。例如:HelloWorld 或 StudentInformation 等。

(3) 方法名。方法名如果由多个单词组成,则第一个单词首字母要求小写,其余每个单词首字母大写,其余所有字母都小写。例如:createBookSaleRecord。

(4) 变量名和对象名。变量名和对象名的编程规范和方法名相同,只是一般为名词。例如:name、age 等。

(5) 常量名。基本数据类型的常量名为全大写,如果由多个单词构成,则可以用下划线隔开。例如:MAX_VALUE、MIN_AGE 等。

1.5.2 Java 注释

注释具有对程序代码做出注销或者解释说明的作用。在程序编译时,注释的内容不会被编译器处理,所以对于编译和运行的结果不会有任何影响。但是在复杂的项目中,注释往往用来帮助开发人员阅读和理解程序,同时也有利于程序修改和调试。

Java 语言支持单行注释、多行注释和文档注释三种方法。

1. 单行注释

单行注释使用"//"符号标记,可放置于代码后面或单独成行,标记之后的内容都被视为注释。例如:

```
public static void main(String []args)      {
    int i = 0;              // 定义变量 i,并赋初值 0。
    // 向控制台输出语句
    System.out.println("Hello World!");
}
```

2. 多行注释

多行注释使用"/*...*/"进行标记,注释内容可以跨越多行,从"/*"开始到"*/"结束,之间的内容都被视为注释。

多行注释主要用于注释内容较多的文本,如说明文件、接口、方法和相关功能块描述,一般放在一个方法或接口的前面,起到解释说明的作用,也可以根据需要放在合适的位置。例如:

```
public static void main(String []args)      {
    /*
     * System.out.print()输出内容后不换行
     * System.out.println()输出内容后换行
     */
    System.out.print("输出内容后不换行!");
```

```
        System.out.println("输出内容后换行!");
   }
```

3. 文档注释

文档注释使用"/**...*/"进行标记,其注释的规则与用途类似于多行注释。文档注释不同于多行注释的是可以通过"javadoc"工具将其注释的内容生成 HTML 格式 Java API 文档。程序的文档是项目产品的重要组成部分,将注释抽取出来可以更好地供使用者参阅。因此,在实际应用中,文档注释应用更为广泛,尤其是对类、接口、构造方法、方法的注释应尽量使用文档注释。例如:

```
    /**
     * @单位    重庆机电职业技术学院
     * @作者   向守超  */
    public class HelloWorld{
        public static void main(String []args)    {
            // 向控制台输出语句
            System.out.println("Hello World!");
        }
    }
```

1.5.3 Java 打印输出

在 Java 程序中,向控制台输出信息是必不可少的。输出的工作是通过打印语句来完成的。据不完全统计,打印语句是在代码中使用频率最高的语句之一,对于初学者来说是验证结果、测试代码、记录系统信息最普遍的方法。

本书介绍两个 Java 中最常用的打印方法:System.out.println()和 System.out.print(),以便后续学习中的应用。两者都是向控制台输出信息,不同的是 System.out.println()方法会在输出字符串后再输出回车换行符,而 System.out.print()方法则不会输出回车换行符。

下述代码示例了分别使用两种打印方法实现各种数据的输出,代码如下:

【代码 1.1】PrintExample.java

```
    package com;
    public class PrintExample {
        public static void main(String []args) {
            String s = "Hello";
            char c = 'c';
            System.out.print("String is :");
            System.out.println(s);
            System.out.print("char is :");
            System.out.println(c);
        }
    }
```

上述代码运行结果如下:
String is :Hello
char is :c

1.5.4 Hello World 程序

编写 Java 程序需要注意以下几点:
(1) Java 是区分字母大小写的编程语言,Java 语言的源程序文件是以 .java 为后缀的。
(2) 所有代码都写在类体之中,因为 Java 是纯面向对象的编程语言,一个完整的 Java 程序,至少需要有一个类(class)。
(3) 一个 Java 文件只能有一个公共类(public),且该公共类的类名与 Java 文件名必须相同,但一个 Java 文件可以有多个非公共类。
(4) 每个独立的、可执行的 Java 应用程序必须要有 main()方法才能运行。main()方法是程序的主方法,是整个程序的入口,运行时执行的第一句就是 main()方法。Java 语法对 main()方法有固定的要求,方法名必须是小写的"main",且方法必须是公共、静态、返回值类型为空的"public static void"类型,且其参数必须是一个字符串数组。

下面以 HelloWorld 程序为例,详细讲解 Java 程序的基本结构和代码含义。代码程序如下:

【代码 1.2】Hello World.java

```java
// 定义包,指定类存放路径
package com;
// import 语句,导入 Java 核心类库
import java.lang.*;
/*使用"class"关键字定义一个名称为"Hello World"的类
 * 该类的访问权限修饰符为 public,表示在整个应用程序中都可以访问该类
 * 该公共类的类名必须与源文件的文件名一致
 * 类的类体是由一对大括号"{}"括起来的,起到封装作用
 */
public class HelloWorld {
    // 定义程序的主方法 main()方法,即程序的入口
    public static void main(String[] args) {
        // 向控制台输出双引号内的语句,通常一个语句书写一行
        // 语句必须以英文格式的分号";"来结束
        System.out.println("Hello World!");
    }
}
```

练 习 题

1. 编译 Java 源程序文件时将产生相应的字节码文件,这些字节码文件的扩展名为_____。

A. java　　　　B. class　　　　C. html　　　　D. exe
2. Java 的跨平台机制是由_____实现的。
　　A. GC　　　　B. Java IDE　　　C. html　　　　D. JVM
3. 以下用于解释字节码文件的工具是_____。
　　A. javac　　　B. java　　　　C. javadoc　　　D. jar
4. JDK 安装成功后，_____目录用于存放 Java 开发所需要的类库。
　　A. bin　　　　B. demo　　　　C. lib　　　　　D. jre
5. 下面属于文档注释的标记是_____。
　　A. --　　　　B. //　　　　　C. /*　*/　　　　D. /**　*/
6. Java 语言与 C++ 相比，其最突出的特点是_____。
　　A. 面向对象　　B. 高性能　　　C. 跨平台　　　D. 有类库
7. 在 Java 语言中，不允许使用指针体现的 Java 特性是_____。
　　A. 可移植性　　B. 解释执行　　C. 健壮性　　　D. 安全性
8. 下列关于 Java 语言的特点，错误的是_____。
　　A. Java 是面向过程的编程语言　　B. Java 支持分布式计算
　　C. Java 是跨平台的编程语言　　　D. Java 支持多线程
9. 运行 Java 程序需要的工具软件所在的目录是_____。
　　A. JDK 的 bin 目录　　　　　　B. JDK 的 demo 目录
　　C. JDK 的 lib 目录　　　　　　D. JDK 的 jre 目录
10. Java 的核心包中，提供编程应用的基本类的包是_____。
　　A. java.lang　　B. java.util　　C. java.applet　　D. java.rmi
11. 用来导入已定义好的类或包的语句是_____。
　　A. main　　　　B. import　　　C. public class　　D. class
12. 下列关于 Java 对 import 语句规定的叙述中，错误的是_____。
　　A. Java 程序中的 import 语句可以有多条
　　B. Java 程序中可以没有 import 语句
　　C. Java 程序中必须有一条 import 语句
　　D. Java 程序中的 import 语句必须引入在所有类定义之前
13. 以下叙述中，错误的是_____。
　　A. javac.exe 是 Java 的编译器　　　　B. javadoc.exe 是 Java 的文档生成器
　　C. javaprof.exe 是 Java 解释器的剖析工具　D. javap.exe 是 Java 的解释器
14. JDK 中所提供的文档生成器是_____。
　　A. java.exe　　B. javap.exe　　C. javadoc.exe　　D. javaprof.exe
15. 在执行 Java 程序时，将应用程序连接到调试器的选项是_____。
　　A. -D　　　　B. -debug　　　C. -verbosegc　　D. -mx

参考答案：
1. B　　2. D　　3. B　　4. C　　5. D　　6. C　　7. D　　8. A
9. A　　10. A　　11. B　　12. C　　13. D　　14. C　　15. B

第 2 章 数据类型与运算符

本章学习目标：

- 掌握 Java 中的字符集、分隔符、标识符、关键字
- 掌握变量和常量的定义和初始化
- 掌握基本数据类型
- 掌握 Java 中数据类型的转换、运算符和表达式

本章主要学习 Java 语言中的基本数据类型、运算符与表达式。其基本数据类型和 C 语言中的基本数据类型很相似，但也有不同之处。其运算符与表达式与其他语言大同小异。

2.1 字　　符

2.1.1 字符集

字符是各种文字和符号的总称，包括各国家文字、标点符号、图形符号、数字等。字符集是多个字符的集合，不同的字符集所包含的字符个数也不同。字符集种类较多，常见字符集有 ASCII 字符集、GB2312 字符集和 Unicode 字符集。计算机要准确处理各种字符集文字，需要进行字符编码，以便计算机能够识别和存储各种文字。

Unicode 字符集是由一个名为 Unicode Consortium 的非盈利机构制订的字符编码系统，它支持各种不同语言的书面文本的转换、处理及显示。Unicode 为每种语言中的每个字符设定了统一并且唯一的二进制编码，以满足跨语言、跨平台进行文本转换、处理的要求。Unicode 支持 UTF-8、UTF-16 和 UTF-32 这三种字符编码方案，这三种方案的区别如表 2-1 所示。

表 2-1　Unicode 字符编码方案

类型	长度	说明
UTF-8	长度可变	UTF-8 使用可变长度字节来储存 Unicode 字符，例如 ASCII 字母继续使用 1 字节储存；重音文字、希腊字母或西里尔字母等使用 2 字节来储存；而常用的汉字就要使用 3 字节；辅助平面字符则使用 4 字节
UTF-16	16 位	比起 UTF-8，UTF-16 的好处在于大部分字符都以固定长度的 2 个字节(16 位)储存，但 UTF-16 无法兼容 ASCII 编码
UTF-32	32 位	UTF-32 将每一个 Unicode 代码点表示为相同值的 32 位整数

注意：Java 语言中基本所有输入元素都采用 ASCII 字符集编码，而标识符、字符、字符串和注解则采用 Unicode 字符集编码。

2.1.2 分隔符

Java 中使用多种字符作为分隔符，用于辅助程序编写、阅读和理解。这些分隔符可以分为两类：

(1) 空白符：没有确定意义，但帮助编译器正确理解源程序，包括空格、回车、换行和制表符(Tab)；

(2) 普通分隔符：拥有确定含义，常用的普通分隔符如表 2-2 所示。

注意：任意两个相邻的标识符之间至少有一个分隔符，便于编译程序理解；空白符的数量多少没有区别，使用一个和多个空白符实现相同的分隔作用；分隔符不能相互替换，比如该用逗号的地方不能使用空白符。

表 2-2 普通分隔符

符 号	名 称	使 用 场 合
()	小括号	1. 方法签名，以包含参数列表 2. 表达式，以提升操作符的优先级 3. 类型转换 4. 循环，以包含要运算的表达式
{}	大括号	1. 类型声明 2. 语句块 3. 数组初始化
[]	中括号	1. 数组声明 2. 数组值的引用
<>	尖括号	1. 泛型 2. 将参数传递给参数化类型
.	句号	1. 隔开域或者方法与引用变量 2. 隔开包、子包及类型名称
;	分号	1. 结束一条语句 2. for 语句
,	逗号	1. 声明变量时，分隔各个变量 2. 分隔方法中的参数
:	冒号	1. for 语句中，用于迭代数组或集合 2. 三元运算符

2.1.3 标识符

在各种编程语言中，通常要为程序中处理的各种变量、常量、方法、对象和类等起个名字作为标记，以便通过名字进行访问，这些名字统称标识符。

Java 中的标识符由字母、数字、下划线或美元符组成，且必须以字母、下划线(_)或美元符($)开头。

Java 中标识符的命名规则如下：
- 可以包含数字，但不能以数字开头。
- 除下划线"_"和"$"符以外，不包含任何其他特殊字符，如空格。
- 区分大小写，例如"abc"和"ABC"是两个不同的标识符。
- 不能使用 Java 关键字。
- 标识符可有任意长度。

以下是合法标识符的示例：
varName，_varName，var_Name，$varName，_9Name

以下是非法标识符的示例：
Var Name   // 包含空格
9 varName   // 以数字开头
a+b   // 加号"+"不是字母和数字，属于特殊字符，不是 Java 标识符组成元素

2.1.4 关键字

关键字又叫保留字，是编程语言中事先定义的、有特别意义的标识符。关键字对编译器具有特殊的意义，用于表示一种数据类型或程序的结构等，关键字不能用于变量名、方法名、类名以及包名。Java 中常用的关键字如表 2-3 所示。

表 2-3 Java 常用关键字

abstract	assert	boolean	break	byte
case	catch	char	class	const
continue	default	do	double	else
enum	extends	final	finally	float
for	goto	if	implements	import
instanceof	int	interface	long	native
new	package	private	protected	public
return	strictfp	short	static	super
switch	synchronized	this	throw	throws
transient	try	void	volatile	while

2.2 变量和常量

2.2.1 变量

变量是数据的基本存储形式，因 Java 是一种强类型的语言，所以每个变量都必须先声明后再使用。变量的定义包括变量类型和变量名，其定义的基本格式如下：

数据类型 变量名 = 初始值；

例如：定义整型变量。

　　　　int　a = 1;　　　// 声明变量并赋初始值

其中，int 是整型数据类型；a 是变量名称；= 是赋值运算符；1 是赋给变量的初始值。

变量的声明与赋值也可以分开，例如：

　　　　int a;　　　　　// 声明变量
　　　　a = 1;　　　　　// 给变量赋值

声明变量时，可以几个同一数据类型的变量同时声明，变量之间使用逗号","隔开，例如：

　　　　int　i, j, k;

2.2.2 常量

常量是指一旦赋值之后，其值不能再改变的变量。在 Java 语言中，使用 final 关键字来定义常量，其语法格式如下：

　　　　final 数据类型 变量名 = 初始值;

例如：定义常量。

　　　　final　double　PI = 3.1416;　　　　// 声明了一个 double 类型的常量，初始化值为 3.1416
　　　　final　boolean　IS_MAN = true;　　 // 声明了一个 boolean 类型的常量，初始化值为 true

注意：在开发过程中常量名习惯采用全部大写字母，如果名称中含有多个单词，则单词之间以"_"分隔。此外在定义常量时，需要对常量进行初始化。初始化后，在应用程序中就无法再对该常量赋值。

2.3 数 据 类 型

定义变量或常量时需要使用数据类型，Java 的数据类型分为两大类：基本类型和引用类型。

基本类型是一个单纯的数据类型，表示一个具体的数字、字符或布尔值。基本类型存放在内存的"栈"中，可以快速从栈中访问这些数据。

引用类型是一个复杂的数据结构，是指向存储在内存"堆"中数据的指针或引用(地址)。引用类型包括类、接口、数组和字符串等，由于要在运行时动态分配内存，所以其存取速度较慢。

2.3.1 基本数据类型

Java 的基本数据类型主要包括如下四类：
- 整数类型：byte、short、int、long。
- 浮点类型：float、double。
- 字符类型：char。
- 布尔类型：boolean。

Java 各种基本类型的大小和取值范围如表 2-4 所示。

表 2-4　Java 基本类型大小及取值范围

类型名称	关键字	大小	取 值 范 围
字节型	byte	8 位	$-2^7 \sim 2^7-1$
短整型	short	16 位	$-2^{15} \sim 2^{15}-1$
整型	int	32 位	$-2^{31} \sim 2^{31}-1$
长整型	long	64 位	$-2^{63} \sim 2^{63}-1$
浮点型	float	32 位	1.4E−45～3.4028235E38 和−3.4028235E38～−1.4E−45
双精度	double	64 位	4.9E−324～1.7976931348623157E308 和−1.7976931348623157E308～−4.9E−324。
布尔型	boolean	1 位	true/false
字符型	char	16 位	'\u0000'～'\uFFFF'

1. 整数类型

整数类型根据大小分为 byte(字节型)、short(短整型)、int(整型)和 long(长整型)四种，其中 int 是最常用的整数类型，因此通常情况下，直接给出一个整数值默认就是 int 类型。其中，在定义 long 类型的变量时，其常量后面需要用后缀 l 或 L。

例如：声明整型类型变量。

```
byte b = 51;      // 声明字节型变量
short s = 34;     // 声明短整型变量
int i = 100;      // 声明整型变量
long m = 12l;     // 声明长整型变量
long n = 23L;     // 声明长整型变量
```

Java 中整数值有 4 种表示方式：

(1) 二进制：每个数据位上的值是 0 或 1，二进制是整数在内存中的真实存在形式，从 Java 7 开始新增了对二进制整数的支持，二进制的整数以 "0b" 或 "0B" 开头。

(2) 八进制：每个数据位上的值是 0，1，2，3，4，5，6，7，其实八进制是由 3 位二进制数组成的，程序中八进制的整数以 "0" 开头。

(3) 十进制：每个数据位上的值是 0，1，2，3，4，5，6，7，8，9，十进制是生活中常用的数值表现形式，因此在程序中如无特殊指明，数值默认为十进制。

(4) 十六进制：每个数据位上的值是 0，1，2，3，4，5，6，7，8，9，A，B，C，D，E，F，与八进制类似，十六进制是由 4 位二进制数组成的，程序中十六进制的整数以 "0x" 或 "0X" 开头。

下述案例示例了整数类型的不同表示形式，代码如下：

【代码 2.1】 IntValueExample.java

```
package com;
public class IntValueExample {
    public static void main(String[] args) {
        int a = 0b1001;                // 二进制数
        System.out.println("二进制数 0b1001 的值是：" + a);
```

```
        int b = 071;                      // 八进制数
        System.out.println("八进制数 071 的值是：" + b);
        int c = 19;                       // 十进制数
        System.out.println("十进制数 19 的值是：" + c);
        // Integer.toBinaryString()方法将一个整数以二进制形式输出
        System.out.println("19 的二进制表示是：" + Integer.toBinaryString(c));
        int d = 0xFE;                     // 十六进制数
        System.out.println("十六进制数 0xFE 的值是：" + d);
        System.out.println("十六进制数 0xFE 的二进制表示是"+Integer.toBinaryString(d));
        int e = 19;                       // 负数以补码形式存储
        System.out.println("19 的二进制表示是：" + Integer.toBinaryString(e));
    }
}
```

上述代码中，Integer 是 int 基本数据类型对应的封装类，该类提供一些对整数的常用静态方法，其中 Integer.toBinaryString()方法可以将一个整数以二进制形式输出。

该程序运行结果如下：

　　二进制数 0b1001 的值是：9

　　八进制数 071 的值是：57

　　十进制数 19 的值是：19

　　19 的二进制表示是：10011

　　十六进制数 0xFE 的值是：254

　　十六进制数 0xFE 的二进制表示是 11111110

　　19 的二进制表示是：10011

2．浮点类型

浮点数据类型有单精度(float)和双精度(double)两种，主要用来存储小数数值，也可以用来存储范围更大的整数。

1) 单精度浮点类型变量

单精度浮点型变量使用关键字 float 来声明，常量后面必须要有后缀 f 或 F。

例如：声明单精度浮点型变量。

　　　　float　height = 1.78f;　　　// 声明变量 height 为单精度浮点型，并赋初始值为 1.78
　　　　float　weight = 56.8F;　　　// 声明变量 weight 为单精度浮点型，并赋初始值为 56.8

float 变量在存储 float 类型数据时保留 8 位有效数字。例如，如果将常量 12345.123456789f 赋值给 float 类型变量 x，则 x 实际输出值为 12345.123。对于 float 类型变量，分配 4 个字节内存，占 32 位，float 类型变量的取值范围为 1.4E−45～3.4028235E38 和 −3.4028235E38～−1.4E−45。

2) 双精度浮点类型变量

双精度浮点类型变量使用关键字 double 来声明，常量后面可以有后缀 d 或 D，也可以省略，浮点类型默认为 double 型。

例如:声明双精度浮点类型变量。

double   a = 1.24d;
double   b = 4.87D;
double   c = 3.14;

double 变量在存储 double 类型数据时保留 16 位有效数字,分配 8 个字节内存,占 64 位,double 类型变量的取值范围为 4.9E–324～1.7976931348623157E308 和 –1.7976931348623157E308～–4.9E–324。

代码 2.2 示例了浮点类型变量保留的有效位数。代码如下:

【代码 2.2】 FloatExample.java

```
package com;
public class FloatExample {
    public static void main(String[] args) {
        float x = 12345.123456789f;
        System.out.println("x=" + x);
        double y = 12345.12345678912345678d;
        System.out.println("y=" + y);
    }
}
```

程序运行结果如下:

x = 12345.123
y = 12345.123456789124

3. 字符类型

Java 语言中字符型 char 是采用 16 位的 Unicode 字符集作为编码方式,因此支持世界上各种语言的字符。char 通常用于表示单个字符,字符值必须使用单引号(')括起来。

例如:

char c = 'A';   //声明变量 c 为字符型,并赋初值为 'A'

字符型 char 的值有以下三种表示形式:

(1) 通过单个字符来指定字符型值,例如:'A'、'8'、'Z' 等;

(2) 通过转义字符来表示特殊字符型值,例如:'\n'、'\t' 等;

(3) 直接使用 Unicode 值来表示字符型值,格式是 '\u××××',其中×××× 代表一个十六进制的整数,例如:'\u00FF'、'\u0056' 等。

Java 语言中常用的转义字符如表 2-5 所示。

表 2-5 Java 中常用的转义字符

转义字符	说明	Unicode 编码	转义字符	说明	Unicode 编码
\b	退格符	\u0008	\"	双引号	\u0022
\t	制表符	\u0009	\'	单引号	\u0027
\n	换行符	\u000a	\\	反斜杠	\u005c
\r	回车符	\u000d			

例如：使用转义字符赋值。

```
char a = '\'';           // 变量 a 表示一个单引号'
char b = '\\';           // 变量 b 表示一个反斜杠\
```

4. 布尔类型

布尔类型又称逻辑类型，使用关键字 boolean 来声明，只有 true 和 false 两种值。布尔类型的默认值是 false，即如果定义一个布尔变量，但没有赋初始值，则默认的布尔变量值是 false。布尔类型通常用于逻辑判断，尤其多用在程序的流程控制中。

例如：声明一个 boolean 类型变量。

```
boolean   male = true;        //声明变量 male 为布尔类型，并赋初始值为 true
```

下述案例示例了布尔数据类型的应用，代码如下：

【代码 2.3】　BooleanExample.java

```java
package com;
public class BooleanExample {
    static boolean isA;                    // 定义一个布尔值，使用默认值
    static boolean isB = true;             // 定义一个布尔值，赋初始值为 true
    public static void main(String[] args) {
        System.out.println("isA=" + isA);  // 输出布尔值 isA 的结果
        System.out.println("isB=" + isB);  // 输出布尔值 isB 的结果
        // 输出 isA 为 true，则输出 isA is true
        if (isA == true) {
            System.out.println("isA is true");
        }
        // 输出 isB 为 true，则输出 isB is true
        if (isB) {
            System.out.println("isB is true");
        }
    }
}
```

程序运行结果如下：

```
isA=false
isB=true
isB is true
```

2.3.2　引用数据类型

引用数据类型变量中的值是指向内存"堆"中的指针，即该变量所表示数据的地址。
Java 语言中通常有 5 种引用类型：

(1) 数组：具有相同数据类型的变量的集合。

(2) 类(class)：变量和方法的集合。

(3) 接口(interface)：一系列方法的声明，方法特征的集合。

(4) 枚举(enum)：一种独特的值类型，用于声明一组命名的常数。

(5) 空类型(null type)：空引用，即值为 null 的类型。空类型没有名称，不能声明一个 null 类型的变量，null 是空类型的唯一值。空引用只能被转换成引用类型，不能转换成基本类型，因此不要把一个 null 值赋给基本数据类型的变量。

2.3.3 数据类型转换

在 Java 程序中，不同的基本类型的值经常需要进行相互转换。Java 语言提供了 7 个基本数据类型间的相互转换，转换的方式有两种：自动类型转换和强制类型转换。

1. 自动类型转换

自动类型转换是将某种基本类型变量的值直接赋值给另一种基本类型变量。当把一个数值范围小的变量直接赋值给一个数值范围大的变量时，系统将进行自动类型转换，否则就需要强制类型转换。

Java 语言中 7 个基本数据类型间的自动类型转换如图 2.1 所示。在图 2.1 中，顺着箭头方向可以进行自动类型转换。其中，实线箭头表示无精度损失的转换，而虚线箭头则表示在转换过程中可能丢失精度，即会保留正确的量级，但精度上会有一些损失(小数点后所保留的位数)。

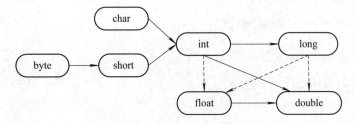

图 2.1 自动类型转换图

2. 强制类型转换

当把一个数值范围大的变量赋值给一个数值范围小的变量时，即沿图 2.1 中箭头反方向赋值时，则必须使用强制类型转换。

强制类型转换的基本格式如下：

数据类型 变量 1 = (数据类型)变量 2;

例如：

int a = 56;

char c = (char) a;   // 把整型变量 a 强制类型转换为字符型

下述案例示例了自动类型转换与强制类型转换的应用，代码如下：

【代码 2.4】 TypeChangeExample.java

package com;

public class TypeChangeExample {

    public static void main(String[] args) {

        byte b = 8;

```
        char c = 'B';
        int a = 12;
        long l = 789L;
        float f = 3.14f;
        double d = 5.3d;
        int i1 = a + c;              // 字符型变量 c 自动转换为整型,参加加法运算
        System.out.println("i1=" + i1);
        long l1 = l - i1;            // 整型变量 i1 自动转换为长整型,参加减法运算
        System.out.println("l1=" + l1);
        float f1 = b * f;            // 字节型变量 b 自动转换为浮点型,参加乘法运算
        System.out.println("f1=" + f1);
        double d1 = d / a;           // 整型变量 a 自动转换为双精度,参加除法运算
        System.out.println("d1=" + d1);
        int i2 = (int) f1;           // 将浮点型变量 f1 强制类型转换为整数
        System.out.println("i2=" + i2);
        // 整型变量 a 自动类型转换为长整型后参加除法运算
        // 算出的长整型结果再强制类型转换为字符型
        char c2 = (char) (l / a);
        System.out.println("c2=" + c2);
    }
}
```

该程序运行结果如下:

i1 = 78

l1 = 711

f1 = 25.12

d1 = 0.44166666666666665

i2 = 25

c2 = A

2.4 运 算 符

运算符也称为操作符,是一种特殊的符号,用来将一个或多个操作数连接成执行性语句,以实现特定功能。

Java 中的运算符按照操作数的个数可以分为三大类型:

(1) 一元运算符:只操作一个操作数;

(2) 二元运算符:操作两个操作数;

(3) 三元运算符:操作三个操作数。

Java 中的运算符操作数和功能分类如表 2-6 所示。

表 2-6　Java 运算符分类表

操作数分类	功能分类	符号
一元运算符	自增、自减运算符	++、--
	逻辑非运算符	!
	按位非运算符	~
	强制类型转换运算符	(type)
二元运算符	算术运算符	+、-、*、/、%
	位运算符	&、|、^、<<、>>、>>>
	关系运算符	>、>=、<、<=、==、!=
	逻辑运算符	&&、||
	赋值运算符	=、+=、-=、*=、/=、%=、&=、|=、^=、<<=、>>=、>>>=
三元运算符	条件运算符	? :

2.4.1　自增、自减运算符

++ 是自增运算符，将操作数在原来的基础上加 1，-- 是自减运算符，将操作数在原来的基础上减 1。使用自增、自减运算符时需要注意以下两点：

(1) 自增、自减运算符只能操作单个数值型的变量(整型、浮点型都行)，不能操作常量或表达式；

(2) 自增、自减运算符可以放在操作数的前面(前缀自增自减)，也可以放在操作数后面(后缀自增自减)。

前缀自增自减的特点是先把操作数自增或自减 1 后，再放入表达式中运算；后缀自增自减的特点是先使用原来的值，当表达式运算结束后再将操作数自增或自减 1。

下述案例示例了自增自减运算符的应用，代码如下：

【代码 2.5】　SelfIncreaseExample.java

```
package com;
public class SelfIncreaseExample {
    public static void main(String[] args) {
        int a = 5;
        int b = ++a + 8;        //a 先自增变为 6，再与 8 相加，最后 b 的值是 14
        System.out.println("b 的值是：" + b);
        int c = a++;
        System.out.println("c 的值是：" + c);
        System.out.println("a 的值是：" + a);
        int d = 10;
        System.out.println("前缀自减--d 的值是：" + --d);
        System.out.println("当前 d 的值是：" + d);
```

```
            System.out.println("后缀自减 d-- 的值是：" + d--);
            System.out.println("当前 d 的值是：" + d);
        }
    }
```
程序运行结果如下：

  b 的值是：14
  c 的值是：6
  a 的值是：7
  前缀自减--d 的值是：9
  当前 d 的值是：9
  后缀自减 d-- 的值是：9
  当前 d 的值是：8

2.4.2 算术运算符

算术运算符用于执行基本的数学运算，包括加(+)、减(–)、乘(*)、除(/)以及取余(%)运算，如表 2-7 所示。

表 2-7 算术运算符

运算符	描述	示例	

+	两个数相加，或两个字符串连接	int a = 5, b = 3;
		// c 的值为 8
		int c = a+b;
			String s1 = "abc", s2 = "efg";
			// s3 的值为"abcefg"
			String s3 = s1+s2;

–	两个数相减	int a = 5, b = 3;
		// c 的值为 2
		int c = a–b;	

*	两个数相乘	int a = 5, b = 3;
		// c 的值为 15
		int c = a*b;	

/	两个数相除	int a = 5, b = 3;
		// c 的值为 1(整数)
		int c = a/b;
			double a = 5.1, b = 3;
			// c 的值为 1.7(浮点数)
			double c = a/b;

%	取余：第一个数除以第二个数，整除后剩下的余数	int a = 5, b = 3;
		// c 的值为 2
		int c = a%b;
			double a = 5.2, b = 3.1;
			// c 的值为 2.1
			double c = a%b;

  注意：如果 / 和 % 运算符的两个操作数都是整数类型，则除数不能是 0，否则引发除数为 0 异常。但如果两个操作数有一个是浮点数，或者两个都是浮点数，则此时允许除数是 0 或 0.0，任何数除 0 得到的结果是正无穷大(Infinity)或负无穷大(–Infinity)，任何数对 0 取余得到的结果是非数：NaN。

  下述案例示例了算术运算符的应用，代码如下：

【代码 2.6】 MathOperExample.java

```java
package com;
public class MathOperExample {
    public static void main(String[] args) {
        int a = 5;
        int b = 3;
        System.out.println("a =" + a + ", b =" + b);
        System.out.println("a+b =" + (a + b));
        // 字符串连接
        System.out.println("a 连接 b =" + a + b);
        System.out.println("a-b =" + (a - b));           // 两个数相减，结果为 2
        System.out.println("a*b =" + (a * b));           // 两个数相乘，结果为 15
        System.out.println("a/b =" + (a / b));           // 两个整数相除，结果为 1
        System.out.println("a%b =" + (a % b));           // 两个整数取余，结果为 2
        System.out.println("5.1/3 =" + (5.1 / 3));       // 两个浮点数相除，结果为 1.7
        System.out.println("5.2%3.1 =" + (5.2 % 3.1));   // 两个浮点数取余，结果为 2.1
        System.out.println("3.1/0 =" + (3.1 / 0));       // 正浮点数除以 0，结果为 Infinity
        System.out.println("-8.8/0 =" + (-8.8 / 0));     // 负浮点数除以 0，结果为-Infinity
        System.out.println("5.1%0 =" + (5.1 % 0));       // 正浮点数对 0 取余，结果为 NaN
        System.out.println("6.6%0 =" + (6.6 % 0));       // 负浮点数对 0 取余，结果为 NaN
        System.out.println("3/0 =" + (3 / 0));           // 整数除以 0，将引发异常
    }
}
```

程序运行结果如下：

A = 5, b = 3
a+b = 8
a 连接 b = 53
a-b = 2
a*b = 15
a/b = 1
a%b = 2
5.1/3 = 1.7
5.2%3.1 = 2.1
3.1/0 = Infinity
-8.8/0 = -Infinity
5.1%0 = NaN
6.6%0 = NaN
Exception in thread "main" java.lang.ArithmeticException: / by zero
    at com.MathOperExample.main(MathOperExample.java:20)

2.4.3 关系运算符

关系运算符用于判断两个操作数的大小，其运算结果是一个布尔类型值(true 或 false)。Java 语言中的关系运算符如表 2-8 所示。

表 2-8 关系运算符

运算符	描述	示例
>	大于，左边操作数大于右边操作数，则返回 true	int a = 5, b = 3; System.out.println(a > b); // true
>=	大于等于，左边操作数大于或等于右边操作数，则返回 true	int a = 5, b = 3; System.out.println(a >= b); // true
<	小于，左边操作数小于右边操作数，则返回 true	int a = 5, b = 3; System.out.println(a < b); // false
<=	小于等于，左边操作数小于或等于右边操作数，则返回 true	int a = 5, b = 3; System.out.println(a <= b); // false
==	等于，两个操作数相等，则返回 true	int a = 5, b = 3; System.out.println(a == b); // false
!=	不等于，两个操作数不相等，则返回 true	int a = 5, b = 3; System.out.println(a != b); // true

注意：关系运算符中 == 比较特别，如果进行比较的两个操作数都是数值类型，那么即使它们的数据类型不同，只要它们的值相等，都将返回 true。例如 'a' == 97 返回 true，5 == 5.0 也返回 true。如果两个操作数都是引用类型，则只有当两个引用变量的类型具有继承关系时才可以比较，且这两个引用必须指向同一个对象(地址相同)才会返回 true。如果两个操作数是布尔类型的值也可以进行比较，例如 true == false 返回 false。

下述案例示例了关系运算符的应用，代码如下：

【代码 2.7】 CompareOperaExample.java

```
package com;
public class CompareOperaExample {
    public static void main(String[] args) {
        int a = 5;
        int b = 3;
        System.out.println(a + ">" + b + "结果为" + (a > b));
        System.out.println(a + ">=" + b + "结果为" + (a >= b));
        System.out.println(a + "<" + b + "结果为" + (a < b));
        System.out.println(a + "<=" + b + "结果为" + (a <= b));
        System.out.println(a + "==" + b + "结果为" + (a == b));
        System.out.println(a + "!=" + b + "结果为" + (a != b));
        // 'a'的 ASCII 值为 97，因此相等，结果为 true
        System.out.println("'a'==97 结果为"+('a'==97));
```

```
            }
        }
```
程序运行结果如下：

5 > 3 结果为 true

5 >= 3 结果为 true

5 < 3 结果为 false

5 <= 3 结果为 false

5 == 3 结果为 false

5 != 3 结果为 true

'a' == 97 结果为 true

2.4.4 逻辑运算符

逻辑运算符又称布尔运算符，用于进行逻辑运算。逻辑运算符包括&&(逻辑与或短路逻辑与)、||(逻辑或或短路逻辑或)、!(逻辑非)、&(非短路逻辑与)和|(非短路逻辑或)。Java语言中的逻辑运算符如表 2-9 所示。

表 2-9 逻辑运算符

运算符	名 称	用法	描 述
&&	逻辑与	A&&B	当 A 与 B 都是 true，则返回 true，否则返回 false
||	逻辑或	A||B	当 A 与 B 都是 false，则返回 false，否则返回 true
!	逻辑非	!A	当 A 为 true，则返回 false，否则返回 true
&	非短路逻辑与	A&B	当 A 与 B 都是布尔值，而且都是 true，则返回 true，否则返回 false；当 A 与 B 都是数字，那么执行位与运算
|	非短路逻辑或	A|B	当 A 与 B 都是布尔值，而且都是 false，则返回 false，否则返回 true；当 A 与 B 都是数字，那么执行位或运算

结果为 boolean 类型的变量或表达式可以通过逻辑运算符形成逻辑表达式。表 2-10 给出了用逻辑运算符进行逻辑运算的结果。

表 2-10 逻辑运算真值表

A	B	A && B	A || B	A & B	A | B	! A
true	true	true	true	true	true	false
true	false	false	true	false	true	false
false	true	false	true	false	true	true
false	false	false	false	false	false	true

注意：&&和||是短路运算符，&和|是非短路运算符。它们的区别是，对于短路运算符，&&运算符检查第一个操作数是否为 false，如果是 false，则结果必为 false，无需检查第二个操作数。||运算符检查第一个表达式是否为 true，如果是 true 则结果必为 true，无需检查第二个操作数。因此，对于&&，当第一个操作数为 false 时会出现短路；对于||，当第一个操作数为 true 时会出现短路。对于非短路运算符，始终会执行运算符两边的布尔表达式。

下述案例示例了逻辑运算符的应用，代码如下：

【代码2.8】 LogicOperaExample.java

```java
package com;
public class LogicOperaExample {
    public static void main(String[] args) {
        // &&
        System.out.println("true && true = " + (true && true));
        System.out.println("true && false = " + (true && false));
        System.out.println("false && true = " + (false && true));
        System.out.println("false && false = " + (false && false));
        // ||
        System.out.println("true || true = " + (true || true));
        System.out.println("true || false = " + (true || false));
        System.out.println("false || true = " + (false || true));
        System.out.println("false || false = " + (false || false));
        // &
        System.out.println("true & true = " + (true & true));
        System.out.println("true & false = " + (true & false));
        System.out.println("false & true = " + (false & true));
        System.out.println("false & false = " + (false & false));
        // |
        System.out.println("true | true = " + (true | true));
        System.out.println("true | false = " + (true | false));
        System.out.println("false | true = " + (false | true));
        System.out.println("false | false = " + (false | false));
        // !
        System.out.println("!true = " + (!true));
        System.out.println("!false = " + (!false));
    }
}
```

程序运行结果如下：

```
true && true = true
true && false = false
false && true = false
false && false = false
true || true = true
true || false = true
false || true = true
false || false = false
```

true & true = true
true & false = false
false & true = false
false & false = false
true | true = true
true | false = true
false | true = true
false | false = false
!true = false
!false = true

2.4.5 位运算符

Java 语言中的位运算符总体来说分为两类：按位运算符和移位运算符。Java 语言中有 4 种按位运算符，它们是按位与(&)、按位或(|)、按位非(~)和按位异或(^)；移位运算符有 3 种，分别是右移位(>>)、左移位(<<)和无符号右移位(>>>)。Java 语言中的位运算符功能描述如表 2-11 所示。

表 2-11 位运算符

运算符	描 述	示 例
~	按位非，将操作数对应的二进制数的每一位(包括符号位)全部取反，即原来是 0，则为 1；原来为 1，则为 0	~00101010 = 11010101
&	按位与，当两位同时为 1 才返回 1	00101010 & 00001111 = 00001010
|	按位或，只要有一位为 1 即可返回 1	00101010 | 00001111 = 00101111
^	按位异或，当两位相同时返回 0，不同时返回 1	00101010 ^ 00001111 = 00100101
<<	左移，N << S 的值是将 N 左移 S 位，右边空出来的位填充 0，相当于乘 2 的 S 次方	11111000<<1 = 11110000
>>	右移，N >> S 的值是将 N 右移 S 位，左边空出来的位如果是正数，则填充 0，负数则填充 1，相当于除 2 的 S 次方	11111000>>1 = 1111100
>>>	无符号右移，无论正数还是负数，无符号右移后左边空出来的位都填充 0	11111000>>>1 = 0111100

按位运算符所遵循的真值表如表 2-12 所示。

表 2-12 按位运算符真值表

A	B	A|B	A&B	A^B
0	0	0	0	0
1	0	1	0	1
0	1	1	0	1
1	1	1	1	0

下述案例示例了位运算符的应用，代码如下：

【代码 2.9】 ByteOperaExample.java

```java
package com;
public class ByteOperaExample {
    public static void main(String[] args) {
        int a = 0b0101010;
        int b = 0b0001111;
        System.out.println("a = " + Integer.toBinaryString(a));
        System.out.println("b = " + Integer.toBinaryString(b));
        System.out.println("~a = " + Integer.toBinaryString(~a));        // 按位非
        System.out.println("a&b = " + Integer.toBinaryString(a & b));    // 按位与
        System.out.println("a | b = " + Integer.toBinaryString(a | b));  // 按位或
        System.out.println("a^b = " + Integer.toBinaryString(a^b ));     // 按位异或
        System.out.println("a<<1 = " + Integer.toBinaryString(a<<1 ));   // 左移
        System.out.println("a>>1 = " + Integer.toBinaryString(a>>1));    // 右移
        System.out.println("a>>>1 = " + Integer.toBinaryString(a>>>1));  // 无符号右移
    }
}
```

程序运行结果如下：

```
a=101010
b=1111
~a=11111111111111111111111111010101
a&b=1010
a | b=101111
a^b=100101
a<<1=1010100
a>>1=10101
a>>>1=10101
```

2.4.6 赋值运算符

赋值运算符用于为变量指定变量值。Java 中使用"="作为赋值运算符。通常使用"="可以直接将一个值赋给变量。例如：

int a = 3;

float b = 3.14f;

除此以外，也可以使用"="将一个变量值或表达式的值赋给另一个变量。例如：

int a = 3;

float b = a;

double d = b+3;

赋值运算符可与算术运算符、位运算符结合，扩展成复合赋值运算符。扩展后的复合赋值运算符如表 2-13 所示。

表 2-13 复合赋值运算符

复合赋值运算符	示 例	等 价 于
+=	a+=b	a=a+b
-=	a-=b	a=a-b
*=	a*=b	a=a*b
/=	a/=b	a=a/b
%=	a%=b	a=a%b
&=	a&=b	a=a&b
|=	a|=b	a=a|b
^=	a^=b	a=a^b
<<=	a<<=b	a=a<<b
>>=	a>>=b	a=a>>b
>>>=	a>>>=b	a=a>>>b

下述案例示例了赋值运算符的使用，代码如下：

【代码 2.10】 ValueOperExample.java

```java
package com;
public class ValueOperExample {
    public static void main(String[] args) {
        int a = 8;
        int b = 3;
        System.out.println("a="+a+", b="+b);
        System.out.println("a+=b, a="+(a += b));
        System.out.println("a-=b, a="+(a -= b));
        System.out.println("a*=b, a="+(a *= b));
        System.out.println("a/=b, a="+(a /= b));
        System.out.println("a%=b, a="+(a %= b));
        System.out.println("a&=b, a="+(a &= b));
        System.out.println("a|=b, a="+(a |= b));
        System.out.println("a<<=b, a="+(a <<= b));
        System.out.println("a>>=b, a="+(a >>= b));
        System.out.println("a>>>=b, a="+(a >>>= b));
    }
}
```

程序运行结果如下：

a=8, b=3
a+=b, a=11
a-=b, a=8
a*=b, a=24

a/=b, a=8
a%=b, a=2
a&=b, a=2
a|=b, a=3
a<<=b, a=24
a>>=b, a=3
a>>>=b, a=0

2.4.7 条件运算符

Java 语言中只有一个条件运算符是"？ ："，也是唯一的一个三元运算符，其语法格式如下：

表达式 ? value1 : value2

其中：

(1) 表达式的值必须为布尔类型，可以是关系表达式或逻辑表达式。
(2) 若表达式的值为 true，则返回 value1 的值。
(3) 若表达式的值为 false，则返回 value2 的值。

例如：

```
// 判断a>b 是否为真，如果为真，则返回 a 的值，否则返回 b 的值
// 实现获取两个数中的最大数
a>b ? a : b
```

下述案例示例了条件运算符的使用，代码如下：

【代码 2.11】 ConditionOperExample.java

```
package com;
public class ConditionOperExample {
    public static void main(String[] args) {
        int a = 56;
        int b = 45;
        int c = 78;
        System.out.println("a > b ? a : b = " + (a > b ? a : b));
        System.out.println("a > c ? a : c = " + (a > c ? a : c));
    }
}
```

程序运行结果如下：

a > b ? a : b = 56
a > c ? a : c = 78

2.4.8 运算符优先级

通常数学运算都是从左到右，但只有一元运算符、赋值运算符和三元运算符除外。一元运算符、赋值运算符和三元运算符是从右向左结合的，即从右向左运算。

乘法和加法是两个可结合的运算，即+、*运算符左右两边的操作数可以互换位置而不会影响结果。

运算符具有不同的优先级，所谓优先级是指在表达式运算中的运算顺序。在表达式求值时，会先按运算符的优先级别由高到低的次序执行，例如，算术运算符中采用"先乘除后加减，先括号内后括号外"。表 2-14 列出了包括分隔符在内的所有运算符的优先级，上一行的运算符总是优先于下一行的。

表 2-14 运算符优先级列表

优先级(由高到低)	运 算 符
分隔符	. [ ] ( ) { } , ;
一元运算	++ -- ! ~
强制类型转换	(type)
乘、除、取余	* / %
加、减	+ -
移位运算符	>> >>> <<
关系大小运算符	> < >= <=
等价运算符	== !=
按位与	&
按位异或	^
按位或	|
逻辑与	&&
逻辑或	||
三元运算符	?:
赋值运算符	= += -= *= /= %= ^= &= |= <<= >>= >>>=

注意：不要把一个表达式写得太复杂，如果一个表达式过于复杂，则可以把它分成多步来完成；不要过多依赖运算符的优先级来控制表达式的执行顺序，以免降低可读性，而应尽量使用()来控制表达式的执行顺序。

练 习 题

1. 下列属于合法 Java 标识符的是_____。
   A. "ABC"   B. &5678   C. +rriwo   D. saler
2. 下列标识符命名规则中，正确的是_____。
   A. 类名的首字母小写   B. 变量和方法名的首字母大写
   C. 接口名的首字母小写   D. 常量名完全大写
3. 下列布尔型变量的定义中，正确且规范的是_____。

A. BOOLEAN canceled=false;   B. boolean canceled=false;
C. Boolean CANCELED=false;   D. boolean canceled=FALSE;

4. 下列叙述中，正确的是_____。
   A. 声明变量时必须指定一个数据类型   B. Java 认为变量 number 和 Number 相同
   C. Java 中唯一的注释方式是"//"   D. 源文件中的 public 类可以有 0 或多个

5. 下列代表十六进制整数的是_____。
   A. 0123   B. 1900   C. fa00   D. 0xa2

6. 下面赋值语句中，不正确的是_____。
   A. float f=2.3;   B. float f=5.4f;   C. double d=3.14;   D. double d=3.14d;

7. 阅读下面的程序：

   Public static void main(String args[]){
       System.out.println(34+56-6);
       System.out.println(26*2-3);
       System.out.println(3*4/2);
       System.out.println(5/2);
   }

   程序的运行结果是_____。
   A. 84 49 6 2   B. 90 25 6 2.5
   C. 84 23 12 2   D. 68 49 14 2.5

8. 阅读下面的程序：

   public class Increment{
       public static void main(String args[]){
           int c=5;
           System.out.println(c);
           System.out.println(c++);
           System.out.println(c);}
   }

   程序的运行结果是_____。
   A. 5 6 6   B. 5 5 6   C. 6 7 7   D. 6 6 6

9. 下列关于算术运算符的说法中，不正确的是_____。
   A. 一元加运算符只是表示某个操作数的符号，运算结果为该操作数的正值
   B. 增量运算表达式作为其他表达式的操作数时，++ 运算符在操作数的左边和右边，整个表达式的运算结果是不同的
   C. 增量运算表达式作为其他表达式的操作数时，++ 运算符在操作数的左边和右边，整个表达式的运算结果是相同的
   D. 二元算术运算表达式应该有两个操作数

10. 下列对于二元算术表达式的说法正确的一个是_____。
    A. 若两个操作数都是 float 型，则表达式的结果为 float 型
    B. 若两个操作数都是 float 型，则表达式的结果为 double 型

C. 若一个操作数是 float 型，另一个是 int 型，则表达式结果为 int 型

D. 若一个操作数是 float 型，另一个是 double 型，则表达式结果为 float 型

11. 下列关于 equals()方法和 == 运算符的说法，不正确的是_____。

   A. equals()方法可以用来比较复合数据类型的数值是否相等

   B. == 运算符可以用来比较简单数据类型的数据值是否相等

   C. == 运算符和 equals()方法的功能一样，可以相互替换

   D. == 运算符和 equals()方法的功能不完全一样，不可以相互替换

12. 下列运算符中，不能进行位运算的是_____。

   A. >>   B. >>>   C. <<   D. <<<

13. 阅读下面的程序：

public class Test{
    public static void main(String args[]){
        System.out.println(~(0xa5)&0xaa);}
}

程序的运行结果是_____。

   A. 0xa5   B. 10   C. 0x50   D. 0xaa

14. 阅读下面的程序：

public class Test{
    public static void main(String args[]){
        System.out.println(89>>1);}
}

程序的运行结果是_____。

   A. 44   B. 45   C. 88   D. 90

15. 下面语句的输出结果是_____。

int x=4;
System.out.println("value is "+((x>4)?99.9:9));

   A. 输出结果为：value is 99.9   B. 输出结果为：value is 9

   C. 输出结果为：value is 9.0   D. 输出结果为：语法错误

参考答案：

1. D   2. D   3. B   4. A   5. D   6. A   7. A   8. B

9. C   10. A   11. C   12. D   13. B   14. A   15. C

第 3 章 流程控制结构

本章学习目标:
- 掌握程序控制语句的基本语法结构
- 掌握分支语句和循环语句的应用
- 理解并熟练使用程序跳转语句

程序是由一系列指令组成的,这些指令称为语句。Java 中有许多语句,有些语句用来控制程序的执行流程,即执行顺序,这样的语句称为"控制语句"。

Java 中的控制语句有以下三大类:
(1) 分支语句:if 和 switch 语句。
(2) 循环语句:while、do-while 和 for 循环语句。
(3) 转移语句:break、continue 和 return 语句。

3.1 语句概述

Java 里的语句可分为六类。

1.方法调用语句

方法调用语句由方法名、实际参数加上分号";"组成。其一般形式为:方法名(实际参数表);如:

```
System.out.println(" Hello");
```

2.表达式语句

由一个表达式构成一个语句,即表示式尾加上分号。比如赋值语句:

```
x=23;
```

3.复合语句

可以用{ }把一些语句括起来构成复合语句,如:

```
{   z=123+x;
    System.out.println("How  are  you");
}
```

4.空语句

一个分号也是一条语句,叫作空语句。

5．控制语句

控制语句分为条件分支语句、开关语句和循环语句。

6．package 语句和 import 语句

package 语句和 import 语句与类、对象有关，将在以后的章节中讲解。

3.2 分 支 结 构

分支结构是根据表达式条件的成立与否，决定执行哪些语句的结构。其作用是让程序根据具体情况有选择性地执行代码。

Java 中提供的分支语句有两个：if 条件语句和 switch 开关语句。

3.2.1 if 条件语句

if 条件语句是最常用的分支结构，其语法格式如下：

  if(条件表达式 1) { 语句块 1}

  [else if(条件表达式 2) { 语句块 2}]

  [else if(条件表达式 3) { 语句块 3}]

  ……

  [else {语句块 n}]

其中，if 语句需要注意以下几点：

(1) 所有条件表达式的结果为布尔值(true 或 false)；

(2) 当"条件表达式 1"为 true 时，执行 if 语句中的"语句块 1"部分；

(3) 当"条件表达式 1"为 false 时，执行 else if 语句，继续向下判断条件表达式，哪个条件表达式成立，便执行相应的语句块；

(4) 当所有条件表达式为 false 时，执行 else 语句中的"语句块 n"部分。

(5) else if 可以有多个；

(6) [ ]括起来的 else if、else 可以省略。

根据语法规则，可以将 if 语句分为如下三种形式。

1．if 语句

if 语句是单条件单分支语句，即根据一个条件来控制程序执行的流程。if 语句的语法格式如下：

  if(条件表达式){

    语句块

  }

if 语句的流程图如图 3.1 所示。在 if 语句中，关键字 if 后面的一对小括号( )内的条件表达式的值必须为 boolean 类型。当值为 true 时，则执行紧跟着的语句块；否则，结束当前 if 语句的执行。

需要注意的是，在 if 语句中，其中的语句块如果只有一条语句，则{ }可以省略不写，但为了增强程序的可读性，最好不要省略。

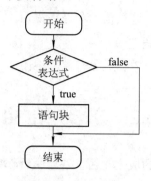

图 3.1　if 语句流程图

下述案例通过将变量 a、b、c 数值按大小顺序进行互换(从小到大排列)，示例了 if 语句的使用，代码如下：

【代码 3.1】　IfExample.java

```java
package com;
public class IfExample {
    public static void main(String[] args) {
        int a = 9, b = 5, c = 7, t=0;
        if(b<a) {
            t = a;
            a = b;
            b = t;
        }
        if(c<a) {
            t = a;
            a = c;
            c = t;
        }
        if(c<b) {
            t = b;
            b = c;
            c = t;
        }
        System.out.println("a="+a+", b="+b+", c="+c);
    }
}
```

程序运行结果如下：

a=5, b=7, c=9

2. if-else 语句

if-else 语句是单条件双分支语句，即根据一个条件来控制程序执行的流程。if-else 语句的语法格式如下：
```
if(条件表达式) {
    语句块
}else{
    语句块
}
```

if-else 语句的流程图如图 3.2 所示。在 if-else 语句中，关键字 if 后面小括号( )内的条件表达式的值必须为 boolean 类型。当值为 true 时，则执行紧跟着的语句块，否则，执行关键字 else 后面的语句块，结束当前 if-else 语句的执行。

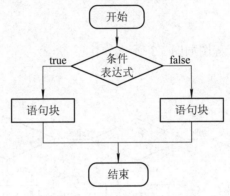

图 3.2　if-else 语句流程图

下述案例通过判断某一年是否是闰年，示例了 if-else 语句的使用，代码如下：

【代码 3.2】 IfElseExample.java

```java
package com;
public class IfElseExample {
    public static void main(String[] args) {
        int year = 2018;
        // 判断 2018 年是平年还是闰年
        if ((year % 4 == 0 && year % 100 != 0) || (year % 400 == 0)) {
            System.out.println("2018 年是闰年");
        } else {
            System.out.println("2018 年是平年");
        }
    }
}
```

程序运行结果如下：

2018 年是平年

3. if-else if-else 语句

if-else if-else 语句是多条件分支语句，即根据多个条件来控制程序执行的流程。if-else if-else 语句的语法格式如下：

```
if(条件表达式) {
   语句块
}else if(条件表达式){
   语句块
} else if(条件表达式){
   语句块
}
......        // 可以有多个 else if 语句
else{
   语句块
}…
```

if-else if-else 语句的流程图如图 3.3 所示。

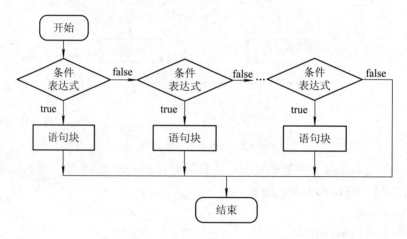

图 3.3 if-else if-else 语句流程图

下述案例示例了 if-else if-else 语句的应用，代码如下：

【代码 3.3】 IfElseIfExample.java

```java
package com;
public class IfElseIfExample {
    public static void main(String[] args) {
        int score=87;
        // 判断 g 学生成绩的等级
        if (score >= 90) {
            System.out.println("优秀");
        } else if (score >= 80) {
            System.out.println("良好");
        } else if (score >= 70) {
            System.out.println("中等");
        } else if (score >= 60) {
```

```
                System.out.println("及格");
            } else {
                System.out.println("不及格");
            }
        }
    }
```
程序运行结果如下：
    良好

3.2.2　switch 开关语句

switch 开关语句是由一个控制表达式和多个 case 标签组成的，与 if 语句不同的是，switch 语句后面的控制表达式的数据类型只能是 byte、short、char、int 四种类型，boolean 类型等其他类型是不被允许的，但从 Java 7 开始允许枚举类型和 String 字符串类型。

switch 语句的语法格式如下：
```
switch (控制表达式){
    case value1 :
        语句 1;
        break;
    case value2 :
        语句 2;
        break;
    ......
    case valueN :
        语句 N;
        break;
    [default : 默认语句; ]
}
```

switch 语句需要注意以下几点：

(1) 控制表达式的数据类型只能是 byte、short、char、int、String 和枚举类型。

(2) case 标签后的 value 值必须是常量，且数据类型必须与控制表达式的值保持一致。

(3) break 用于跳出 switch 语句，即当执行完一个 case 分支后，终止 switch 语句的执行。只有在一些特殊情况下，当多个连续的 case 值要执行一组相同的操作时，此时可以不用 break。

(4) default 语句是可选的，用在当所有 case 语句都不匹配控制表达式值时，默认执行的语句。

switch 语句执行顺序是先对控制表达式求值，然后将值依次匹配 case 标签后的 value1，value2，……，valueN，遇到匹配的值就执行对应的语句块。如果所有的 case 标签后的值都不能与控制表达式的值匹配，则执行 default 标签后的默认语句块。switch 语句的执行流程图如图 3.4 所示。

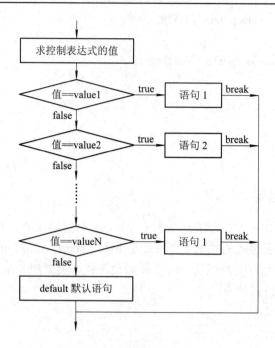

图 3.4 switch 流程图

下述案例通过判断学生成绩的等级，示例了 switch 开关语句的使用，代码如下：

【代码 3.4】 SwitchExample1.java

```
package com;
public class SwitchExample1 {
    public static void main(String[] args) {
        int score= 67;
        switch (score / 10) {           // 使用 switch 判断 g 的等级
            case 10:
            case 9:
                System.out.println("优秀"); break;
            case 8:
                System.out.println("良好"); break;
            case 7:
                System.out.println("中等"); break;
            case 6:
                System.out.println("及格"); break;
            default:
                System.out.println("不及格");
        }
    }
}
```

第 3 章 流程控制结构

代码 3.4 中先计算 "score/10",因 score 是整数,所以结果也是整数,即取整数部分值,例如:67/10=6;case 10 后面没有语句,将向下进入到 case 9 中,即当值为 10 或 9 时都输出"优秀"。

程序运行结果如下:

  及格

从 Java 7 开始增强了 switch 语句的功能,允许控制表达式的值是 Stirng 字符串类型的变量或表达式,代码 3.5 示例了 switch 增强功能。

【代码 3.5】 SwitchExample2.java

```
package com;
public class SwitchExample2 {
    public static void main(String[] args) {
        // 声明变量 season 是字符串,注意 JDK 版本是 7 以上才能支持
        String season = "夏天";
        // 执行 swicth 分支语句
        switch (season) {
            case "春天":
                System.out.println("春暖花开.");break;
            case "夏天":
                System.out.println("夏日炎炎.");break;
            case "秋天":
                System.out.println("秋高气爽.");break;
            case "冬天":
                System.out.println("冬雪皑皑.");break;
            default:
                System.out.println("季节输入错误");
        }
    }
}
```

程序运行结果如下:

  夏日炎炎.

3.3 循 环 结 构

循环结构是根据循环条件,要求程序反复执行某一段代码,直到条件终止的程序控制结构。循环结构由四部分组成:

(1) 初始化部分。初使化部分指开始循环之前,需要设置循环变量的初始值。

(2) 循环条件。循环条件是一个含有循环变量的布尔表达式,循环体的执行需要循环条件来控制。每执行一次循环体都需要判断该表达式的值,用于决定循环是否继续。

(3) 循环体。循环体指需要反复执行的语句块,可以是一条语句,也可以是多条语句。
(4) 迭代部分。迭代部分指改变循环变量值的语句。

Java 语言中提供的循环语句有三种:for 循环、while 循环和 do-while 循环。

1. for 循环

for 循环是最常见的循环语句,其语法结构非常简洁,一般用在知道循环次数的情况下,即固定循环。for 循环的语法结构如下:

```
for ( [ 初始化表达式 ] ; [ 条件表达式 ] ; [ 迭代表达式 ] ) {
    循环体
}
```

其中,初始化表达式只在循环开始之前执行一次;初始化表达式、条件表达式以及迭代表达式都可以省略,但分号不能省,当三者都省略时将成为一个无限循环(死循环);在初始化表达式和迭代表达式中可以使用逗号隔开多个语句。

for 循环的执行顺序是:首先执行初始化表达式;然后判断条件表达式是否为 true。如果为 true,则执行循环体中的语句,紧接着执行迭代表达式,完成一次循环,进入下一次循环;如果条件表达式为 false,则终止循环。**注意:** 下次循环依然要先判断条件表达式是否成立,并根据判断结果进行相应操作。for 循环执行流程图如图 3.5 所示。

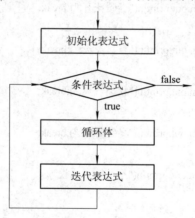

图 3.5 for 循环流程图

下述案例使用 for 循环求 1~100 整数和,示例了 for 循环的应用,代码如下:

【代码 3.6】 ForExample1.java

```java
package com;
public class ForExample1 {
    public static void main(String[] args) {
        // 使用 for 循环求 1~100 的和
        int sum = 0;
        for (int i = 1; i <= 100; i++) {
            sum += i;
        }
        System.out.println("1~100 的和是: " + sum);
```

            }
        }

上述代码中，for 循环语句将循环体执行 100 次，每次循环将当前 i 的值加到 sum 中。当循环终止时，sum 的值就是 1~100 的和。

程序运行结果如下：

　　1~100 的和是：5050

for 循环可以嵌套，下述案例使用嵌套的 for 循环打印九九乘法表，代码如下：

【代码 3.7】 ForExample2.java

```java
package com;
public class ForExample2 {
    public static void main(String[] args) {
        // 嵌套的 for 循环打印九九乘法表
        // 第一个 for 控制行
        for (int i = 1; i <= 9; i++) {
            // 第二个 for 控制列，即每行中输出的算式
            for (int j = 1; j <= i; j++) {
                // 输出 j*i=n 格式，例如 2*3=6
                System.out.print(j + "*" + i + "=" + i * j + " ");
            }
            // 换行
            System.out.println();
        }
    }
}
```

上述代码中，第二个 for 循环体中的输出语句使用的是 System.out.print()，该语句输出内容后不换行；而第一个 for 循环体中使用 System.out.println()直接换行。

程序运行结果如下：

```
1*1=1
1*2=2 2*2=4
1*3=3 2*3=6 3*3=9
1*4=4 2*4=8 3*4=12 4*4=16
1*5=5 2*5=10 3*5=15 4*5=20 5*5=25
1*6=6 2*6=12 3*6=18 4*6=24 5*6=30 6*6=36
1*7=7 2*7=14 3*7=21 4*7=28 5*7=35 6*7=42 7*7=49
1*8=8 2*8=16 3*8=24 4*8=32 5*8=40 6*8=48 7*8=56 8*8=64
1*9=9 2*9=18 3*9=27 4*9=36 5*9=45 6*9=54 7*9=63 8*9=72 9*9=81
```

2. while 循环

while 循环语句的语法格式如下：

```
while (条件表达式){
    循环体
    迭代部分
}
```

while 循环语句的执行顺序是先判断条件表达式是否为 true。如果为 true，则执行循环体内的语句，再进入下一次循环；如果条件表达式为 false，则终止循环。while 循环的执行流程图如图 3.6 所示。

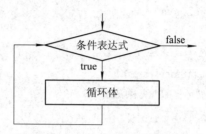

图 3.6 while 循环流程图

下述案例使用 while 循环实现求 1～100 整数和，代码如下：

【代码 3.8】 WhileExample.java

```java
package com;
public class WhileExample {
    public static void main(String[] args) {
        // 使用 while 循环求 1～100 的和
        int sum = 0;
        int i = 1;
        while (i <= 100) {
            sum += i;
            i++;
        }
        System.out.println("1~100 的和是：" + sum);
    }
}
```

上述代码中，在 while 循环体的最后一个语句是 i++，属于循环结构的迭代部分，进行循环变量的增量运算，如果没有这条语句，则会出现死循环。

程序运行结果如下：

1~100 的和是：5050

3. do-while 循环

do-while 循环与 while 循环类似，只是 while 循环要先判断后循环，而 do-while 循环则是先循环后判断，do-while 循环至少会循环一次。

do-while 循环的语法格式如下：

```
do {
```

第 3 章 流程控制结构

　　循环体
　　迭代部分
} while (条件表达式);

do-while 循环的执行顺序是先执行一次 do 语句块，然后再判断条件表达式是否为 true。如果为 true，则进入下一次循环；如果为 false，则终止循环。do-while 循环的执行流程图如图 3.7 所示。

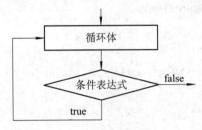

图 3.7　do-while 循环流程图

下述案例使用 do-while 循环实现求 1~100 整数和，代码如下：

【代码 3.9】　DoWhileExample.java

```
package com;
public class DoWhileExample {
    public static void main(String[] args) {
        // 使用 do-while 循环求 1~100 的和
        int sum = 0;
        int i = 1;
        do {
            sum += i;
            i++;
        } while (i <= 100);
        System.out.println("1~100 的和是：" + sum);
    }
}
```

程序运行结果如下：

1~100 的和是：5050

3.4　转移语句

Java 语言没有提供 goto 语句来控制程序的跳转，此做法提高了程序的可读性，但也降低了程序的灵活性。为了弥补这种不足，Java 语言提供了一些转移语句来控制分支和循环结构，以便使程序员更方便地控制程序执行的方向。

Java 语言提供了三种转移语句：break 语句、continue 语句和 return 语句。

1. break 语句

break 语句用于终止分支结构或循环结构,其主要用于以下 3 种情况:
(1) 在 switch 语句中,用于终止 case 语句,跳出 switch 分支结构。
(2) 在循环结构中,用于终止循环语句,跳出循环结构。
(3) 与标签语句配合使用,从内层循环或内层程序块中退出。

下述案例示例了使用 break 语句终止循环,代码如下:

【代码 3.10】 BreakExample1.java

```java
package com;
public class BreakExample1 {
    public static void main(String[] args) {
        int i = 1;
        for (; i <= 10; i++) {
            if (i == 5) {
                System.out.println("找到目标,结束循环!");
                // 终止循环
                break;
            }
            System.out.println(i);              // 打印当前的 i 值
        }
        System.out.println("终止循环的 i=" + i); // 打印终止循环的 i 值
    }
}
```

程序运行结果如下:

```
1
2
3
4
找到目标,结束循环!
终止循环的 i=5
```

在嵌套的循环语句中,break 语句不仅可以终止当前所在的循环,还可以直接结束其外层的循环,此时需要在 break 后跟一个标签,该标签用于识别一个外层循环。下述案例示例了带标签的 break 语句的使用,代码如下:

【代码 3.11】 BreakExample2.java

```java
package com;
public class BreakExample2 {
    public static void main(String[] args) {
        // 外层循环,outer 作为标识符
        outer: for (int i = 0; i < 5; i++) {
            // 内层循环
```

```
            for (int j = 0; j < 3; j++) {
                System.out.println("i 的值为:" + i + "  j 的值为:" + j);
                if (j == 1) {
                    // 跳出 outer 标签所标识的循环
                    break outer;    }
            }
        }
    }
}
```

上述代码在外层 for 循环前增加 "outer:" 作为标识符，当出现 break outer 时，则跳出它所标志的外层循环。

程序运行结果如下：

  i 的值为:0 j 的值为:0
  i 的值为:0 j 的值为:1

2. continue 语句

continue 的功能与 break 有点类似，区别是 continue 只是忽略本次循环体剩下的语句，接着进入到下一次循环，并不会终止循环；而 break 则是完全终止循环。

下述案例示例了 continue 语句的使用，代码如下：

【代码 3.12】 ContinueExample.java

```java
package com;
public class ContinueExample {
    public static void main(String[] args) {
        for (int i = 1; i <= 10; i++) {
            if (i == 5) {
                System.out.println("找到目标,继续循环！");
                // 跳出本次循环，进入下一次循环
                continue;
            }
            System.out.println(i);    // 打印当前的 i 值
        }
    }
}
```

程序运行结果如下：

  1
  2
  3
  4
  找到目标,继续循环！

```
        6
        7
        8
        9
        10
```

3. return 语句

return 语句并不是专门用于结束循环的,通常是用在方法中,以便结束一个方法。return 语句主要有以下两种使用格式:

(1) 单独一个 return 关键字。

(2) return 关键字后面可以跟变量、常量或表达式。例如:return 0;

当含有 return 语句的方法被调用时,执行 return 语句将从当前方法中退出,返回到调用该方法的语句处。如果执行的 return 语句是第一种格式,则不返回任何值;如果是第二种格式,则返回一个值。

下述案例示例 return 语句的第一种格式使用,代码如下:

【代码 3.13】 ReturnExample.java

```java
package com;
public class ReturnExample {
    public static void main(String[] args) {
        // 一个简单的 for 循环
        for (int i = 0; i < 10; i++) {
            System.out.println("i 的值是" + i);
            if (i == 3) {
                // 返回,结束 main 方法
                return;
            }
            System.out.println("return 后的输出语句");
        }
    }
}
```

上述代码中,使用 return 语句返回并结束 main 方法,相应 for 循环也结束。

程序运行结果如下:

```
i 的值是 0
return 后的输出语句
i 的值是 1
return 后的输出语句
i 的值是 2
return 后的输出语句
i 的值是 3
```

练 习 题

1. 阅读下面的程序：
   ```
   if (x == 0)
       System.out.println("冠军");
   else if (x > -3)
       System.out.println("亚军");
   else
       System.out.println("季军");
   ```
   若要打印出字符串"季军"，则变量 x 的范围是_____。
   A. x=0&&x<=−3   B. x>0   C. x>−3   D. x<=−3

2. 下列语句中属于多分支语句的是_____。
   A. if 语句   B. switch 语句   C. do-while 语句   D. for 语句

3. 在 switch(expression)的语句中，expression 的数据类型不能是_____。
   A. double   B. char   C. byte   D. short

4. 阅读下面的程序：
   ```
   public class Test16 {
       public static void main(String args[]) {
           String s = "Test";
           switch (s) {
           case "Java":
               System.out.println("Java");
               break;
           case "language":
               System.out.println("Language");
               break;
           case "Test":
               System.out.println("Test");
               break;
           }
       }
   }
   ```
   程序运行结果是_____。
   A. Java   B. Lauguage   C. Test   D. 编译出错

5. 阅读下面的程序：
   ```
   int x = 3;
       while (x < 9)
   ```

```
            x += 2;
            x++;
while 语句执行的次数是_____次。
A. 1          B. 3          C. 5          D. 7
```
6. 阅读下面的程序
```
    public class Test{
        public static void main(String args[]){
            int n=4;
            int x=0;
            do{
                x++;
            }while (n++<7);
            System.out.println(n);
        }
    }
```
输出的结果是_____。
A. 7   B. 6   C. 8   D. n

7. 阅读下面的程序
```
    public class Test{
        public static void main(String args[]){
            int a=1;
            for(int i=5;i>=1;i--)
                a*=i;
            System.out.println(a);
        }
    }
```
执行的结果是_____。
A. 24   B. 64   C. 120   D. 128

8. 阅读下面的程序，执行的结果是_____。
```
    public class Test{
        public static void main(String args[]) {
            int j = 0;
            a1: for (int i = 3; i > 0; i--) {
                j += i;
                a2: for (int k = 1; k < 3; k++) {
                    j *= k;
                    if (i == k)
                        break a1;
                }
```

```
            System.out.println(j);
        }
    }
```
  A. 14   B. 16   C. 18   D. 0

9. 阅读下面的程序，输出到屏幕的第一行结果是_____。
```
    int i = 3, j;
    outer: while (i > 0) {
        j = 3;
        inner: while (j > 0) {
            if (j <= 2)
                break outer;
            System.out.println(j + "and" + i);
            j--;
        }
        i--;
    }
```
  A. 2 and 2 B. 3 and 3 C. 2 and 3 D. 3 and 2

10. 阅读下面的程序，输出的结果是_____。
```
    public class Test {
        public static void main(String args[]) {
            int j = 0;
            for (int i = 3; i > 0; i--) {
                j += i;
                int x = 2;
                while (x < j) {
                    x += 1;
                    System.out.print(x);
                }
            }
        }
    }
```
  A. 35556666 B. 3555 C. 33453456 D. 345

参考答案：
1. D 2. B 3. A 4. C 5. B 6. C 7. C 8. B 9. B 10. C

第 4 章 数 组

本章学习目标：
- 掌握数组的声明和创建
- 掌握数组的初始化
- 了解二维数组的定义和访问
- 掌握 foreach 遍历数组
- 了解 Arrays 类的基本应用

数组是编程语言中常见的一种数据结构，是多个数据类型相同元素的有序集合。数组可用于存储多个数据，每个数组元素存放一个数据，通常可通过数组元素的索引来访问数组元素，包括为数组元素赋值和取出数组元素的值。根据数组中组织结构的不同，数组可以分为一维数组、二维数组和多维数组。

4.1 创建数组

Java 数组要求所有的元素具有相同的数据类型。因此，在一个数组中，数组元素的类型是唯一的，即一个数组里只能存储一种数据类型的数据，而不能存储多个数据类型的数据。Java 数组既可以存储基本类型的数据，也可以存储引用类型的数据，只要所有的数组元素具有相同的类型即可。值得注意的是，数组也是一种数据类型，它本身是一种引用类型。

4.1.1 数组的声明

在 Java 编程语言中，定义数组时并不为数组元素分配内存。只有在初始化后才会为数组中的每一个元素分配空间，并且值得注意的是，数组必须经过初始化后才可以引用。

Java 语言支持两种语法格式来定义数组：

  dataType [] arrayName;

  dataType arrayName [];

对这两种语法格式而言，通常推荐使用第一种格式。因为第一种格式不仅具有更清楚的语义，而且具有更好的可读性。其中，dataType 是，数据元素的数据类型，arrayName 是用户自定义的数组名称，数组名的命名要符合标识符的命名规则。

下面代码示例了一维数组的声明。

    int[] number; // 声明一个整型数组

```
float[] f;         // 声明一个单精度浮点型数组
double[] d;        // 声明一个双精度浮点型数组
boolean[] b;       // 声明一个布尔型数组
char[] c;          // 声明一个字符型数组
String[] str;      // 声明一个字符串型数组
```

上述代码只是声明了数组变量，在内存中并没有给数组分配空间，因此还不能访问数组中的数据。要访问数组，需在内存中给数组分配存储空间，并指定数组的长度。

4.1.2 数组的初始化

数组是一种引用类型的变量，因此使用它定义一个变量时，仅仅表示定义了一个引用变量，这个引用变量还未指向任何有效的内存，因此定义数组时不能指定数组的长度。而且由于定义数组只是定义了一个引用变量，并未指向任何有效的内存空间，所以还没有内存空间存储数组元素，因此这个数组也不能使用，只有对数组进行初始化后才可以使用。所谓初始化，就是用关键字 new 为数组分配内存空间，并为每个数组元素赋初始值。

一旦数组的初始化完成，数组在内存中所占的空间将被固定下来，因此数组的长度将不可改变。即使把某个数组元素的数据清空，它所占的空间依然被保留，依然属于该数组，数组的长度依然不变。

数组的初始化有静态初始化和动态初始化两种方式。静态初始化时，由程序员指定每个数组元素的初始值，由系统决定数组长度；动态初始化时，程序员只指定数组长度，由系统为数组元素分配初始值。

1. 静态初始化

静态初始化的语法格式如下：

arrayName = new dataType [ ]{ num1, num2, num3 …};

在上面的语法格式中，dataType 就是数组元素的数据类型，此处的 dataType 必须与定义数组变量时所使用的 dataType 相同，也可以是定义数组时所指定的 dataType 的子类，并使用花括号把所有的数组元素括起来，多个元素之间用逗号隔开。代码 4.1 示例了数组的静态初始化。

【代码 4.1】 ArrayInit.java

```
package com;
public class ArrayInit {
    public static void main(String[] args) {
        // 定义一个 int 数组类型的变量
        int[] arrayA;
        // 使用静态初始化方式初始化数组
        arrayA = new int[]{1, 2, 3, 4};
        // 上述定义数组和初始化可以简化为：int[]  arrayA={1, 2, 3, 4};
        // 定义一个 Object 类型数组
        Object arrayObject ;
```

```
            // 定义数组元素类型的子类
            arrayObject = new String[]{"Java","MySql","单片机技术"};
    }
}
```

2. 动态初始化

动态初始化的语法格式如下：

    arrayName = new   dataType [length];

在上面的语法格式中，需要指定一个数组长度的 length 参数，也就是可以容纳数组元素的个数。与静态初始化相似的是，此处的 dataType 必须与定义数组变量时所使用的 dataType 相同，或者是与定义数组时所指定的 dataType 的子类相同。代码 4.2 示例了数组的动态初始化。

【代码 4.2】 ArrayInitTwo.java

```
package com;
public class ArrayInit {
    public static void main(String[] args) {
        // 定义一个 int 数组类型的变量
        int[] arrayA;
        // 使用动态初始化方式初始化数组
        arrayA = new int[4];
        // 定义一个 Object 类型数组
        Object arrayObject ;
        // 初始化数组
        arrayObject=new String[5];
    }
}
```

需要注意的是，不要同时使用静态初始化和动态初始化，也就是说，不要在进行数组初始化时，既指定数组的长度，又为数组元素分配初始值。

在执行动态初始化时，系统按如下规则为数组元素分配初始值：

(1) 基本类型中的整数类型(byte、short、int 和 long)，则数组元素默认值为 0。
(2) 基本类型中的浮点类型(float 和 double)，则数组元素默认值为 0.0。
(3) 基本类型中的字符类型(char)，则数组元素默认值为'\u0000'。
(4) 基本类型中的布尔类型(boolean)，则数组元素默认值为 false。
(5) 引用类型(类、接口和数组)，则数组元素默认值为 null。

4.2 访问数组

数组最常用的用法就是访问数组元素，包括对数组元素进行赋值和取出数组元素的值。访问数组元素中某个元素的语法格式如下：

arrayName [index]

在上面的语法中，index 表示数组的下标索引，其取值范围从 0 开始，最大值为数组的长度 −1。例如，array[0]表示数组 array 的第 1 个元素，array[10]表示数组 array 的第 11 个元素。数组的长度可以通过"数组名.length"进行获取。如果访问数组元素时指定的下标索引值小于 0，或者大于等于数组的长度，则编译程序不会出现任何错误，但运行时会出现异常：java.lang.ArrayIndexOutOfBoundsException: N(数组索引越界异常)，异常信息后的 N 就是程序员试图访问的数组下标索引。代码 4.3 示例了数组的使用。

【代码 4.3】 ArrayDemo.java

```
package   com;
public   class   ArrayDemo {
    public static void main(String[] args) {
        // 声明一个整型数组并动态初始化
        int[] array = new int[10];
        // 输出数组 array 的长度
        System.out.println("数组 array 的长度为："+array.length);
        // 为数组赋值
        for(int i=0;i<array.length;i++)
            array[i] = (int)(Math.random()*100);
        // 遍历数组 array 的元素
        System.out.println("数组 array 的元素为：");
        for(int i=0; i<array.length; i++)
            System.out.print(array[i]+"   ");
    }
}
```

运行结果如下：

数组 array 的长度为：10

数组 array 的元素为：

40   28   46   87   85   84   10   94   17   95

4.3　冒泡排序算法

冒泡排序是一种极其简单的排序算法，它重复地访问需要排序的元素，依次比较相邻两个元素大小，如果它们的顺序错误就把他们调换过来，直到没有元素再需要交换为止，即表示排序完成。这个算法名字的由来是因为越小(或越大)的元素会经过交换慢慢"浮"到数列的顶端。

冒泡排序算法的原理如下：

(1) 比较相邻的元素，如果前一个比后一个大，就把它们两个调换位置。

(2) 对每一对相邻元素做同样的工作，从开始第一对到结尾的最后一对。如此进行，最后的元素会是最大的数。
(3) 针对所有的元素重复以上的步骤，除了最后一步。
(4) 持续重复上面的步骤，直到没有任何一对数字需要比较。
代码4.4示例了冒泡排序的算法。

【代码4.4】 Bubbling.java

```java
package com;
public class Bubbling {
    public static void main(String[] args) {
        // 声明一个数组并静态初始化
        int[] array = { 32, 12, 45, 67, 89, 54, 64, 74, 80, 79 };
        int temp=0;//定义一个交换元素的中间变量
        for(int i=1; i<array.length; i++)
            for(int j=0; j<array.length -i; j++){
                // 判断相邻两个数的大小，并按大小交换位置
                if(array[j+1]<array[j]){
                    temp = array[j+1];
                    array[j+1] = array[j];
                    array[j] = temp;
                }
            }
        // 输出排序后的结果
        System.out.println("数组排序后的结果为：");
        for(int i=0; i<array.length; i++)
            System.out.print(array[i]+"   ");
    }
}
```

运行结果如下：
数组排序后的结果为：
12 32 45 54 64 67 74 79 80 89

4.4　foreach 遍历数组

Java 从 JDK 1.5 版本之后，提供了一种更简单的循环：foreach 循环。这种循环用于遍历数组或集合更为简洁，使用 foreach 循环遍历数组或集合元素时，无须获得数组或集合长度，也无须根据索引来访问数组元素或集合元素，foreach 循环能自动遍历数组或集合的每个元素。

foreach 语句的语法结构如下：
　　for(数据类型　变量名: 数组名)
注意：foreach 语句中的数据类型必须与数组的数据类型一致。

下述案例示例了 foreach 语句的应用，代码如下：

【代码 4.5】 ForeachExample.java

```
package com;
public class ForeachExample {
    public static void main(String[] args) {
        //定义并初始化数组
        char[] ch = {'a', 'b', 'c',' d'};
        //使用 foreach 语句遍历数组的元素
        System.out.println("数组中的元素有：");
        for(char e:ch){
            System.out.print(e+"  ");
        }
    }
}
```

运行结果如下：

数组中的元素有：
a b c d

上述代码中 foreach 语句代码的功能等价于下面一段代码：

```
for(int i=0; i<ch.length; i++){
    System.out.print(ch[i]+"  ");
}
```

4.5 二维数组

如果一维数组中的每个元素还是一维数组，则这种数组就被称为二维数组。二维数组经常用于解决矩阵方面的问题。

定义二维数组的基本语法格式如下：

dataType[][]   arrayName;

二维数组的创建和初始化与一维数组类似，也可以使用静态初始化和动态初始化两种方式，如代码 4.6 所示。

【代码 4.6】 Array2DExample.java

```
package com;
public class Array2DExample {
    public static void main(String[] args) {
        // 创建二维数组并初始化
        int[][] arrayA = { { 1 }, { 2, 3 }, { 4, 5, 6 } };
        int[][] arrayB = new int[5][5];
        for (int i = 0; i < arrayB.length; i++)
```

```
            for (int j = 0; j < arrayB[i].length; j++)
                arrayB[i][j] = (int) (Math.random() * 100);
        // 遍历数组
        System.out.println("arrayB 数组元素如下：");
         // 外循环控制行，内循环控制列，每行结束时就换行
        for (int i = 0; i < arrayB.length; i++) {
            for (int j = 0; j < arrayB[i].length; j++)
                System.out.print(arrayB[i][j] + "   ");
            System.out.println();
        }
    }
}
```

运行结果如下：

arrayB 数组元素如下：
55　84　77　27　5
75　23　13　24　18
47　88　82　37　49
39　50　89　35　33
34　48　77　37　81

下述案例实现了用二维数组实现杨辉三角，代码如下：

【代码 4.7】　YangHui.java

```
package com;
public class YangHui {
    public static void main(String args[]) {
        int n = 6;
        int[][] mat = new int[n][];         // 定义一个二维数组
        int i, j;
        for (i = 0; i < n; i++)
        {
            mat[i] = new int[i + 1];         // 为二维数组分配空间
            // 为二维数组元素赋值
            mat[i][i] = 1;
            for (j = 1; j < i; j++)
            {
                mat[i][j] = mat[i - 1][j - 1] + mat[i - 1][j];
            }
        }
        for (i = 1; i < mat.length; i++)
        {
```

```
                    // 打印空格
                    for (j = 1; j < n - i; j++)
                        System.out.print(" ");
                    // 输出二维数组的元素
                    for (j = 1; j < mat[i].length; j++)
                        System.out.print(" " + mat[i][j]);
                    System.out.println();
                }
            }
        }
```
运行结果如下：
  1
  1 1
 1 2 1
 1 3 3 1
1 4 6 4 1

4.6 Arrays 类

  Arrays 类是 java.util 包中的核心类，为了能在程序中使用该类，必须在程序前导入 java.util.Arrays 类。该类提供了一系列操作数组的方法，使用这些方法可以完成一些对数组的常见操作，例如排序、检索、复制、比较等，但这些方法都是静态方法，在调用时无须产生 Arrays 的实例，直接通过类名 Arrays 来使用这些方法即可。下面仅对 Arrays 类中几个常用方法进行解释，其他方法的使用可以查阅 Java API 帮助文档。

1. 数组排序

  在前面介绍一维数组时，曾经使用一维数组对一系列整型数据进行冒泡排序，其排序的过程是通过我们自己编写代码实现的，而在 Arrays 类中提供了一个名为 sort 的方法，利用它可以直接对数组进行排序，而不需要再编写代码。

  sort()方法在 Arrays 类中是重载方法，它不仅提供了对基本数据类型的支持，而且也支持对对象进行排序。下面通过代码 4.8 示例演示 sort()方法的应用，代码如下：

  【代码 4.8】 SortExample.java

```java
package com;
import java.util.Arrays;
public class SortExample {
    public static void main(String[] args) {
        // 创建两个数组
        int[] scoreArr = { 34, 56, 12, 76, 54, 98, 25, 58, 86, 19 };
        String[] strArr = { "java", "Applet", "PhP", "Basic", "Math", "Chinese" };
```

```
            // 对数组进行排序
            Arrays.sort(scoreArr);
            Arrays.sort(strArr);
            System.out.println("遍历排序后的结果为：");
            for (int e : scoreArr)
                System.out.print(e + "  ");
            System.out.println();
            for (String e : strArr)
                System.out.print(e + "  ");
    }
}
```
运行结果如下：

遍历排序后的结果为：
12 19 25 34 54 56 58 76 86 98
Applet Basic Chinese Math PhP java

2. 数组检索

从数组中检索指定值是否存在是一个常见操作，类 Arrays 提供了一系列重载的 binarySearch()方法，可以用二分查找法对指定数组进行检索。所谓二分查找法，是指在对一个有序序列进行检索时，首先将要检索的值与该序列的中间元素进行比较，如果比较结果不相同，则知道被检索值应当在该比较值之前或之后，这样检索区间就缩小了一半，重复这个过程，最终就可以找到要查找的元素，或者在最后只剩下一个元素并且这个元素与要查找的值不相等时，便知道要查找的元素并不存在于这个有序序列中。

binarySearch()方法用于在已经排好序的数组中查找元素。如果找到了要查找的元素，则返回一个等于或大于 0 的值，否则将返回一个负值，表示在该数组目前的排序状态下此目标元素应该插入的位置。负值的计算公式是"–n–1"，n 表示第一个大于查找对象的元素在数组中的位置。如果数组中所有元素都小于要查找的对象，则 n 为数组的长度。如果数组中包含重复元素，则无法保证找到的是哪一个元素。因此，在调用 binarySearch()方法对数组进行检索之前，一定要确保被检索的数组是有序的。下面通过示例演示 binarySearch()方法的应用，代码如下：

【代码4.9】 BinarySearchExample.java

```
package com;
import java.util.Arrays;
public class BinarySearchExample {
    public static void main(String[] args) {
        // 创建两个数组
        int[] scoreArr = { 34, 56, 12, 76, 54, 98, 25, 58, 86, 19 };
        // 对数组进行排序
        Arrays.sort(scoreArr);
```

第 4 章 数 组 ·71·

```
            int a = Arrays.binarySearch(scoreArr, 25);
            int b = Arrays.binarySearch(scoreArr, 155);
            System.out.println("检索结果为："+a+" 和 "+b);
        }
    }
```

运行结果如下：

  检索结果为：2 和 -11

3. 数组复制

  Arrays 类提供了 copyOf()方法和 copyOfRange()方法实现数组的复制功能。copyOf()方法的第一个参数为源数组，第二个参数为生成的目标数组的元素个数。如果指定的目标数组元素个数小于源数组元素个数，则源数组前面的元素将被复制到目标数组中；如果指定的目标数组元素个数大于源数组元素个数，则将源数组所有元素复制到目标数组中，目标数组中多出的元素以 0 或 null 进行填充。使用 copyOfRange()方法可以指定将源数组中的一段元素复制到目标数组。下面示例演示数组复制的应用，代码如下：

【代码 4.10】 CopyArrayExample.java

```java
package com;
import java.util.Arrays;
public class CopyArrayExample {
    public static void main(String[] args) {
        // 声明数组
        int[] scoreArr = { 34, 56, 12, 76, 54, 98, 25 };
        int[] arrCopy1 = new int[5];
        int[] arrCopy2 = new int[10];
        int[] arrCopy3 = new int[5];
        // 复制数组
        arrCopy1 = Arrays.copyOf(scoreArr, arrCopy1.length);
        arrCopy2 = Arrays.copyOf(scoreArr, arrCopy2.length);
        arrCopy3 = Arrays.copyOfRange(scoreArr, 1, 6);
        // 遍历数组
        System.out.print("arrCopy1 数组的元素为：");
        for (int i = 0; i < arrCopy1.length; i++)
            System.out.print(arrCopy1[i] + "   ");
        System.out.println();
        System.out.print("arrCopy2 数组的元素为：");
        for (int i = 0; i < 10; i++)
            System.out.print(arrCopy2[i] + "   ");
        System.out.println();
        System.out.print("arrCopy3 数组的元素为：");
        for (int i = 0; i < arrCopy3.length; i++)
```

```
            System.out.print(arrCopy3[i] + "   ");
        }
    }
```
运行结果如下：

　　arrCopy1 数组的元素为：34　56　12　76　54
　　arrCopy2 数组的元素为：34　56　12　76　54　98　25　0　0　0
　　arrCopy3 数组的元素为：56　12　76　54　98

除了上面介绍的方法之外，Arrays 类还包含了用于判断两个数组是否相等的 equals()方法，以及用于填充数组全部或部分元素的方法 fill()等，下面通过示例演示数组比较和填充方法的应用，代码如下：

【代码 4.11】 EqualsArrayExample.java

```
package com;
import java.util.Arrays;
public class EqualsArrayExample {
    public static void main(String[] args) {
        // 创建数组
        int[] arrayA = {1, 2, 3, 4, 5};
        int[] arrayB = new int[5];
        int[] arrayC = new int[]{1,2,3,4,5};
        // 判断数组是否相等
        System.out.println("arrayA 和 arrayB 是否相等："+Arrays.equals(arrayA, arrayB));
        System.out.println("arrayA 和 arrayC 是否相等："+Arrays.equals(arrayA, arrayC));
        Arrays.fill(arrayB, 3);        //为数组 arrayB 填充数据
        // 遍历数组 arrayB 的元素
        System.out.println("数组 arrayB 的元素为：");
        for(int i=0; i<arrayB.length; i++)
            System.out.print(arrayB[i]+"   ");
    }
}
```

运行结果如下所示：

　　arrayA 和 arrayB 是否相等：false
　　arrayA 和 arrayC 是否相等：true
　　数组 arrayB 的元素为：
　　3　3　3　3　3

练 习 题

1. 下列能表示数组 s1 长度的是_____。

A. s1.length()　　　B. s1.length　　　C. s1.size　　　D. s1.size()

2. 关于下列程序段的说法中，正确的是_____。
```
public class ArrayTest {
    public static void main(String[] args) {
        int[] i = new int[] { 5, 6, 7, 8 };
        System.out.println(i[4]);
    }
}
```
　　A. 结果输出：4　　　　　　　　C. 结果输出：8
　　C. 结果输出：5678　　　　　　D. 产生数组越界正常

3. 下列语句中错误的是_____。
　　A. String　s[]={"how", "are"};　　B. byte　b=255;
　　C. String　s="one"+"two";　　　　D. int　i=2+2000;

4. 数组中各个元素的数据类型是_____。
　　A. 相同的　　　B. 不同的　　　C. 部分相同的　　　D. 任意的

5. 若数组 a 定义为 int[][] a=new int[3][4]，则 a 是_____。
　　A. 一维数组　　B. 二维数组　　C. 三维数组　　　D. 四维数组

6. 已知 int[] a=new int[100]; 在下列给出的数组元素中，非法的是_____。
　　A. a[0]　　　B. a[1]　　　C. a[99]　　　D. a[100]

7. 阅读下列代码：
```
public class Arrays {
    public static void main(String[] args) {
        int[] a = new int[5];
        for (int i = 0; i < a.length; i = i + 1) {
            a[i] = 10 + i;
        }
        for (int i = 0; i < a.length; i++) {
            System.out.println(a[i]);
        }
        String[] s = { "Frank", "Bob", "Jim" };
        for (int i = 0; i < s.length; i = i + 1) {
            System.out.println(s[i]);
        }
        s[2] = "Mike";
        System.out.println(s[2]);
    }
}
```
代码运行结果正确的是_____。
　　A. 10　11　12　13　14　Mike　Bob　Frank　Jim

B. 10　11　12　13　14　Frank　Bob　Jim　Mike
C. 11　12　13　14　15　Frank　Bob　Jim　Mike
D. 11　12　13　14　15　Mike　Jim　Bob　Frank

8. 为使下列代码正常运行，应该在下划线处填入的选项是_____。

    int[] numbers = new int[10];
    for (int i = 0; i < numbers._____; i++)
        numbers[i] = i + 1;

    A. length()　　B. length　　C. size　　D. size()

9. 阅读下列代码：

    public class Test {
        public static void main(String[] args) {
            String[] stars = { "贝贝", "晶晶", "欢欢", "迎迎", "妮妮" };
            System.out.println("你抽取的奥运吉祥物是"
                + stars[(int) (stars._____ - * Math.random())] + "！ ");
        }
    }

为保证程序能正确执行，程序中下划线处应填写的是_____。

    A. long　　B. width　　C. size　　D. length

10. 阅读下列代码：

    public class Example {
        static int arr[] = new int[10];
        public static void main(String args[]) {
            System.out.println(arr[9]);
        }
    }

该代码的运行结果是_____。

    A. 缩译时将产生错误　　　　B. 编译时正确，运行时将产生错误
    C. 0　　　　　　　　　　　D. 输出空

11. 下列程序的运行结果是_____。

    public class Test {
        public static void main(String[] args) {
            int[] m = new int[] { 1, 2, 3, 4, 5, 6, 7, 8 };
            int sum = 0;
            for (int i = 0; i < 8; i++) {
                sum += m[i];
                if (i == 3)
                    break;
            }
            System.out.println(sum);

}
}
　　A. 3　　　　　B. 6　　　　　C. 10　　　　　D. 36
12. 下列程序的运行结果是_____。
```
public class ArrayTest {
    public static void main(String[] arga) {
        int[][] data = { { 1, 2, 3, 4, 5 }, { 11, 22, 33, 44, 55 }, { 111, 222, 333, 444, 555 } };
        for (int i = 0; i < 4; i++)
            if (i % 2 == 0) {
                System.out.print(data[i][4]);
            }
    }
}
```
　　A. 5555　　　B. 555　　　　C. 5　　　　　D. 55
13. 以下哪种数组创建不正确？_____。
　　A. int[ ] a= {1,2,3,4,5};　　　　B. int[ ] a=new int[3];
　　C. int[ ][ ] b=new int[ ][5];　　D. int[ ][ ] b=new int[5][ ];
14. 阅读下列程序，该程序运行的结果为_____。
```
public class ArrayTest {
    public static void main(String[] arga) {
        int a[] = { 13, 45, 67 };
        int b[] = a;
        b[1] = 23;
        for (int i = 0; i < b.length; i++)
            System.out.print(b[i]+" ");
    }
}
```
　　A. 0 0 0　　B. 13 23 67　　C. 13 45 67　　D. 0 23 0
15. 给出下面程序的代码，操作语句不正确的是_____。
```
byte[] array1, array2[];
    byte array3[][]=null;
    byte[][] array4 = null;
```
　　A. array2=array1;　B. array2=array3;　C. array2=array4;　D. array3=array4;

参考答案：
1. B　　2. D　　3. B　　4. A　　5. B　　6. D　　7. B　　8. B　　9. D　　10. C
11. C　　12. A　　13. C　　14. B　　15. A

第5章 类和对象

本章学习目标：

- 了解面向对象程序设计的基本思想
- 掌握类和对象的声明与使用
- 熟练掌握方法的声明、参数的传递和方法的重载
- 掌握 this 和 static 关键字的使用
- 掌握访问控制修饰符
- 了解包的声明和使用
- 了解单例类的概念

5.1 面向对象思想

面向对象是以现实生活中客观存在的事物(即对象)来构造软件系统，并在系统构造中尽可能运用人类的自然思维方式，强调直接以事物为中心来思考、分析问题，并根据事物的本质特征将其抽象为系统中的对象，作为系统的基本构成单位。

5.1.1 面向对象简介

当前，在软件开发领域有两种主流的开发方法：结构化(Structure Analysis Structure Design，SASD)开发方法和面向对象(Object Oriented，OO)开发方法。

结构化开发又叫面向过程开发，在 1978 年，由 E.Yourdon 和 L.L.Constantine 提出，也可以称为面向功能的软件开发方法或面向数据流的软件开发方法。在早期编程语言中，如 BASIC、C 语言、FORTRAN、Pascal 等都支持结构化开发，其基本原理是将一个软件分为多个过程(函数)进行开发，用结构体(Struct)管理数据。1979 年，Tom Demarco 对此方法做了进一步完善。首先用结构化分析(Structure Analysis，SA)方法对软件进行需求分析，然后用结构化设计(Structure Design，SD)方法进行总体设计，最后用结构化编程(Structure Programming，SP)完成，这种方法能够明确开发步骤。结构化设计属于自顶向下的设计，其局限性在于不能灵活地适应用户不断变化的需求，制约了软件的可维护性和可扩展性，模块之间的松耦合性不高，修改或增加一个模块会影响其他模块，甚至推翻整个设计。

为了提高效率，降低开发成本，优良的软件系统应该具备以下几个条件：

1. 可重用性

可重用性指减少软件中的代码重复编程，实现一次编程，多次使用。

2. 可扩展性

可扩展性指当软件必须增加新的功能时，能够在现有系统结构的基础上，方便地创建新的子系统，而不需要改变系统现有的结构，也不会影响已经存在的子系统。

3. 可维护性

可维护性指当用户需求发生变化时，只需要修改局部子系统的少量代码，而不需要全部改动。

结构化程序设计的局限性以及人们在工作中对软件使用的迫切要求，推动了面向对象程序开发方法的迅速发展。面向对象程序设计语言，如 Java、C++、C#等应运而生。面向对象出现在 20 世纪 70 年代，但由于受到当时软硬件限制，直到 20 世纪 90 年代，才成为大众所接受的主流的程序设计思想。

面向对象的开发方法把软件系统看成各种对象的集合，对象就是最小的子系统，一组相关的对象能够组合成更复杂的子系统。面向对象的开发方法具有以下优点：

(1) 把软件系统看成是各种对象的集合，接近于人类的思维方式，可以使人的思路更加明确。

(2) 软件的功能需求发生变动时，功能的执行者——对象一般不会发生大的变化，这使得按照对象设计出来的系统结构比较稳定。

(3) 对象包括属性(数据)和行为(方法)，对象把数据和方法的具体实现封装在一起，提高了每个子系统的相对独立性，从而提高了软件的可维护性。

(4) 支持封装、继承、多态和抽象，提高了软件的可重用性、可维护性和可扩展性。

在面向对象软件开发过程中，开发者的主要任务就是先建立模拟问题领域的对象模型，然后通过程序代码来实现对象模型。

5.1.2 面向对象的基本名称

面向对象的基本名称包括对象、类、消息、封装性、继承性和多态性。

1. 对象

面向对象开发最大的成功之处在于添加了"对象"的概念，客观世界中的任何实体都可以用对象(Object)来表示，对象是实体的抽象，由一组表示其静态特征的属性和它可执行的一组操作组成。例如，一个人是一个对象，它包含描述人的属性(如姓名、性别、出生日期、身份证号等)及其操作(如吃饭、睡觉、工作、运动等)；一本图书也是一个对象，它包含描述图书的属性(如书名、作者、单价、出版社等)及其操作(销售、入库、出库等)。

在面向对象开发方法中，每个对象都是具体的，也是唯一的。例如，图书一和图书二是两个不同的对象，它们虽然具有相同的属性和方法，但是其属性和方法的具体内容并不相同，如图书一的书名是《Java 程序设计》，作者是张三，单价为 30 元，出版社是西安电子科技大学出版社；而图书二的书名是《C 语言程序设计》，作者是李四，单价为 28 元，出版社是清华大学出版社等。

2. 类

类(Class)是指具有相同或相似性质的具体事物抽象化，类是对象的模板，对象是类的具体化，是对应类的一个具体实例。例如，"人"是一个类，而"张三"则是人类的一个具体实例化对象。类由"特征"和"行为"两部分组成，其中"特征"是对象状态的抽象，通常使用"变量"来描述类的特征，又称为"属性"；"行为"是对象操作的抽象，通常使用"方法"来描述类的行为。类和对象需要在程序中定义并操作使用，其中对象的"属性"提供数据，而"方法"则对这些数据进行相应的操作处理，使开发者与数据隔离而无需获知数据的具体格式，从而使得数据得以保护。类和对象之间的关系如图5.1所示。

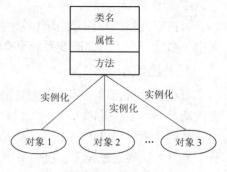

图5.1 类与对象之间的关系

3. 消息

消息是一个实例与另一个实例之间传递的信息，是对象之间进行通信的一种规格说明。它一般由三部分组成：

(1) 接收消息的对象的名称；

(2) 消息标识符，也称消息名；

(3) 零个或多个参数。

例如，myCircle对象是一个半径为5 cm、圆心位于(100,100)的Circle类的对象，也就是Circle类的一个实例，当要求它以红色在屏幕上显示时，在Java语言中应该向它发送下列消息：

    myCircle.show(RED);

其中，myCircle是接收消息的对象的名字，show是消息名，RED是消息的参数。

4. 封装性

封装(Encapsulation)是一种信息隐蔽技术，它体现于类的说明，是对象的重要特性。封装使数据和加工该数据的方法封装为一个整体，以实现独立性很强的模块，使得用户只能见到对象的外特性(对象能接收哪些消息，具有哪些处理能力)，而对象的内特性(保存内部状态的私有数据和实现加工能力的算法)对用户是隐蔽的。封装的目的在于把对象的设计者和对象的使用者分开，使用者不必知晓行为实现的细节，只需要设计者提供的消息来访问该对象。

在面向对象语言中，通过访问控制机制实现封装，来控制对象的属性和方法的可访问性。Java语言中的访问控制级别有以下四种：

(1) public：公共级别，对外公开。

(2) protected：受保护级别，对同一个包的类或子类公开。

(3) default：默认级别，对同一个包中的类公开。

(4) private：私有级别，不对外公开，只在本类内部访问。

通常类的属性定义为私有，方法定义为公有。这样，访问和修改对象属性时，只能通过方法来操作，以免对象的数据遭到滥用和破坏。

5. 继承性

继承(Inheritance)指子类自动继承父类的属性和方法，这是类之间的一种关系。在定义和实现一个子类的时候，可以在一个父类的基础之上加入若干新的内容，原来父类中所定义的内容将自动作为子类的内容。例如，"人"这个类抽象了这个群体的基础特性，而"学生"和"老师"除了具备"人"所定义的基础特性之外，又具有各自的特殊性。图 5.2 所示为父类和子类之间的继承关系。

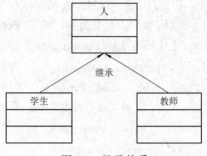

图 5.2 继承关系

6. 多态性

多态(Polymorphism)来自于希腊语，表示"多种形态"，是指相同的操作、过程可作用于多种类型的对象上并获得不同的结果。不同的对象，收到同一消息可以产生不同的结果，即具有不同的表现行为，这种现象称为多态性。例如，定义一个几何图形类，它具有"绘图"行为，但是这个行为没有具体含义，不确定绘制的具体图形。再定义"椭圆"和"多边形"两个类，它们都继承了"几何图形"类，同时也继承了"绘图"行为，当发送绘图消息时，椭圆对象绘制椭圆，多边形对象绘制多边形，产生了不同的行为。

多态的好处是应用程序不必为每一个派生类编写功能调用，只需要对抽象基类进行处理即可，大大提高了程序的可复用性。

5.2 类和对象

Java 是面向对象的程序设计语言，使用 Java 语言定义类以及创建对象是其面向对象的核心和本质，也是 Java 成为面向对象语言的基础。

1. 类的声明

类(Class)定义了一种新的数据类型，是具有相同特征(属性)和共同行为(方法)的一组对象的集合。类的声明就是定义一个类，其语法格式如下：

```
[ 访问符 ][ 修饰符 ] class  类名{
    [ 属性 ]
    [ 方法 ]
}
```

其中：

(1) 访问符用于指明类、属性或方法的访问权限，可以是 public(公共的)或默认的。

(2) 修饰符用于指明所定义的类的特性，可以是 abstract(抽象的)、final(最终的)或默认的，这些修饰符在定义类时不是必需的，需要根据类的特性进行使用。

(3) class 是 Java 关键字，用于定义类。

(4) 类名是指所定义类的名字，类名的命名与变量名一样必须符合命名规则，Java 中的类名通常由一个或多个有意义的单词连缀而成，每个单词的首字母大写，其他字母小写。

(5) 左右两个大括号{}括起的部分是类体。

(6) 属性是类的数据成员(也称成员变量)，用于描述对象的特征。

(7) 方法是类的行为(也称成员方法)，是对象能够进行的操作。

代码 5.1 以人类为例，实现 Person 类的声明。

【代码 5.1】 Person.java

```
package com;
public class Person {         // 声明类
    // 声明属性或成员变量
    private String name;
    private int age;
    private String address;
    // 声明方法或成员方法
    public String getName() {
        return name;    }
    public void setName(String name) {
        this.name = name;    }
    public int getAge() {
        return age;    }
    public void setAge(int age) {
        this.age = age;
    }
    public String getAddress() {
        return address;
    }
    public void setAddress(String address) {
        this.address = address;
    }
    public void display(){
        System.out.println("姓名："+name+"年龄："+age+
            "地址："+address);
    }
}
```

代码 5.1 中定义了一个名为 Person 的类，它有三个属性，分别是 name、age 和 address；而且对三个属性提供了对应的 get×××()和 set×××()方法，其中，get×××()方法用于获取属性的值，而 set×××()方法用于设置属性的值；另外一个 display()方法用于输出属性数据信息。Person 类中声明的三个属性都是私有的，只能在类体之内进行访问，而方法都是公共的，在类体之外可以访问。Person 类的类图如图 5.3 所示。

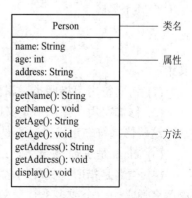

图 5.3 Person 类图

实际上，我们通常建议不要将任何成员变量设定为公共的，而是将其访问权限修饰符设定为私有的，对他们的访问都应当通过相应的 get×××()和 set×××()方法来进行访问，这样的优点如下：

(1) 如果希望属性是只读的，则可以只提供 get×××()方法而不提供 set×××()方法。
(2) 如果希望属性是只写的，则可以只提供 set×××()方法而不提供 get×××()方法。
(3) 如果希望属性是可读可写的，则同时提供 get×××()和 set×××()方法。
(4) 在使用 set×××()方法设定属性值时，可以对设定的值进行合法性检查。
(5) 在使用 get×××()方法获取属性值时，可以对数据值进行处理和转换，然后再返回属性值。

代码 5.2 展示了 set×××()方法对输入信息的验证，代码如下：

【代码 5.2】 GetSetExample.java

```java
package com;
public class GetSetExample {
    private String password;
    private int age;
    public String getPassword() {
        return password;
    }
    public void setPassword(String password) {
        if (password.length() != 6)
        {
            System.out.println("密码位数不对，要求六位密码");
            return;
        } else {
            this.password = password;
        }
    }
    public int getAge() {
        return age;
    }
    public void setAge(int age) {
        if (age > 120 || age < 0) {
            System.out.println("你的年龄输入有误，要求 0-120 岁");
            return;
        } else {
            this.age = age;
        }
    }
}
```

2. 对象的创建和使用

完成类的定义后，就可以使用这种新类型来创建该类的对象。创建对象需要通过关键字 new 为其分配内存空间，其语法格式如下：

    类名　对象名 = new　构造方法( );

例如：

    Person　person = new　Person( );

上面一行代码使用 new 关键字创建了 Person 类的一个对象 person。new 关键字为对象动态分配内存空间，并返回对它的一个引用，且将该内存初始化为默认值。

创建对象也可以分开写，代码如下：

    Person　person;　　　　　　　// 声明 Person 类型的对象 person

    person = new　Person( );　　// 使用 new 关键字创建对象，给对象分配内存空间

声明对象后，如果不想给对象分配内存空间，则可以使用"null"关键字给对象赋值，例如：

    Person　person = null ;

null 关键字表示"空"，用于标识一个不确定的对象，即该对象的引用为空，因此可以将 null 赋给引用类型变量，但不可以赋给基本类型变量。例如：

    private　String　name = null;　　// 是正确的

    private　int　age = null;　　// 是错误的

虽然 null 本身能代表一个不确定的对象，但 null 不是对象，也不是类的实例。null 的另外一个用途就是释放内存。在 Java 中，当某一个非 null 的引用类型变量指向的对象不再使用时，若想加快其内存回收，则可让其指向 null，这样该对象将不再被使用，并由 JVM 垃圾回收机制去回收。

创建对象之后，接下来就可以使用该对象。通过使用对象运算符"."，对象可以实现对自己的变量访问和方法的调用。使用对象大致有以下两个作用：

(1) 访问对象的属性，即对象的实例变量，格式是"对象名 . 属性名"。

(2) 访问对象的方法，格式是"对象名 . 方法名()"。

如果访问权限允许，则类里定义的成员变量和方法都可以通过对象来调用，例如：

    person . display( );　　//调用对象的方法

代码 5.3 示例了 Person 对象的创建和使用过程。

【代码 5.3】 PersonExample.java

```
package com;
public class PersonExample {
    public static void main(String[] args) {
        // 创建 p1 对象
        Person p1=new Person();
        p1.display();
        // 创建 p2 对象
        Person p2=new Person();
        p2.setName("张三");
```

第 5 章 类和对象

```
                p2.setAge(20);
                p2.setAddress("重庆南泉");
                p2.display();
        }
}
```

程序运行结果如下：

姓名：null 年龄：0 地址：null

姓名：张三 年龄：20 地址：重庆南泉

3. 对象数组

对象数组就是一个数组中的所有元素都是对象。声明对象数组与普通基本数据类型的数组格式一样，具体格式如下：

类名[ ]　数组名　=new　类名[数组长度];

下面语句示例了创建一个长度为 5 的 Person 类的对象数组：

Person[ ]　arrayPerson = new　Person [5] ;

上面的语句也可以分成两行，等价于：

Person[ ]　arrayPerson ;

arrayPerson = new　Person [5] ;

由于对象数组中的每个元素都是对象，所以每个元素都需要单独实例化，即还需使用 new 关键字实例化每个元素，代码如下：

```
arrayPerson[0]=new Person("李四", 20, "重庆");
arrayPerson[1]=new Person("张三", 21, "成都");
arrayPerson[2]=new Person("王五", 22, "西安");
arrayPerson[3]=new Person("周一", 20, "北京");
arrayPerson[4]=new Person("唐二", 21, "上海");
```

创建对象数组时也可以同时实例化数组中的每个元素对象，此时无须指明对象数组的长度，类似于基本数据类型的数组静态初始化。示例代码如下：

```
Person[] arrayPerson = new Person[] {
                new Person("李四", 20, "重庆"),
                new Person("张三", 21, "成都"),
                new Person("王五", 22, "西安"),
                new Person("周一", 20, "北京"),
                new Person("唐二", 21, "上海") };
```

也可以直接简化成如下代码：

```
Person[] arrayPerson ={
                new Person("李四", 20, "重庆"),
                new Person("张三", 21, "成都"),
                new Person("王五", 22, "西安"),
                new Person("周一", 20, "北京"),
                new Person("唐二", 21, "上海") };
```

代码 5.4 示例了对象数组的应用。

【代码 5.4】 ObjectArrayExample.java

```java
package com;
public class ObjectArrayExample {
    public static void main(String[] args) {
        // 创建对象数组
        Person[] arrayPerson ={
                    new Person("李四", 20, "重庆"),
                    new Person("张三", 21, "成都"),
                    new Person("王五", 22, "西安"),
                    new Person("周一", 20, "北京"),
                    new Person("唐二", 21, "上海") };
        // 变量对象数组
        for(Person e:arrayPerson){
            e.display();
        }
    }
}
```

程序运行结果如下：

姓名：李四 年龄：20 地址：重庆
姓名：张三 年龄：21 地址：成都
姓名：王五 年龄：22 地址：西安
姓名：周一 年龄：20 地址：北京
姓名：唐二 年龄：21 地址：上海

4．变量

Java 语言类中定义的变量包括成员变量和局部变量两大类。成员变量定义在类体中，局部变量定义在成员方法中。成员变量又分为实例成员变量和类成员变量(全局变量或静态成员变量)。如果一个成员变量的定义前有 static 关键字，那么它就是类成员变量(静态成员变量)，其他形式的成员变量都是实例成员变量。例如：

```java
class Test {
    int a = 45;            // 实例成员变量
    static int b = 34;     // 类变量
    void show(int x) {     // 方法参数也是局部变量
        int y = 8;         // 局部变量
    }
}
```

成员变量和局部变量可以定义为 Java 语言中的任何数据类型，包括简单类型和引用类型。成员变量和局部变量的区别如下：

(1) 成员变量可以定义在整个类体中的任意位置，其有效性与它在类体中书写的先后位置无关，它的作用域是整个类；局部变量的作用域从定义它的位置开始，直到定义它的语句块结束。

(2) 成员变量和局部变量可以重名，成员方法中访问重名的局部变量时，成员变量被隐藏。如果想在成员方法中访问重名的成员变量，则需要在前面加关键字 this。

(3) 成员变量有默认值，但局部变量没有默认值。因此，在使用局部变量之前，必须保证局部变量有具体的值。

5.3 方 法

类体中定义的方法分为实例成员方法、类成员方法(静态成员方法)和构造方法。

5.3.1 方法的声明

方法是类的行为的体现，定义方法的语法格式如下：

[访问符] [修饰符] < 返回值类型 > 方法名 ([参数列表]){
    // 方法体
}

其中：

(1) 访问符用于指明方法的访问权限，可以是 public(公共的)、protected(受保护的)、private(私有的)或默认的。

(2) 修饰符用于指明所定义的方法的特性，可以是 abstract(抽象的)、static(静态的)、final(最终的)或默认的，这些修饰符在定义类方法时不是必需的，需要根据方法的特性进行使用。

(3) 返回值类型是该方法运行后返回值的数据类型，如果一个方法没有返回值，则该方法的返回类型为 void。

(4) 方法名是指所定义方法的名字，方法名的命名与变量名一样必须符合命名规则，Java 中的方法名通常由一个或多个有意义的单词连缀而成，第一个单词的首字母小写，其他单词的首字母大写，其他字母小写。

(5) 参数列表是方法运行所需要特定类型的参数。

(6) 方法体是大括号括起来的部分，用于完成方法功能的实现。

代码 5.5 示例了方法的声明和调用，代码如下：

【代码 5.5】 MethodExample.java

```
package com;
public class MethodExample {
    // 定义一个公共的计算圆面积方法
    public double area(double rouble){
        return Math.PI*rouble*rouble;
    }
    // 定义一个私有的静态的求和方法
    private static int add(int a,int b){
```

```
            return a+b;
        }
        // 定义一个保护型最终的显示信息方法
        protected final void display() {
            System.out.println("Hello World");
        }
    public static void main(String[] args) {
        // 静态方法通过类名直接调用
        System.out.println("4+5="+MethodExample.add(4, 5));
        MethodExample me=new MethodExample();
        System.out.println("半径为 5 的圆面积为："+me.area(5));
        me.display();
    }
}
```

程序运行结果如下：

```
4+5=9
半径为 5 的圆面积为：78.53981633974483
Hello World
```

5.3.2 方法的参数传递机制

方法的参数列表可以带参数，也可以不带参数。是否带参数根据定义方法的具体情况而定，通过参数可以给方法传递数据，例如：

```
public void setAge(int age) {
    this.age = age;
}
```

上述代码定义了一个带参数的 setAge()方法，参数在方法名的小括号内，一个方法可以带多个参数，多个参数之间使用逗号隔开，例如：

```
private    int add(int a,int b){
    return a+b;
}
```

根据参数的使用场合，可以将参数分为"形参"和"实参"两种：形参是声明方法时给方法定义的形式上的参数，此时形参没有具体的数值，形参前必须有数据类型，其格式是"方法名(数据类型　形参名)"；实参是调用方法时程序给方法传递的实际数据，实参前面没有数据类型，其使用格式是"对象名.方法名(实参值)"。

形参本身没有具体的数值，需要实参将实际的数值传递给它之后才具有数值。实参和形参之间传递数值的方式有两种：值传递和引用传递。

1. 值传递

值传递是将实参的值传递给形参，被调方法为形参创建一份新的内存拷贝来存储实参传递过来的值,然后再对形参进行数值操作。值传递时,实参和形参在内存中占不同的空间,当实参的值传递给形参后,两者之间将互不影响,因此形参值的改变不会影响原来实参的值。在Java中,当参数的数据类型是基本数据类型时,实参和形参之间是按值传递的。代码5.6示例了参数的值传递。

【代码5.6】 ValueByCallExample.java

```
package com;
public class ValueByCallExample {
    // 定义显示交换参数值的方法
    public void display(int a, int b) {
        // 交换参数a、b的值
        int temp=a;
        a=b;
        b=temp;
        System.out.println("display 方法里 a="+a+",b="+b);
    }
    public static void main(String[] args) {
        int a=2,b=8;
        ValueByCallExample vbc=new ValueByCallExample();
        vbc.display(a, b);
        System.out.println("调用 display()方法后 a="+a+",b="+b);
    }
}
```

运行结果如下所示:

display 方法里 a=8,b=2
调用 display()方法后 a=2,b=8

通过运行结果可以看出:main()方法中的实参a和b,在调用display()方法之前和之后,其值没有发生任何变化;而声明display()方法时的形参a和b,并不是main()方法中的实参a和b,只是main()方法中的实参a和b的复制品,在执行display()方法时形参值发生变化。

2. 引用传递

引用传递时将实参的地址传递给形参,被调方法通过传递的地址获取其指向的内存空间,从而在原来的内存空间直接进行操作。引用传递时,实参和形参指向内存中的同一空间,因此当修改了形参的值时,实参的值也会改变。在Java中,当参数的数据类型是引用类型时,如类和数组,实参和形参之间是按引用传递值的。代码5.7示例了参数的引用传递。

【代码5.7】 ReferenceByCallExample.java

```
package com;
class Mydata{
    public int a;
    public int b;
```

```
        }
        public class ReferenceByCallExample {
            public static void display(Mydata data){
                int temp=data.a;
                data.a=data.b;
                data.b=temp;
                System.out.println("在 display 方法里, a 成员变量的值是: "+data.a+
                   " b 成员变量的值是: "+data.b);
            }
            public static void main(String[] args) {
                Mydata md=new Mydata();
                md.a=6;
                md.b=9;
                System.out.println("调用 display 方法前, a 成员变量的值是: "+md.a+
                   " b 成员变量的值是: "+md.b);
                display(md);
                System.out.println("调用 display 方法后, a 成员变量的值是: "+md.a+
                   " b 成员变量的值是: "+md.b);
            }
        }
```

运行结果如下所示:

调用 display 方法前, a 成员变量的值是: 6 b 成员变量的值是: 9
在 display 方法里, a 成员变量的值是: 9 b 成员变量的值是: 6
调用 display 方法后, a 成员变量的值是: 9 b 成员变量的值是: 6

通过执行结果可以看出, data 对象的成员变量 a 和 b 在调用 display()方法前后发生了变化, 因为被传递的是一个对象, 对象是引用类型, 所以实参会将地址传递给形参, 它们都指向内存同一个存储空间, 此时的形参相当于实参的别名, 形参值的改变会直接影响到实参值的改变。

5.3.3 构造方法

构造方法是类的一个特殊方法, 用于创建对象是初始化对象中的属性值。它具有如下特点:

(1) 访问权限符一般是 public, 也可以是其他访问符。
(2) 没有返回值, 也不能有 void 修饰符。
(3) 方法名称必须和类名相同。
(4) 如果没有定义构造方法, 则系统自动定义默认的构造方法, 该构造方法不带参数, 将类成员属性进行默认赋值; 如果为类定义了构造方法, 则系统将不创建默认构造方法, 而执行用户定义的构造方法。
(5) 构造方法可以重载, 通过构造方法中参数个数不同、参数类型不同及顺序的不同实现构造方法的重载。

(6) 构造方法在生成类的对象时调用，一个类中如果定义了多个构造方法，则根据参数自动选择调用相应的构造方法。

构造方法定义的语法结构如下：

[访问符]　构造方法名([参数列表]){

　// 初始化语句

}

代码 5.8 在原来 Person 类的基础上增加构造方法并调用，代码如下：

【代码 5.8】 Person.java

```
package com;
public class Person {                // 声明类
    // 声明属性或成员变量
    private String name;
    private int age;
    private String address;
    // 声明构造方法
    public Person(){}                // 不带参数的构造方法
    public Person(String name,int age,String address){
        this.name=name;
        this.age=age;
        this.address=address;
    }
    public void display(){
        System.out.println("姓名："+name+" 年龄："+age+" 地址："+address);
    }
    public static void main(String[] args){
        Person p1=new Person();
        p1.display();
        Person p2=new Person("李四", 20, "重庆南泉");
        p2.display();
    }
}
```

运行结果如下：

姓名：null 年龄：0 地址：null

姓名：李四 年龄：20 地址：重庆南泉

上述代码中为 Person 类增加了两个构造方法，一个是不带参数的构造方法，一个是带三个参数的构造方法。可以看出，通过不带参数的构造方法创建的对象，其属性赋予了默认值；通过带参数的构造方法创建的对象，其参数值赋给了对象属性值。由于构造方法三个参数名与类中定义的属性名相同，为了避免在赋值过程中产生混淆，所以使用"this"关键字进行区分。

5.3.4 方法的重载

在 Java 语言程序中,如果同一个类中包含了两个或两个以上方法且方法名相同,但参数列表不同,则被称为方法重载,方法的重载也是多态的一种。对于重载的方法,编译器是根据方法的参数来进行方法绑定的。

根据方法重载的概念,也可以将方法重载分成三种类型,分别是参数类型的重载、参数数量的重载和参数顺序的重载。参数类型的重载是指当实现重载方法的参数个数相同时,参数的类型不同;参数数量的重载是指实现重载的方法的参数数量不同;参数顺序的重载是指参数数量的方法相同,但参数顺序不同。

注意:方法的返回值类型不是方法签名的一部分,因此进行方法重载的时候,不能将返回值类型的不同当成两个方法的区别。

方法重载必须遵守以下三条原则:

(1) 在同一个类中。
(2) 方法名相同。
(3) 方法的参数类型、个数及顺序至少有一项不同。

代码 5.9 示例了方法的重载,代码如下:

【代码 5.9】 OverloadExample.java

```
Package  com;
public  class  OverloadExample {
    // 计算正方形面积的方法
    public int area(int a){
        return a*a;
    }
    // 计算圆面积的方法
    public double area(double a){
        return Math.PI*a*a;
    }
    // 计算长方形面积的方法
    public double area(int a,double b){
        return a*b;
    }
    // 计算圆柱体表面积的方法
    public double area(double a, int b){
        return 2*Math.PI*a*a+2*Math.PI*a*b;
    }
    public static void main(String[] args) {
        OverloadExample oe=new OverloadExample();
        System.out.println("正方形面积为: " + oe.area(5));
```

```
            System.out.println("圆面积为: " + oe.area(5.0));
            System.out.println("长方形面积为:" + oe.area(5,6.0));
            System.out.println("圆柱体表面积为: " + oe.area(5.0,5));
        }
    }
```

运行结果如下：

　　正方形面积为: 25
　　圆面积为: 78.53981633974483
　　长方形面积为: 30.0
　　圆柱体表面积为: 314.1592653589793

5.3.5　static 关键字

　　static 用来修饰类的成员变量和成员方法，同时也可以修饰代码块，表示静态的代码块。静态的成员变量和成员方法独立于类的对象，被类的所有实例共享，因此可不生成类的任何对象，直接通过类实现对静态成员的访问。当类加载后，Java 虚拟机能根据类名在运行时数据区的方法区内找到它们。

　　访问类的静态变量和静态方法时，可以直接通过类名访问，语法格式如下：

　　　　类名 . 静态方法名(形参列表);
　　　　类名 . 静态变量名;

　　当 Java 虚拟机加载类时，静态代码块被一次性执行，称为加载时执行。若类中有多个静态代码块，JVM 将按照它们出现的先后依次执行，且每个代码块只被执行一次。

　　类的方法可以相互调用，但当一个方法定义为静态方法时，它可以直接访问类的静态变量，调用类的静态方法，但不能直接访问类的非静态变量和调用类的非静态方法，而是只能通过生成类的对象，并通过该对象访问相应的变量和调用相应的方法。同时静态的方法不能以任何方式引用 this 和 super 关键字，因为静态方法独立于类的任何对象，因此静态方法必须被实现，而不能定义静态抽象方法。

　　利用静态代码块可对 static 类变量赋值。代码 5.10 示范了类的 static 方法、static 变量以及 static 代码块的定义和使用。

【代码 5.10】 StaticDemoExample.java

```
    package com;
    class StaticText{
        int a;
        static int b;
        static{
            a=10;        // 调试出错，静态块中不能访问非静态变量
            b=15;        // 静态块中可以访问静态变量
            System.out.println("这是 StaticText 类的静态语句块！");
        }
        public static void display(){
```

```
            System.out.println("a="+a);        // 静态方法中不能访问非静态变量
            System.out.println("b="+(b+10));   // 静态方法中可以访问静态变量
        }
    }
    public class StaticDemoExample {
        public static void main(String[] args) {
            StaticText.display();
            System.out.println("b="+StaticText.b);
        }
    }
```

运行结果如下所示：

```
这是 StaticText 类的静态语句块！
b=25
b=15
```

static 成员最常见的例子是 main()方法，因为在程序开始执行时必须调用主类的 main()方法，JVM 在运行 main()方法时可以直接调用而不用创建主类对象，所以该方法被声明为 static。

5.3.6　this 关键字

this 是 Java 语言中一个非常重要的关键字，用来表示当前实例。它可以出现在实例成员方法和构造方法中，但不可以出现在类成员方法中。

this 关键字有两种用法，其一是作用在成员方法和构造方法中，代表正在调用该方法的实例。如果方法的参数名和类中的成员变量名重名时，则必须使用 this 关键字，以区分实例变量和成员方法变量；其二，如果方法的参数名和成员变量名不重名时，则 this 可以省略。

1．this 关键字第一种用法

代码 5.11 示例了 this 的第一种用法，示例代码如下：

【代码 5.11】　ThisFirstExample.java

```
    package com;
    public class ThisFirstExample {
        private double length;
        private double width;
        private double height;
        public ThisFirstExample(double length,double w,double h){
            this.length=length;      // this 不能省略
            this.width=w;
            height=h;                // this 可以省略
        }
        public double getLength() {
            return this.length;
```

第 5 章 类 和 对 象

```java
    }
    public void setLength(double length) {
        // 参数名与实例变量名重名,不可以省略
        this.length = length;
    }
    public double getWidth() {
        return width;
    }
    public void setWidth(double w) {
        this.width = w;        // 参数名与实例变量名不重名,可以省略
    }
    public double getHeight() {
        return height;
    }
    public void setHeight(double height) {
        this.height = height;
    }
    public void display(){
        // this 可以有也可以省略
        System.out.println("长方形的长为:"+this.length
                +", 宽为:"+width+", 高为:"+height);
    }
    public static void main(String[] args) {
        ThisFirstExample tfe = new ThisFirstExample(3, 4, 5);
        tfe.display();
    }
}
```

程序运行结果如下:

  长方形的长为:3.0,宽为:4.0,高为:5.0

2. this 关键字第二种用法

this 关键字的第二种用法,就是放在构造方法中,使用 this(参数列表)的方式,来调用类中其他的构造方法,而且 this(参数列表)必须放在第一行。代码 5.12 示例了 this 的第二种用法,代码如下:

【代码 5.12】 ThisSecondExample.java

```java
package com;
public class ThisSecondExample {
    private double length;
    private double width;
```

```
        private double height;
        public ThisSecondExample(){}
        public ThisSecondExample(double length){
            this.length=length;
        }
        public ThisSecondExample(double length,double width){
            this(length);
            this.width=width;
        }
        public ThisSecondExample(double length,double width,double height){
            this(length,width);
            this.height=height;              // this 可以省略
        }
        public void display(){
            // this 可以有，也可以省略
            System.out.println("长方形的长为："+this.length
                    +"，宽为："+this.width+"，高为："+this.height);
        }
        public static void main(String[] args) {
            ThisSecondExample tfe = new ThisSecondExample(3, 4, 5);
            tfe.display();
        }
    }
```

程序运行结果如下：

  长方形的长为：3.0，宽为：4.0，高为：5.0

5.3.7 可变参数

  前面讲述方法时，定义的参数个数都是固定的，而从 JDK 1.5 之后，Java 允许定义方法时参数的个数可以变化，这种情况称为"可变参数"。定义可变参数非常简单，只需在方法的最后一个参数的数据类型后增加 3 个点(…)即可，其具体语法格式如下：

   [访问符][修饰符]< 返回值类型 > 方法名　([参数列表], 数据类型…　变量){
    // 方法体
   }

可变参数需要注意以下几点：

(1) 可变参数只能处于参数列表的最后。

(2) 一个方法中最多只能包含一个可变参数。

(3) 可变参数的本质就是一个数组，因此在调用一个包含可变参数的方法时，既可以传入多个参数，也可以传入一个数组。

  代码 5.13 示例了可变参数的应用。

【代码 5.13】 ChangeParamExample.java

```java
package   com;
public  class  ChangeParamExample {
    public static int add(int a, int... b){
        int sum=a;
        for(int i=0; i<b.length; i++)
            sum+=b[i];
        return sum;
    }
    public static void main(String[] args) {
        int[] a={1, 2, 3, 4, 5};
        System.out.println("3+4="+add(3,4));
        System.out.println("3+4+5="+add(3,4,5));
        System.out.println("3+数组 a 的所有元素="+add(3, a));
    }
}
```

运行结果如下：

3+4=7

3+4+5=12

3+数组 a 的所有元素=18

上述代码在调用 add()方法时，参数列表中除了第一个参数，剩下的参数都以数组的形式传递给可变参数，因此，可以给可变参数传递多个参数，也可以直接传入一个数组。

5.4 包

Java 引入包(Package)的机制，从而提供了类的多层命名空间，解决类的命名冲突、类文件管理等问题。包可以对类进行组织和管理，使其与其他源代码库中的类分隔开。只需保证同一个包中不存在同名的类即可，以确保类名的唯一性，避免类名的重复。

借助于包可以将自己定义的类与其他类库中的类分开管理。Java 的基础类库就是使用包进行管理的，如 java.lang 包、java.util 包等。在不同的包中，类名可以相同，如 java.util.Date 类和 java.sql.Date 类，虽然这两个类的类名都是 Date，但分别属于 java.util 包和 java.sql 包，因此能够同时存在。

1. 包的声明

定义包的语法格式如下：

package 包名；

使用 package 关键字可以指定类所属的包，定义包需要注意以下几点：

(1) package 语句必须作为 Java 源文件的第一条非注释性语句。

(2) 一个 Java 源文件只能指定一个包，即只有一条 package 语句，不能有多条 package

语句。

(3) 定义包以后，Java 源文件中可以定义多个类，这些类将全部位于该包下。

(4) 多个 Java 源文件可以定义相同的包，这些源文件将全部位于该包下。

下述代码示例了包的定义：

```
package com;
```

上述语句声明了一个名为 com 的包。在物理上，Java 使用文件夹目录来组织包，任何声明了"package com"的类，编译后形成的字节码文件(.class)都被存储在一个 com 目录中。

与文件目录一样，包也可以分成多级，多级的包名之间使用"."进行分隔。例如：

```
package com.zdsoft.wlw;
```

上述语句在物理上的表现形式是嵌套的文件目录，即"com\zdsoft\wlw"目录，所有声明了"package com.zdsoft.wlw"的类，其编译结果都被存储在 wlw 子目录下。

2. 包的导入

Java 中一个类可以访问其所在包中的所有其他的类，但是如果需要访问其他包中的类，则可以使用 import 语句导入包。Java 中导入包的语法格式如下：

```
import 包名.*;        // 导入指定包中所有的类
```

或

```
import 包名.类名;     // 导入指定包中指定的类
```

注意：* 指明导入当前包中的所有类，但不能使用"java.*"或"java.*.*"这种语句来导入以 java 为前缀的所有包的所有类。一个 Java 源文件只能有一条 package 语句，但可以有多条 import 语句，且 package 语句必须在 import 语句之前。

导入包以后，可以在代码中直接访问包中的相关类。当然，也可以不使用 import 语句倒入相应的包，只需在使用的类名前直接添加完整的包名即可。例如：

```
java.util.Date newDate=new java.util.Date();
```

当程序中导入两个或多个包中同名的类后，如果直接使用类名，编译器将无法区分，此时就可以使用上述方式，在类名前面加上完全限定的包名。

代码 5.14 示例了包的使用，代码如下：

【代码 5.14】 PackageDemo.java

```
package com.zdsoft.wlw;
public class PackageDemo {
    private String name;
    private int age;
    public PackageDemo(String name,int age){
        this.name = name;
        this.age = age;
    }
    Public void display() {
        System.out.println("姓名为："+ name +"，年龄为："+ age );
    }
```

}

上述代码中使用 package 关键字定义了一个 com.zdsoft.wlw 包,而源代码中声明的相关类就属于此包,其他包中的类要想访问此包中的类则必须导入此包。代码如下:

【代码 5.15】 PackageDemoExample.java

```
package com;
import com.zdsoft.wlw.PackageDemo;
public class PackageDemoExample {
    public static void main(String[] args) {
        PackageDemo pd = new PackageDemo("张三", 20);
        pd.display();
    }
}
```

程序运行结果如下:

姓名为:张三,年龄为:20

3. Java 的常用包

Java 的核心类都放在 java 这个包及其子包下,Java 扩展的许多类都放在 javax 包及其子包下。这些使用类就是应用程序接口。下面几个包是 Java 语言中的常用包。

(1) java.lang:这个包下包含了 Java 语言的核心类,如 String、Math、System 和 Thread 类等,使用这个包下的类无须使用 import 语句导入,系统会自动导入这个包下的所有类。

(2) java.util:这个包下包含了 Java 的大量工具类/接口和集合框架类/接口,例如 Arrays、List 和 Set 等。

(3) java.net:这个包下包含了一些 Java 网络编程相关的类/接口。

(4) java.io:这个包下包含了一些 Java 输入/输出编程相关的类/接口。

(5) java.text:这个包下包含了一些 Java 格式化相关的类。

(6) java.sql:这个包下包含了 Java 进行 JDBC 数据库编程相关的类/接口。

(7) java.awt:这个包下包含了抽象窗口工具集和相关类/接口,这些类主要用于构建图形用户界面(GUI)程序。

(8) java.swing:这个包下包含了 Swing 图形用户界面编程的相关类/接口,这些类可用于构建与平台无关的 GUI 程序。

4. 垃圾回收机制

Java 语言中很多对象的数据(成员变量)都存放在堆中,对象从中分配空间,Java 虚拟机的堆中存储着正在运行的应用程序所建立的所有对象,这些对象是通过 new 等关键字建立的,但是它们的释放不需要程序代码来显示。一般来说,堆中的无用对象是由垃圾回收器来负责的,尽管 Java 虚拟机规范并不要求特殊的垃圾回收技术,甚至根本就不需要垃圾回收,但是由于其内存有限,虚拟机在实现的时候都有一个由垃圾回收器管理的堆。垃圾回收是一种动态存储管理技术,它自动地释放不再被程序引用的对象,按照特定的垃圾收集算法来实现资源自动回收的功能。

当一个对象不再被引用时,垃圾收集器会在适当的时候将其销毁。适当的时候,即意味着无法预知何时垃圾收集器会进行工作。当对象被回收的时候，finalize()方法会被虚拟机自动调用。如果重写了 finalize()方法，那么这个方法也会被自动执行，但用户一般不自行调用 finalize()方法。

5.5 访问权限修饰符

面向对象的分类性需要用到封装，为了实现良好的封装，需要从以下两个方面考虑：
(1) 将对象的成员变量和实现细节隐藏起来，不允许外部直接访问。
(2) 把方法暴露出来，让方法对成员变量进行安全访问和操作。

因此，封装实际上是把该隐藏的隐藏，该暴露的暴露。这些都需要通过 Java 访问权限修饰符来实现。

Java 的访问权限修饰符对类、属性和方法进行声明和控制，以便隐藏类的一些实际细节，防止对封装数据未经授权的访问和不合理的操作。实现封装的关键是不让外界直接与对象属性交互，而是要通过指定的方法操作对象的属性。

Java 提供了四种访问权限修饰符，分别是 private、protected、public 和默认的。其中，默认访问权限修饰符又称友好的(friendly)，而 friendly 不是关键字，它只是一种默认访问权限修饰符的称谓而以。

Java 的访问权限修饰符级别由小到大如图 5.4 所示。

图 5.4 访问权限修饰符级别图

这四个访问权限修饰符级别的详细介绍如下：

(1) private(当前类访问权限)：如果类中的一个成员(包括属性、成员方法和构造方法等)使用 private 访问权限修饰符来修饰，则这个成员只能在当前类的内部被访问。很显然，这个访问权限修饰符用来修饰属性最合适，使用它来修饰属性就可以把属性隐藏在该类的内部。

(2) 默认的(包访问权限)：如果类中的一个成员(包括属性、成员方法和构造方法等)或者一个外部类不使用任何访问权限修饰符，则我们称它是包访问权限，默认修饰符控制的成员和外部类可以被相同包下的其他类访问。

(3) protected(子类访问权限)：如果类中的一个成员(包括属性、成员方法和构造方法等)使用 protected 访问权限修饰符来修饰，那么这个成员既可以被同一个包中的其他类访问，也可以被不同包中的子类访问。在通常情况下，如果使用 protected 来修饰一个方法，则是希望其子类来重写这个方法。

(4) public(公共访问权限)：public 是一个最宽松的访问控制级别。如果类中的一个成员(包括属性、成员方法和构造方法等)或者一个外部类使用 public 访问权限修饰符，那么这个成员或者外部类就可以被所有类访问，不管访问类和被访问类是否处于同一个包中，是否具有父子继承关系。

最后，我们使用表 5-1 来总结上述访问权限修饰符的使用范围。

表 5-1 访问权限修饰符控制级别表

	private	默认的	protected	public
同一个类中	√	√	√	√
同一个包中		√	√	√
子类中			√	√
全局范围内				√

通过关于访问权限修饰符的介绍不难发现，访问权限修饰符用于控制一个类的成员是否被其他类访问。对于局部变量而言，其作用域仅在它所在的方法内，不可能被其他类访问，因此不能使用访问权限控制符来修饰。

对于外部类而言，只能有两种访问权限修饰符：public 和默认的，外部类不能使用 private 和 protected 来修饰，因为外部类没有处于任何类的内部，也就没有其所在类的内部、所在类的子类两个范围，因此 private 和 protected 访问权限修饰符对外部类没有任何意义。外部类使用 public 修饰，可以被当前项目下的所有类使用，使用默认修饰符的外部类只能被同一个包中的其他类使用。

如果一个 Java 源文件里定义的所有类都没有使用 public 修饰，则这个 Java 源文件的文件名可以是一切合法的文件名；但如果一个 Java 源文件里定义了一个 public 修饰的类，则这个源文件的文件名必须与 public 修饰的类同名。

掌握了访问权限修饰符的用法之后，下面通过代码 5.16 来示范它们的具体使用方法，代码如下：

【代码 5.16】 Student.java

```
package com;
public class Student {
    public String stuid;            // 学号
    String name;                    // 姓名
    protected int age;              // 年龄
    private String sex;             // 性别
    public void dispalyStuid() {    // 显示学号
        System.out.println("学生的学号为：" + stuid);
    }
    void displayName() {            // 显示姓名
        System.out.println("学生的姓名为：" + name);
    }
    protected void displayAge() {   // 显示年龄
        System.out.println("学生的年龄为：" + age);
    }
    private void displaySex() {     // 显示性别
        System.out.println("学生的性别为：" + sex);
```

        }
    }

```java
    class Teacher {
        public String teaid;           // 学号
        String name;                   // 姓名
        protected int age;             // 年龄
        private String sex;            // 性别
        public void dispalyTeaid() {   // 显示学号
            System.out.println("老师的教师号为：" + teaid);
        }
        void displayName() {           // 显示姓名
            System.out.println("老师的姓名为：" + name);
        }
        protected void displayAge() {  // 显示年龄
            System.out.println("老师的年龄为：" + age);
        }
        private void displaySex() {    // 显示性别
            System.out.println("老师的性别为：" + sex);
        }
    }
```

com 包中的 Test 类是对 Student 源文件中的两个类进行访问的，分别访问 public 修饰类和默认修饰类的所有属性和所有方法。程序代码如下：

【代码 5.17】 Test.java

```java
    package com;
    public class Test {
        public static void main(String[] args) {
            // 创建同一个包中的公共类和默认类对象
            Student stu=new Student();
            Teacher tea=new Teacher();
            // 访问 public 修饰符修饰类中四种修饰符修饰的属性
            stu.stuid="001";
            stu.name="张三";
            stu.age=20;
            stu.sex="男";           // 错误，sex 为私有属性，类外访问出错
            // 访问 public 修饰符修饰类中四种修饰符修饰的方法
            stu.dispalyStuid();
            stu.displayName();
            stu.displayAge();
```

```
            stu.dispalySex();            // 错误，dispalySex()为私有方法，类外访问出错
            // 访问默认修饰符修饰类中四种修饰符修饰的属性
            tea.teaid="054";
            tea.name="向老师";
            tea.age=40;
            tea.sex="男";            // 错误，sex 为私有属性，类外访问出错
            //访问默认修饰符修饰类中四种修饰符修饰的方法
            tea.dispalyTeaid();
            tea.displayName();
            tea.dispalyAge();
            tea.dispalySex();            // 错误，dispalySex()为私有方法，类外访问出错
        }
    }
```

上述代码在调试的时候报错，主要是私有修饰符的方法和属性在其他类中不能访问。注销出错代码，程序运行结果如下：

    学生的学号为：001
    学生的姓名为：张三
    学生的年龄为：20
    老师的教师号为：054
    老师的姓名为：向老师
    老师的年龄为：40

在 test 包中创建 ExtendsTest 类，该类继承 Student 类，在该类中的 main()方法中创建 ExtendsTest 类的对象，对该类中的属性和方法进行访问。代码如下：

【代码 5.18】 ExtendsTest.java

```
    package test;
    import com.Student;
    public class ExtendsTest extends Student{
        public static void main(String[] args) {
            ExtendsTest  stu = new  ExtendsTest( );
            // 访问 public 修饰符修饰类中的属性
            stu.stuid = "001";          // 公共属性，任何地方都可以访问
            stu.name = "张三";           // 错误，默认类型属性，不同包中的子类无法访问
            stu.age = 20;               // 受保护类型属性，不同包中的子类可以访问
            // 访问 public 修饰符修饰类中的方法
            stu.dispalyStuid();         // 公共方法，任何地方都可以访问
            stu.displayName();          // 错误，默认类型方法，不同包中的非子类无法访问
            stu.displayAge();           // 受保护类型方法，不同包中的子类可以访问
        }
    }
```

上述代码在调试的时候报错，主要是默认修饰符的方法和属性在其他包中的类不能访问，注销出错代码，程序运行结果如下：

学生的学号为：001

学生的年龄为：20

在 test 包中创建 TestTwo 类，在该类中的 main() 方法中创建 Student 类和 Teacher 类的对象，对 Student 类中的属性和方法进行访问。代码如下：

【代码 5.19】 TestTwo.java

```
package test;
import com.Student;
import com.Teacher;              // 错误，不能导入其他包中默认类
public class TestTwo {
    public static void main(String[] args) {
        // 创建同一个包中的公共类和默认类对象
        Student stu = new Student();
        // 访问 public 修饰符修饰类中的属性
        stu.stuid = "001";        // 公共属性，任何地方都可以访问
        stu.age = 20;             // 错误，受保护类型属性，不同包中的非子类无法访问
        // 访问 public 修饰符修饰类中的方法
        stu.displayStuid();       // 公共方法，任何地方都可以访问
        stu.displayAge();         // 错误，受保护类型方法，不同包中的非子类无法访问
    }
}
```

上述代码在调试的时候报错，主要是 protected 修饰符的方法和属性在其他包中的非子类不能访问，注销出错代码，程序运行结果如下：

学生的学号为：001

5.6 单 例 类

大部分时候，我们把类的构造方法都定义成 public 访问权限，即允许任何类自由创建该类的对象。但在某些时候，允许其他类自由创建该类的对象没有任何意义，还可能造成系统性能下降。例如，系统可能只有一个窗口管理器、一个假脱机打印设备或一个数据库引擎访问点，如果此时在系统中为这些类创建多个对象，就没有太大的实际意义。

如果一个类始终只能创建一个实例，则这个类被称为单例类。在一些特殊场景下，不允许自由创建该类的对象，而只允许为该类创建一个对象。为了避免其他类自由创建该类的对象，我们可以把该类的构造方法使用 private 修饰，从而把该类的所有构造方法隐蔽起来。

根据良好封装的原则：一旦把该类的构造方法隐蔽起来，就需要提供一个 public 方法作为该类的访问点，用于创建该类的对象，且该方法必须使用 static 修饰（因为调用该方法之前还不存在对象，因此调用该方法的不可能是对象，只能是类）。除此之外，该类还必须

缓存已经创建的对象，否则该类无法知道是否曾经创建过对象，也就无法保证只创建一个对象。为此该类需要使用一个成员变量来保存曾经创建的对象，因此该成员变量需要被静态方法访问，故该成员变量必须使用 static 修饰。

代码 5.20 示例了单例类的创建和使用。

【代码 5.20】 SingletonExample.java

```java
package com;
class Singleton {
    // 声明一个变量用来缓存曾经创建的对象
    private static Singleton instance;
    private Singleton() {}           // 隐藏构造方法
    // 声明一个创建该类对象的静态方法
    public static Singleton getInstance() {
        if (instance == null) {
            // 实例化一个对象，将其缓存起来
            instance = new Singleton();
        }
        return instance;
    }
}
public class SingletonExample {
    public static void main(String[] args) {
        // 通过 getInstance()方法创建该类的两个对象
        Singleton s1=Singleton.getInstance();
        Singleton s2=Singleton.getInstance();
        // 比较两个对象是否相等，结果为 true，表示是同一个对象。
        System.out.println(s1.equals(s2));
    }
}
```

上述代码正是通过 getInstance()方法提供的自定义控制，从而保证 Singleton 类只能产生一个实例，所以在 SingletonExample 类的 main()方法中，看到两次产生的 Singleton 类对象实际是同一个对象。

练 习 题

1. 构造方法何时被调用？_____。
   A. 类定义时　　B. 创建对象时　　C. 调用对象方法时　　D. 使用对象的变量时
2. Java 中，访问权限修饰符限制性最高的是_____。
   A. private　　　B. protected　　　C. public　　　　D. 默认的

3. 下列关于面向对象的程序设计的说法中，不正确的是_____。
   A. 对象将数据和行为封装于一体
   B. 对象是面向对象技术的核心所在，在面向对象程序设计中，对象是类的具体
   C. 类是具有相同特征(属性)和共同行为(方法)的一组对象的集合
   D. 类的修饰符可以是 abstract(抽象的)、static(静态的)或 final(最终的)

4. 下列关于构造方法的说法中，错误的是_____。
   A. 构造方法的方法名必须与类名一致
   B. 构造方法没有返回值类型，可以是 void 类型
   C. 如果在类中没有定义任何的构造方法，则编译器将会自动加上一个不带任何参数的构造方法
   D. 构造方法可以被重载

5. 下列关于方法重载说法中，不正确的是_____。
   A. 必须在同一个类中   B. 方法名相同
   C. 方法的返回值相同   D. 参数列表不同

6. 下列关于包方面的说法中，不正确的是_____。
   A. 一个 Java 文件中只能有一条 import 语句
   B. 使用 package 关键字可以指定类所属的包
   C. 包在物理上的表现形式是嵌套的文件目录
   D. 导入包需要使用关键字 import

7. 下列关于静态成员说法中，错误的是_____。
   A. static 关键字修饰的成员也称为静态成员
   B. 静态成员则可以直接通过类名调用
   C. 静态成员属于整个类，当系统第一次准备使用该类时，系统会为该类的类变量分配内存空间
   D. 静态成员不可以通过对象来调用

8. 下列关于可变参数说法中，正确的是_____。
   A. 可变参数可以在参数列表的任何位置
   B. 一个方法中允许包含多个可变参数
   C. 可变参数的本质就是一个数组
   D. 调用一个包含可变参数的方法时，只能传入多个参数，不能传入数组

9. 现有一个公有的 int 型的类成员变量 MAX_LENGTH，该变量的值保持常数值 100。可以使用哪一个定义这个变量？_____。
   A. public int MAX_LENGTH=100;   B. final int MAX_LENGTH=100;
   C. static public int MAX_LENGTH=100;   D. public final int MAX_LENGTH=100;

10. 关于被私有访问控制符 private 修饰的成员变量，下面说法正确的是_____。
    A. 可以被 3 种类所引用：该类自身、与它在同一个包中的其他类、在其他包中的该类的子类
    B. 可以被两种类访问和引用：该类本身、该类的所有子类
    C. 只能被该类自身所访问和修改

D. 只能被同一个包中的类访问

11. 关于被保护访问控制符 protected 修饰的成员变量，下面说法正确的是_____。
    A. 可以被 3 种类所引用：该类自身、与它同一个包中的其他类、在其他包中的该类的子类
    B. 可以被两种类访问和引用：该类本身、该类的所有子类
    C. 只能被该类自身所访问和修改
    D. 只能被同一个包中的类访问

12. 类变量必须带有的修饰符是_____。
    A. final   B. static   C. public   D. volatile

13. 有一个类 A，下面为其构造函数的声明，正确的是_____。
    A. void A(int x){…}   B. A(int x){…}
    C. a(int x){…}   D. void a(int x){…}

14. 设 i、j 为类 X 定义的 double 型成员变量名，下列 X 类的构造函数中不正确的是_____。
    A. X(double k){ i=k;}   B. X(){ i=6;}
    C. X(double m,double n){ i=m;j=n;} D. double X(double k){ i=k; return;}

15. 阅读下面的程序：
```
public class Test {
    public int aMethod() {
        static int i = 0;
        i++;
        return i;
    }
    public static void main(String args[]) {
        Test test = new Test ();
        test.aMethod();
        int j = test.aMethod();
        System.out.println(j);
    }
}
```
对于上面的程序，下列选项正确的是_____。
    A. 编译错误   B. 编译成功并输出 0
    C. 编译成功并输出 1   D. 编译成功并输出 2

参考答案：
1. B   2. A   3. B   4. B   5. C   6. A   7. D   8. C   9. D   10. C
11. C   12. B   13. B   14. D   15. A

第 6 章 Java 常用类

本章学习目标：

- 掌握基本类型的封装类的使用
- 掌握 Object 类的使用
- 掌握字符串类的使用
- 掌握 Scanner、Math 和日期类的使用
- 理解格式化处理的应用

本章主要介绍 Java 系统提供的一些程序在项目开发中经常用到的类和方法。掌握了这些基本类与常用方法的应用，可以为以后项目开发和深入学习打好基础。

6.1 基本类型的封装类

Java 为其 8 个基本数据类型提供了对应的封装类，通过这些封装类可以把 8 个基本类型的值封装成对象进行使用。从 JDK 1.5 开始，Java 允许将基本类型的值直接赋值给对应的封装类对象。8 个基本数据类型对应的封装类如表 6-1 所示。

表 6-1 基本类型对应的封装类

基本数据类型	封装类	描述	基本数据类型	封装类	描述
byte	Byte	字节	char	Character	字符型
short	Short	短整型	float	Float	单精度浮点型
int	Integer	整型	double	Double	双精度浮点型
long	Long	长整型	boolean	Boolean	布尔型

基本数据类型的封装类除了 Integer 和 Character 写法有点特殊例外，其他的基本类型对应的封装类都是将首字母大写即可。

从 JDK 1.5 之后，Java 提供了自动装箱(Autoboxing)和自动拆箱(Autounboxing)功能，因此，基本类型变量和封装类之间可以直接赋值，例如：

    Integer obj=10;

    int b=obj;

自动装箱和自动拆箱大大简化了基本数据类型和封装类之间的转换过程，但进行自动装箱和拆箱操作时，必须注意类型匹配，例如 Integer 只能和 int 匹配，不能跟 boolean 或

char 等其他类型匹配。

除此之外，封装类还可以实现基本类型变量和字符串之间的转换，将字符串的值转换为基本类型的值有两种方式：

(1) 直接利用封装类的构造方法，即×××(String s)构造方法。

(2) 调用封装类提供的 parse×××(String s)静态方法。

例如：将字符串的值转换为基本类型。

  int num1=new Integer("10");

  int num2=Integer.parseInt("123");

将基本类型的值转换成字符串有三种方式：

(1) 直接使用一个空字符串来连接数值即可。

(2) 调用封装类提供的 toString()静态方法。

(3) 调用 String 类提供的 valueOf()静态方法。

例如：将基本类型的值转换为字符串。

  String s1 = "" + 23;

  String s2 = Integer.toString(100);

  String s3 = String.valueOf(66);

图 6.1 演示了基本类型变量和字符串之间的转换。

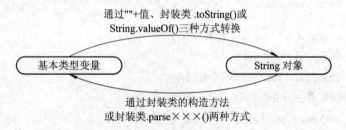

图 6.1 基本类型变量和字符串之间的转换

下述案例示例了 Java 基本数据类型变量和封装类之间转换的使用，代码如下：

【代码 6.1】 FengZhangExample.java

```
package com;
public class FengZhangExample {
    public static void main(String[] args) {
        // 直接把一个整数值赋给 Integer 对象
        Integer intObj = 5;
        // 直接把一个 boolean 值赋给一个 Boolean 对象
        Boolean boolObj = true;

        // Integer 对象与整数进行算数运算
        int a = intObj + 10;
        System.out.println(a);
        System.out.println(boolObj);
```

```
        // 字符串与基本类型变量之间的转换
        String intStr = "123";
        // 把一个特定字符串转换成 int 变量
        int it1 = Integer.parseInt(intStr);
        int it2 = new Integer(intStr);
        System.out.println(it1 + "," + it2);

        String floatStr = "4.56f";
        // 把一个特定字符串转换成 float 变量
        float ft1 = Float.parseFloat(floatStr);
        float ft2 = new Float(floatStr);
        System.out.println(ft1 + "," + ft2);

        // 将一个 double 类型变量转换为字符串
        String ds1 = "" + 3.14;
        String ds2 = Double.toString(3.15D);
        String ds3 = String.valueOf(3.16d);
        System.out.println(ds1 + "," + ds2 + "," + ds3);

        // 将一个 boolean 类型变量转换为字符串
        String bs1 = "" + true;
        String bs2 = Boolean.toString(true);
        String bs3 = String.valueOf(true);
        System.out.println(bs1 + "," + bs2 + "," + bs3);
    }
}
```

程序运行结果如下：

```
15
true
123,123
4.56,4.56
3.14,3.15,3.16
true,true,true
```

6.2　Object 类

Java 基础类库提供了一些常用的核心类，包括 Object、String、Math 等。其中，Object 对象类定义在 java.lang 包中，是所有类的顶级父类。在 Java 体系中，所有类都直接或间接地继承了 Object 类。因此，任何 Java 对象都可以调用 Object 类中的方法，而且任何类型的

第 6 章 Java 常用类 · 109 ·

对象都可以赋给 Object 类型的变量。

Object 类提供了所有类都需要的一些方法，常用的方法及描述如表 6-2 所示。

表 6-2 Object 类的常用方法

方　　法	功　能　描　述
protected Object clone()	创建并返回当前对象的副本，该方法支持对象复制
public boolean equals(Object obj)	判断指定的对象与传入的对象是否相等
protected void finalize()	垃圾回收器调用此方法来清理即将回收对象的资源
public final Class<?> getClass()	返回当前对象运行时所属的类型
public int hashCode()	返回当前对象的哈希代码值
public String toString()	返回当前对象的字符串表示

6.2.1 equals()方法

两个基本类型的变量比较是否相等时，直接使用"=="运算符即可，但两个引用类型的对象比较是否相等时，则有两种方式：使用"=="运算符或使用 equals()方法。在比较两个对象是否相等时，"=="运算符和 equals()方法是有区别的，区别如下：

(1) "=="运算符比较的是两个对象地址是否相同，即引用的是同一个对象。

(2) equals()方法通常可以用于比较两个对象的内容是否相同。

下述案例分别使用"=="运算符和 equals()方法来判断两个对象是否相等，代码如下：

【代码 6.2】 ObjectEqualsExample.java

```
package com;
public class ObjectEqualsExample {
    public static void main(String[] args) {
        // 定义 4 个整型类对象
        Integer num1 = new Integer(8);
        Integer num2 = new Integer(10);
        Integer num3 = new Integer(8);
        // 将 num1 对象赋值给 num4
        Integer num4 = num1;
        System.out.println("num1 和自身进行比较：");
        // 分别使用==和 equals()方法对 num1 进行自身比较
        System.out.println("num1 == num1 是 " + (num1 == num1));
        System.out.println("num1.equals( num1 )是" + num1.equals(num1));
        System.out.println("———————————————————————");
        System.out.println("num1 和 num2 两个不同值的对象进行比较：");
        // num1 和 num2 两个不同值的对象进行比较
        System.out.println("num1 == num2 是 " + (num1 == num2));
        System.out.println("num1.equals( num2 )是" + num1.equals(num2));
        System.out.println("———————————————————————");
```

```
                System.out.println(" num1 和 num3 两个相同值的对象进行比较： ");
                // num1 和 num3 两个相同值的对象进行比较
                // num1 和 num3 引用指向的对象的值一样，但对象空间不一样
                System.out.println("num1 == num3 是" + (num1 == num3));
                System.out.println("num1.equals( num3 )是 " + num1.equals(num3));
                System.out.println("————————————————————————");
                System.out.println(" num1 和 num4 两个同一引用的对象进行比较： ");
                // num2 和 num4 引用指向同一个对象空间
                System.out.println("num2 == num4 是 " + (num1 == num4));
                System.out.println("num2.equals( num4 )是 " + num1.equals(num4));
        }
    }
```

上述代码中 num1 对象分别跟自身 num1、不同值 num2、相同值 num3 以及同一引用 num4 这几个对象进行比较，通过分析运行结果可以得出：使用"=="运算符将严格比较这两个变量引用是否相同，即地址是否相同，是否指向内存同一空间。只有当两个变量指向同一个内存地址，即同一个对象时，才返回 true，否则返回 false；Integer 的 equals()方法则比较两个对象的内容是否相同，只要两个对象的内容值相等，哪怕是两个不同的对象(引用地址不同)，依然会返回 true。

程序运行结果如下：

  num1 和自身进行比较：

  num1 == num1 是 true

  num1.equals(num1)是 true

  ————————————————————

  num1 和 num2 两个不同值的对象进行比较：

  num1 == num2 是 false

  num1.equals(num2)是 false

  ————————————————————

  num1 和 num3 两个相同值的对象进行比较：

  num1 == num3 是 false

  num1.equals(num3)是 true

  ————————————————————

  num2 和 num4 两个同一引用的对象进行比较：

  num2 == num4 是 true

  num2.equals(num4)是 true

6.2.2 toString()方法

Object 类的 toString()方法是一个非常特殊的方法，它是一个"自我描述"的方法，该方法返回当前对象的字符串表示。当使用 System.out.println(obj)输出语句直接打印对象时，或字符串与对象进行连接操作时，例如："info" + obj，系统都会自动调用对象的 toString()方法。

Object 类中的 toString()方法返回包含类名和散列码的字符串，具体格式如下：

  类名@哈希代码值

下述案例定义了一个 Book.java 类，并重写了 toString()方法，代码如下：

【代码 6.3】 Book.java

```java
package com;
public class Book {
    // 属性
    private String bookName;      // 书名
    private double price;         // 价格
    private String publisher;     // 出版社
    // 默认构造方法
    public Book() {
    }
    // 重载构造方法
    public Book(String bookName, double price, String publisher) {
        this.bookName = bookName;
        this.price = price;
        this.publisher = publisher;
    }
    public String getBookName() {
        return bookName;
    }

    public void setBookName(String bookName) {
        this.bookName = bookName;
    }
    public double getPrice() {
        return price;
    }
    public void setPrice(double price) {
        this.price = price;
    }
    public String getPublisher() {
        return publisher;
    }
    public void setPublisher(String publisher) {
        this.publisher = publisher;
    }
    // 重写 toString()方法
```

```java
        public String toString() {
            return this.bookName + ",￥" + this.price + "," + this.publisher;
        }
    }
```

上述代码重写了 toString()方法，该方法将 3 个属性值连成一个字符串并返回。

下述案例编写了一个测试类，示例了 toString()方法的功能，代码如下：

【代码 6.4】 BookExample.java

```java
package com;
public class BookExample {
    public static void main(String[] args) {
        Book b1=new Book("《Java 面向对象程序设计》", 38, "重庆大学出版社");
        System.out.println(b1);
        Book b2=new Book("《MySql 数据库程序设计》", 26, "清华大学出版社");
        String s=b1+"\n"+b2;
        System.out.println(s);
    }
}
```

上述代码使用 System.out.println()直接输出对象 b1 的信息，以及将 b1 和 b2 进行字符串连接，运行结果如下：

《Java 面向对象程序设计》,￥38.0,重庆大学出版社
《Java 面向对象程序设计》,￥38.0,重庆大学出版社
《MySql 数据库程序设计》,￥26.0,清华大学出版社

将 Book 类中重写的 toString()方法注释去掉，使用 Object 原来默认的 toString()方法，则运行结果如下：

com.Book@6fd46259
com.Book@6fd46259
com.Book@6084fa6a

当类没有重写 toString()方法时，系统会自动调用 Object 默认的 toString()方法，显示的字符串格式是"类名@哈希代码值"。

6.3 字 符 串 类

字符串就是用双引号引起来的一连串的字符序列，Java 提供了 String、StringBuffer 和 StringBuilder 三个类封装字符串，并提供了一系列方法来操作字符串对象。

String、StringBuffer 和 StringBuilder 三者之间区别如下：

（1）String 创建的字符串是不可变的，即当使用 String 创建一个字符串后，该字符串在内存中是一个不可改变的字符序列。如果改变字符串变量的值，其实是在内存中创建一个新的字符串，则字符串变量将引用新创建的字符串地址，而原来的字符串在内存中依然存

在，且内容不变，直至 Java 的垃圾回收系统对其进行销毁。

(2) StringBuffer 创建的字符串是可变的，即当使用 StringBuffer 创建一个字符串后，该字符串的内容可以通过 append()、insert()、setCharAt()等方法进行改变，而字符串变量所引用的地址一直不变。如果想获得 StringBuffer 的最终内容，则可以通过调用它的 toString()方法转换成一个 String 对象。

(3) StringBuilder 是 JDK 1.5 新增的一个类。与 StringBuffer 类似，也是创建一个可变的字符串，不同的是 StringBuffer 是线程安全的，而 StringBuilder 没有实现线程安全，因此 StringBuffer 性能较好。通常，如果只需要创建一个内容可变的字符串对象，不涉及线程安全、同步方面的问题，则应优先考虑使用 StringBuilder 类。

6.3.1 String 类

String 字符串类常用的方法如表 6-3 所示。

表 6-3 String 类常用方法

方法名	功能描述
String()	默认构造方法，创建一个包含 0 个字符的 String 对象(不是返回 null)
String(char[] value)	使用一个字符数组构造一个 String 对象
String(String s)	使用一个字符串值构造一个 String 对象
String(StringBuffer sb)	根据 StringBuffer 对象来创建对应的 String 对象
String(StringBuilder sb)	根据 StringBuilder 对象来创建对应的 String 对象
char charAt(int index)	获取字符串中指定位置的字符，参数 index 下标从 0 开始
int compareTo(String s)	比较两个字符串的大小，相等返回 0，不等则返回不等字符编码值的差
boolean endsWith(String s)	判断一个字符串是否以指定的字符串结尾
boolean equals()	比较两个字符串的内容是否相等
byte[] getBytes()	将字符串转换成字节数组
int indexOf(String s)	找出指定的子字符串在字符串中第一次出现的位置
int length()	返回字符串的长度
String subString(int beg)	获取从 beg 位置开始到结束的子字符串
String subString(int beg, int end)	获取从 beg 位置开始到 end 位置的子字符串
String toLowerCase()	将字符串转换成小写
String toUpperCase()	将字符串转换成大写
static String valueOf(X x)	将基本类型值转换成字符串

下述案例示例了 String 类常用方法的应用，代码如下：

【代码 6.5】 StringExample.java

```
package com;
public class StringExample {
```

```java
        public static void main(String[] args) {
            String str = "I'm WangFeng,welcome to ChongQing!";
            System.out.println("字符串内容：" + str);
            System.out.println("字符串长度：" + str.length());
            System.out.println("截取从下标 5 开始的子字符串："
                + str.substring(5));
            System.out.println("截取从下标 5 开始到 10 结束的子字符串："
                + str.substring(5, 10));
            System.out.println("转换成小写：" + str.toLowerCase());
            System.out.println("转换成大写：" + str.toUpperCase());
            // 验证字符串是否全是数字
            String numStr = "1234567a890";
            boolean flag = false;
            for (int i = 0; i < numStr.length(); i++)
            {
                if (numStr.charAt(i) > '9' || numStr.charAt(i) < '0')
                {
                    flag = true;
                    break;
                }
            }
            if (flag)
            {
                System.out.println("该字符串有非数字存在！");
            } else
            {
                System.out.println("该字符串全是数字！");
            }
        }
    }
```

程序运行结果如下：

　　字符串内容：I'm WangFeng,welcome to ChongQing!
　　字符串长度：34
　　截取从下标 5 开始的子字符串：angFeng,welcome to ChongQing!
　　截取从下标 5 开始到 10 结束的子字符串：angFe
　　转换成小写：i'm wangfeng,welcome to chongqing!
　　转换成大写：I'M WANGFENG,WELCOME TO CHONGQING!
　　该字符串有非数字存在！

在 Java 程序中，经常会使用"+"运算符连接字符串，但不同情况下字符串连接的结

果也是不同的。使用"+"运算符连接字符串时注意以下三点:

(1) 字符串与字符串进行"+"连接时:第二个字符串会连接到第一个字符串之后。

(2) 字符串与其他类型进行"+"连接时:因字符串在前面,所以其他类型的数据都将转换成字符串与前面的字符串进行连接。

(3) 其他类型与字符串进行"+"连接时:因字符串在后面,其他类型按照从左向右进行运算,最后再与字符串进行连接。

6.3.2 StringBuffer 类

StringBuffer 字符缓冲区类是一种线程安全的可变字符序列,其常用的方法如表 6-4 所示。

表 6-4 StringBuffer 类常用的方法

方 法 名	功 能 描 述
StringBuffer()	构造一个不带字符的字符串缓冲区,初始容量为 16 个字符
StringBuffer(int capacity)	构造一个不带字符,但具有指定初始容量的字符串缓冲区
StringBuffer(String str)	构造一个字符串缓冲区,并将其内容初始化为指定的字符串内容
append(String str)	在字符串末尾追加一个字符串
char charAt(int index)	返回指定下标位置的字符
int capacity()	返回字符串缓冲区容量
StringBuffer delete(int start, int end)	删除指定开始下标到结束下标之间的子字符串
StringBuffer insert(int offset, String str)	在指定位置插入一个字符串,该方法提供多种参数的重载方法
int lastIndexOf(String str)	返回最后出现指定字符串的下标
setCharAt(int index, char ch)	设置指定下标的字符
setLength(int newLength)	设置长度
int length()	返回字符串的长度
StringBuffer replace(int start, int end, String str)	将指定开始下标和结束下标之间的内容替换成指定子字符串
StringBuffer reverse()	反转字符串序列
String subString(int beg)	获取从 beg 位置开始到结束的子字符串
String subString(int beg, int end)	获取从 beg 位置开始到 end 位置的子字符串
String toString()	返回当前缓冲区中的字符串

下述案例示例了 StringBuffer 类常用方法的应用,代码如下:

【代码 6.6】 StringBufferExample.java

```java
package com;
public class StringBufferExample {
    public static void main(String[] args) {
        StringBuffer sb = new StringBuffer("My");
        System.out.println("初始长度: " + sb.length());
        System.out.println("初始容量是: " + sb.capacity());
        // 追加字符串
        sb.append("java");
        System.out.println("追加后: " + sb);
        // 插入
        sb.insert(0, "hello ");
        System.out.println("插入后: " + sb);
        // 替换
        sb.replace(5, 6, ",");
        System.out.println("替换后: " + sb);
        // 删除
        sb.delete(5, 6);
        System.out.println("删除后: " + sb);
        // 反转
        sb.reverse();
        System.out.println("反转后: " + sb);
        System.out.println("当前字符串长度: " + sb.length());
        System.out.println("当前容量是: " + sb.capacity());
        // 改变 StringBuilder 的长度，将只保留前面部分
        sb.setLength(5);
        System.out.println("改变长度后: " + sb);
    }
}
```

程序运行结果如下：

初始长度：2
初始容量是：18
追加后：Myjava
插入后：hello Myjava
替换后：hello,Myjava
删除后：helloMyjava
反转后：avajyMolleh
当前字符串长度：11
当前容量是：18
改变长度后：avajy

6.3.3 StringBuilder 类

StringBuilder 字符串生成器类与 StringBuffer 类类似，也是创建可变的字符串序列，只不过没有线程安全控制，StringBuilder 类常用的方法如表 6-5 所示。

表 6-5 StringBuilder 类常用的方法

方 法 名	功 能 描 述
StringBuilder()	构造一个不带字符的字符串生成器，初始容量为 16 个字符
StringBuilder(int capacity)	构造一个不带字符，但具有指定初始容量的字符串生成器
StringBuilder(String str)	构造一个字符串生成器，并将其内容初始化为指定的字符串内容
append(String str)	在字符串末尾追加一个字符串
char charAt(int index)	返回指定下标位置的字符
int capacity()	返回字符串生成器容量
StringBuilder delete(int start, int end)	删除指定开始下标到结束下标之间的子字符串
StringBuilder insert(int offset, String str)	在指定位置插入一个字符串，该方法提供多种参数的重载方法
int lastIndexOf(String str)	返回最后出现指定字符串的下标
setCharAt(int index, char ch)	设置指定下标的字符
setLength(int newLength)	设置长度
int length()	返回字符串的长度
StringBuilder replace(int start, int end, String str)	将指定开始下标和结束下标之间的内容替换成指定子字符串
StringBuilder reverse()	反转字符串序列
String subString(int beg)	获取从 beg 位置开始到结束的子字符串
String subString(int beg, int end)	获取从 beg 位置开始到 end 位置的子字符串
String toString()	返回当前缓冲区中的字符串

下述案例示例了 StringBuilder 类常用方法的应用，代码如下：

【代码 6.7】 StringBuilderExample.java

```
package com;
public class StringBuilderExample {
    public static void main(String[] args) {
        StringBuilder sb = new StringBuilder("My");
        System.out.println("初始长度：" + sb.length());
```

```java
        System.out.println("初始容量是:" + sb.capacity());
        // 追加字符串
        sb.append("java");
        System.out.println("追加后:" + sb);
        // 插入
        sb.insert(0, "hello ");
        System.out.println("插入后:" + sb);
        // 替换
        sb.replace(5, 6, ",");
        System.out.println("替换后:" + sb);
        // 删除
        sb.delete(5, 6);
        System.out.println("删除后:" + sb);
        // 反转
        sb.reverse();
        System.out.println("反转后:" + sb);
        System.out.println("当前字符串长度:" + sb.length());
        System.out.println("当前容量是:" + sb.capacity());
        // 改变 StringBuilder 的长度,将只保留前面部分
        sb.setLength(5);
        System.out.println("改变长度后:" + sb);
    }
}
```

程序运行结果如下:

```
初始长度:2
初始容量是:18
追加后:Myjava
插入后:hello Myjava
替换后:hello,Myjava
删除后:helloMyjava
反转后:avajyMolleh
当前字符串长度:11
当前容量是:18
改变长度后:avajy
```

通过上述代码及运行结果可以看出,StringBuilder 类除了在构造方法上与 StringBuffer 不同,其他方法的使用都一样。

StringBuilder 和 StringBuffer 都有两个方法:length()和 capacity(),其中 length()方法表示字符序列的长度,而 capacity()方法表示容量,通常程序无须关心其容量。

6.4 Scanner 类

Scanner 扫描器类在 java.util 包中,可以获取用户从键盘输入的不同数据,以完成数据的输入操作,同时也可以对输入的数据进行验证。Scanner 类常用的方法如表 6-6 所示。

表 6-6 Scanner 类常用的方法

方 法 名	功 能 描 述
Scanner(File source)	构造一个从指定文件进行扫描的 Scanner
Scanner(InputStream source)	构造一个从指定的输入流进行扫描的 Scanner
boolean hasNext(Pattern pattern)	判断输入的数据是否符合指定的正则标准
boolean hasNextInt()	判断输入的是否是整数
boolean hasNextFloat()	判断输入的是否是单精度浮点数
String next()	接收键盘输入的内容,并以字符串形式返回
String next(Pattern pattern)	接收键盘输入的内容,并进行正则验证
int nextInt()	接收键盘输入的整数
float nextFloat()	接收键盘输入的单精度浮点数
Scanner useDelimiter(String pattern)	设置读取的分隔符

下述案例示例了 Scanner 类常用方法的应用,代码如下:

【代码 6.8】 ScannerExample.java

```
package com;
import java.util.Scanner;
public class ScannerExample {
    public static void main(String[] args) {
        // 创建 Scanner 对象,从键盘接收数据
        Scanner sc = new Scanner(System.in);
        System.out.print("请输入一个字符串(不带空格): ");
        // 接收字符串
        String s1 = sc.next();
        System.out.println("s1=" + s1);
        System.out.print("请输入整数: ");
        // 接收整数
        int i = sc.nextInt();
        System.out.println("i=" + i);
        System.out.print("请输入浮点数: ");
        // 接收浮点数
```

```
        float f = sc.nextFloat();
        System.out.println("f=" + f);
        System.out.print("请输入一个字符串(带空格)：");
        // 接收字符串，默认情况下只能取出空格之前的数据
        String s2 = sc.next();
        System.out.println("s2=" + s2);
        // 设置读取的分隔符为回车
        sc.useDelimiter("\n");
        // 接收上次扫描剩下的空格之后的数据
        String s3 = sc.next();
        System.out.println("s3=" + s3);
        System.out.print("请输入一个字符串(带空格)：");
        String s4 = sc.next();
        System.out.println("s4=" + s4);
    }
}
```

程序运行结果如下：

请输入一个字符串(不带空格)：xsc
s1=xsc
请输入整数：34
i=34
请输入浮点数：5.6
f=5.6
请输入一个字符串(带空格)：csv bgn
s2=csv
s3= bgn

请输入一个字符串(带空格)：567 879
s4=567 879

通过运行结果可以看出，默认情况下，next()方法只扫描接收空格之前的内容，如果希望连空格一起接收，则可以使用useDelimiter()方法设置分隔符后再接收。

6.5 Math 类

Math 类包含常用的执行基本数学运算的方法，如初等指数、对数、平方根和三角函数等。Math 类提供的方法都是静态的，可以直接调用，无需实例化。Math 类常用的方法如表 6-7 所示。

表 6-7 Math 类常用的方法

方 法 名	功 能 描 述
abs(double a)	求绝对值
ceil(double a)	得到不小于某数的最小整数
floor(double a)	得到不大于某数的最大整数
round(double a)	同上，返回 int 型或者 long 型(上一个函数返回 double 型)
max(double a, double b)	求两数中最大
min(double a, double b)	求两数中最小
sin(double a)	求正弦
tan(double a)	求正切
cos(double a)	求余弦
sqrt(double a)	求平方根
pow(double a, double b)	第一个参数的第二个参数次幂的值
random()	返回在 0.0 和 1.0 之间的浮点数，大于等于 0.0，小于 1.0

Math 类除了提供大量的静态方法之外，还提供了两个静态常量：PI 和 E，分别表示 π 和 e 的值。

下述案例示例了 Math 类中常用方法的使用，代码如下：

【代码 6.9】 MathExample.java

```
package com;
public class MathExample {
    public static void main(String[] args) {
        /*---------下面是三角运算---------*/
        // 将弧度转换为角度
        System.out.println("Math.toDegrees(1.57)：" + Math.toDegrees(1.57));
        // 将角度转换为弧度
        System.out.println("Math.toRadians(90)：" + Math.toRadians(90));
        // 计算反余弦，返回的角度范围在 0.0 到 pi 之间
        System.out.println("Math.acos(1.2)：" + Math.acos(1.2));
        // 计算反正弦，返回的角度范围在 –pi/2 到 pi/2 之间
        System.out.println("Math.asin(0.8)：" + Math.asin(0.8));
        // 计算反正切，返回的角度范围在 –pi/2 到 pi/2 之间
        System.out.println("Math.atan(2.3)：" + Math.atan(2.3));
        // 计算三角余弦
        System.out.println("Math.cos(1.57)：" + Math.cos(1.57));
        // 计算值的双曲余弦
```

```java
System.out.println("Math.cosh(1.2)： " + Math.cosh(1.2));
// 计算正弦
System.out.println("Math.sin(1.57)： " + Math.sin(1.57));
// 计算双曲正弦
System.out.println("Math.sinh(1.2)： " + Math.sinh(1.2));
// 计算三角正切
System.out.println("Math.tan(0.8)： " + Math.tan(0.8));
// 计算双曲正切
System.out.println("Math.tanh(2.1)： " + Math.tanh(2.1));
/*---------下面是取整运算---------*/
// 取整，返回小于目标数的最大整数
System.out.println("Math.floor(-1.2)： " + Math.floor(-1.2));
// 取整，返回大于目标数的最小整数
System.out.println("Math.ceil(1.2)： " + Math.ceil(1.2));
// 四舍五入取整
System.out.println("Math.round(2.3)： " + Math.round(2.3));
/*---------下面是乘方、开方、指数运算---------*/
// 计算平方根
System.out.println("Math.sqrt(2.3)： " + Math.sqrt(2.3));
// 计算立方根
System.out.println("Math.cbrt(9)： " + Math.cbrt(9));
// 返回欧拉数 e 的 n 次幂
System.out.println("Math.exp(2)： " + Math.exp(2));
// 计算乘方
System.out.println("Math.pow(3, 2)： " + Math.pow(3, 2));
// 计算自然对数
System.out.println("Math.log(12)： " + Math.log(12));
// 计算底数为 10 的对数
System.out.println("Math.log10(9)： " + Math.log10(9));
// 返回参数与 1 之和的自然对数
System.out.println("Math.log1p(9)： " + Math.log1p(9));
// 计算绝对值
System.out.println("Math.abs(-4.5)： " + Math.abs(-4.5));
/*---------下面是大小相关的运算---------*/
// 找出最大值
System.out.println("Math.max(2.3 , 4.5)： " + Math.max(2.3, 4.5));
// 找出最小值
System.out.println("Math.min(1.2 , 3.4)： " + Math.min(1.2, 3.4));
```

第 6 章　Java 常用类

```
            // 返回一个伪随机数，该值大于等于 0.0 且小于 1.0
            System.out.println("Math.random()： " + Math.random());
        }
    }
```

程序运行结果如下：

Math.toDegrees(1.57)：89.95437383553926

Math.toRadians(90)：1.5707963267948966

Math.acos(1.2)：NaN

Math.asin(0.8)：0.9272952180016123

Math.atan(2.3)：1.1606689862534056

Math.cos(1.57)：7.963267107332633E-4

Math.cosh(1.2)：1.8106555673243747

Math.sin(1.57)：0.9999996829318346

Math.sinh(1.2)：1.5094613554121725

Math.tan(0.8)：1.0296385570503641

Math.tanh(2.1)：0.9704519366134539

Math.floor(-1.2)：-2.0

Math.ceil(1.2)：2.0

Math.round(2.3)：2

Math.sqrt(2.3)：1.51657508881031

Math.cbrt(9)：2.080083823051904

Math.exp(2)：7.38905609893065

Math.pow(3, 2)：9.0

Math.log(12)：2.4849066497880004

Math.log10(9)：0.9542425094393249

Math.log1p(9)：2.302585092994046

Math.abs(-4.5)：4.5

Math.max(2.3 , 4.5)：4.5

Math.min(1.2 , 3.4)：1.2

Math.random()：0.4635451159005677

6.6　Date 类与 Calendar 类

6.6.1　Date 类

Date 类用来表示日期和时间，该时间是一个长整型(long)，精确到毫秒。其常用的方法如表 6-8 所示。

表 6-8 Date 类的常用方法

方 法 名	功 能 描 述
Date()	默认构造方法，创建一个 Date 对象并以当前系统时间来初始化该对象
Date(long date)	构造方法，以指定的 long 值初始化一个 Date 对象，该 long 值是自 1970 年 1 月 1 日 00:00:00 GMT 时间以来的毫秒数
boolean after(Date when)	判断日期是否在指定日期之后，如果是则返回 ture，否则返回 false
boolean before(Date when)	判断日期是否在指定日期之前，如果是则返回 ture，否则返回 false
int compareTo(Date date)	与指定日期进行比较，如果相等则返回 0，如果在指定日期之前，则返回小于 0 的数；如果在指定日期之后，则返回大于 0 的数
String toString()	将日期转换成字符串，字符串格式是：dow mon dd hh:mm:ss zzz yyyy，其中 dow 是一周中的某一天(Sun, Mon, Tue, Wed, Thu, Fri, Sat)；mon 是月份；dd 是天；hh 是小时；mm 是分钟；ss 是秒；zzz 是时间标准的缩写，如 CST 等；yyyy 是年

下述案例示例了 Date 类中常用方法的使用，代码如下：

【代码 6.10】 DateExample.java

```
package com;
import java.util.Date;
public class DateExample {
    public static void main(String[] args) {
        // 以系统当前时间实例化一个 Date 对象
        Date dateNow = new Date();
        // 输出系统当前时间
        System.out.println("系统当前时间是：" + dateNow.toString());
        // 以指定值实例化一个 Date 对象
        Date dateOld = new Date(1000000000000L);
        // 输出 date1
        System.out.println("date1 是：" + dateOld.toString());
        // 两个日期进行比较，并输出
        System.out.println("after()是：" + dateNow.after(dateOld));
        System.out.println("before()是：" + dateNow.before(dateOld));
        System.out.println("compareTo()是：" + dateNow.compareTo(dateOld));
    }
}
```

上述代码中先使用 Date 类默认的、不带参数的构造方法创建一个 dateNow 对象，该对象封装系统当前时间，然后调用 toString()方法将日期转换为字符串并输出，再使用 Date 类带参数的构造方法创建一个 dateOld 对象，最后使用 after()、before()和 compareTo()这三个方法进行日期比较。程序运行结果如下：

系统当前时间是：Wed Jul 18 15:47:10 CST 2018

date1 是：Sun Sep 09 09:46:40 CST 2001

第6章 Java 常用类

after()是：true

before()是：false

compareTo()是：1

6.6.2 Calendar 类

Calendar 类是一个抽象类，在 java.util 包中。使用 Calendar 类的 static 方法 getInstance() 可以初始化一个日历对象。它为特定瞬间与一组 YEAR、MONTH、DAY_OF_MONTH、HOUR 等日历字段之间的转换和操作日历字段提供了一些方法。瞬间可用毫秒值来表示，它是距历元(即格林威治标准时间 1970 年 1 月 1 日的 00:00:00.000，格里高利历)的偏移量。Calendar 类常用方法如表 6-9 所示。

表 6-9 Calendar 类常用方法

方 法	功 能 描 述
static Calendar getInstance()	使用默认时区和语言环境获得一个日历
static Calendar getInstance(TimeZone zone)	使用指定时区和默认语言环境获得一个日历
static Calendar getInstance(TimeZone zone, Locale aLocale)	使用指定时区和语言环境获得一个日历
abstract void add(int field, int amount)	根据日历的规则，为给定的日历字段添加或减去指定的时间量
int compareTo(Calendar anotherCalendar)	比较两个 Calendar 对象表示的时间值(从历元至现在的毫秒偏移量)
setTimeZone(TimeZone value)	使用给定的时区值来设置时区
TimeZone getTimeZone()	获得时区
String toString()	返回此日历的字符串表示形式
boolean before(Object when)	判断此 Calendar 表示的时间是否在指定 Object 表示的时间之前，返回判断结果
boolean after(Object when)	判断此 Calendar 表示的时间是否在指定 Object 表示的时间之后，返回判断结果
final void set(int year, int month, int date)	设置日历字段 YEAR、MONTH 和 DAY_OF_MONTH 的值
final void set(int year, int month, int date, int hourOfDay, int minute)	设置日历字段 YEAR、MONTH、DAY_OF_MONTH、HOUR_OF_DAY 和 MINUTE 的值
final void set(int year, int month, int date, int hourOfDay, int minute, int second)	设置字段 YEAR、MONTH、DAY_OF_MONTH、HOUR、MINUTE 和 SECOND 的值
long getTimeInMillis()	返回此 Calendar 的时间值，以毫秒为单位
void setTimeInMillis(long millis)	用给定的 long 值设置此 Calendar 的当前时间值
int get(int field)	返回给定日历字段的值
final void setTime(Date date)	使用给定的 Date 设置此 Calendar 的时间
final Date getTime()	返回一个表示此 Calendar 的时间值(从历元至现在的毫秒偏移量)的 Date 对象

下述案例示例了 Calendar 类常用方法的使用，代码如下：

【代码 6.11】 CalendarExample.java

```java
package com;
import java.util.*;
public class CalendarExample {
    public static void main(String args[]) {
        Calendar calendar =  Calendar.getInstance();
        calendar.setTime(new Date());
        // 获取当前时间的具体值
        int year = calendar.get(Calendar.YEAR);
        int month = calendar.get(Calendar.MONTH) + 1;
        int day = calendar.get(Calendar.DAY_OF_MONTH);
        int hour = calendar.get(Calendar.HOUR_OF_DAY);
        int minute = calendar.get(Calendar.MINUTE);
        int second = calendar.get(Calendar.SECOND);
        System.out.print("现在的时间是：");
        System.out.print("" + year + "年" + month + "月" + day + "日");
        System.out.println( hour + "时" + minute + "分" + second + "秒");
        long time1 = calendar.getTimeInMillis();
        // 将日历翻到 2015 年 9 月 1 日
        int y = 2015, m = 9, d = 1;
        calendar.set(y, m - 1, d);
        long time2 = calendar.getTimeInMillis();
        // 计算相隔时间的天数
        long subDay = (time2 - time1) / (1000 * 60 * 60 * 24);
        System.out.println("" + new Date(time2));
        System.out.println("与" + new Date(time1));
        System.out.println("相隔" + subDay + "天");
    }
}
```

程序运行结果如下：

现在的时间是：2018 年 7 月 18 日 16 时 10 分 58 秒

Tue Sep 01 16:10:58 CST 2015

与 Wed Jul 18 16:10:58 CST 2018

相隔-1051 天

6.7 格式化处理

依赖 Locale 类，Java 提供了一系列的格式器(Formatter)来完成数字、货币、日期和消息的格式化。

6.7.1 数字格式化

在不同的国家，数字表示方式是不一样的，如在中国表示的"8,888.8"，而在德国却表示为"8.888,8"，因此，对数字表示将根据不同的 Locale 来格式化。

在 java.text 包中提供一个 NumberFormat 类，用于对数字、百分比进行格式化和对字符串对象进行解析。NumberFormat 类提供了大量的静态方法，用于获取使用指定 Locale 对象封装的 NumberFormat 实例。NumberFormat 类的常用方法如表 6-10 所示。

表 6-10 NumberFormat 类的常用方法

方 法	功 能 描 述
static NumberFormat getNumberInstance()	返回与当前系统信息相关的缺省的数字格式器对象
static NumberFormat getNumberInstance(Locale l)	返回指定 Locale 为 l 的数字格式器对象
static NumberFormat getPercentInstance()	返回与当前系统信息相关的缺省的百分比格式器对象
static NumberFormat getPercentInstance(Locale l)	返回指定 Locale 为 l 的百分比格式器对象
static NumberFormat getCurrencyInstance()	返回与当前系统信息相关的缺省的货币格式器对象
static NumberFormat getCurrencyInstance (Locale l)	返回指定 Locale 为 l 的货币格式器对象
String format(double number)	将数字 number 格式化为字符串返回
Number parse(String source)	将指定的字符串解析为 Number 对象

下述案例示例了如何使用 NumberFormat 实现数字格式化处理，代码如下：

【代码 6.12】 NumberFormatExample.java

```
package com;
import java.text.NumberFormat;
import java.util.Locale;
public class NumberFormatExample {
    public static void main(String[] args) {
        // 需要格式化的数据
        double value = 987654.321;
        // 设定三个 Locale
        Locale cnLocale = new Locale("zh", "CN");      // 中国，中文
        Locale usLocale = new Locale("en", "US");      // 美国，英文
        Locale deLocal3 = new Locale("de", "DE");      // 德国，德语
        NumberFormat dNf = NumberFormat.getNumberInstance();
        NumberFormat pNf = NumberFormat.getPercentInstance();
        // 得到三个 Locale 对应的 NumberFormat 对象
        NumberFormat cnNf = NumberFormat.getNumberInstance(cnLocale);
        NumberFormat usNf = NumberFormat.getNumberInstance(usLocale);
        NumberFormat deNf = NumberFormat.getNumberInstance(deLocal3);
        // 将上边的 double 数据格式化输出
```

```
            System.out.println("Default Percent Format:" + pNf.format(value));
            System.out.println("Default Number Format:" + dNf.format(value));
            System.out.println("China Number Format:" + cnNf.format(value));
            System.out.println("United Number Format:" + usNf.format(value));
            System.out.println("German Number Format:" + deNf.format(value));
            try {   System.out.println(dNf.parse("3.14").doubleValue());
                System.out.println(dNf.parse("3.14F").doubleValue());
                // 下述语句抛出异常
                System.out.println(dNf.parse("F3.14").doubleValue());
            } catch (Exception e) {
                System.out.println(e);
            }
        }
    }
```

程序运行结果如下：

```
Default Percent Format:98,765,432%
Default Number Format:987,654.321
China Number Format:987,654.321
United Number Format:987,654.321
German Number Format:987.654,321
3.14
3.14
java.text.ParseException: Unparseable number: "F3.14"
```

上述代码中，声明了中文、英文和德语三个 Locale 对象，并使用相应的 NumberFormat 对指定的数据格式化输出。另外，parse()方法的返回类型是 Number，如果给定的数字文本格式不正确，则该方法会抛出 ParseException 异常。

6.7.2 货币格式化

NumberFormat 除了能对数字、百分比格式化外，还可以对货币数据格式化。货币格式化通常是在钱数前面加上类似于"￥"、"＄"的货币符号，来区分货币类型。一般使用 NumberFormat 的静态方法 getCurrencyInstance()方法来获取格式器。

下面案例使用 NumberFormat 类来实现对货币格式化处理，代码如下：

【代码 6.13】 CurrencyFormatExample.java

```
        package com;
        import java.text.NumberFormat;
        import java.util.Locale;
        public class CurrencyFormatExample {
            public static void main(String[] args) {
                // 需要格式化的数据
```

```
        double value = 987654.321;
        // 设定 Locale
        Locale cnLocale = new Locale("zh", "CN");
        Locale usLocale = new Locale("en", "US");
        // 得到 Locale 对应的 NumberFormat 对象
        NumberFormat cnNf = NumberFormat.getCurrencyInstance(cnLocale);
        NumberFormat usNf = NumberFormat.getCurrencyInstance(usLocale);
        // 将上边的 double 数据格式化输出
        System.out.println("China Currency Format:" + cnNf.format(value));
        System.out.println("United Currency Format:" + usNf.format(value));
    }
}
```

程序运行结果如下：

China Currency Format:￥987,654.32

United Currency Format:$987,654.32

以货币格式输出数据时，会在数据前面添加相应的货币符号，并且在人民币和美元的表示中，都精确到了"分"，即小数点后只保留了两位，以确保数据有实际意义。

6.7.3 日期格式化

不同国家其日期格式也是不同的，例如，中文的日期格式为"xxxx 年 xx 月 xx 日"，而英文的日期格式是"yyyy-mm-dd"。因此，对日期和时间也需要根据不同的 Locale 来格式化。

Java 语言中，日期和时间的格式化是通过 DateFormat 类来完成的，该类的使用方式与 NumberFormat 类相似。DateFormat 类的常用方法如表 6-11 所示。

表 6-11 DateFormat 类的常用方法

方 法	功 能 描 述
static DateFormat getDateInstance()	返回缺省样式的日期格式器
static DateFormat getDateInstance(int style)	返回缺省指定样式的日期格式器
static DateFormat getDateInstance(int style, Locale aLocale)	返回缺省指定样式和 Locale 信息的日期格式器
static DateFormat getTimeInstance()	返回缺省样式的时间格式器
static DateFormat getTimeInstance(int style)	返回缺省指定样式的时间格式器
static DateFormat getTimeInstance(int style, Locale aLocale)	返回缺省指定样式和 Locale 信息的时间格式器
static DateFormat getDateTimeInstance()	返回缺省样式的日期时间格式器
static DateFormat getDateTimeInstance(int dateStyle, int timeStyle)	返回缺省指定样式的日期时间格式器
static DateFormat getDateTimeInstance(int dateStyle, int timeStyle, Locale aLocale)	返回缺省指定样式和 Locale 信息的日期时间格式器

其中，dateStyle 日期样式和 timeStyle 时间样式，这两个参数是 DateFormat 中定义好的静态常量，用于控制输出日期、时间的显示形式，常用的样式控制有：

(1) DateFormat.FULL：在 zh_CN 的 Locale 下，此格式的日期格式取值类似于"2018年7月20日星期五"，时间格式取值类似于"上午09时30分12秒 CST"。

(2) DateFormat.LONG：在 zh_CN 的 Locale 下，此格式的日期格式取值类似于"2018年7月20日"，时间格式取值类似于"上午09时30分12秒"。

(3) DateFormat.DEFAULT：在 zh_CN 的 Locale 下，此格式的日期格式取值类似于"2018-7-20"，时间格式取值类似于"9:30:12"。

(4) DateFormat.SHORT：在 zh_CN 的 Locale 下，此格式的日期格式取值类似于"18-7-20"，时间格式取值类似于"上午9:30"。

下述案例使用了 DateFormat 类实现日期时间格式化处理，代码如下：

【代码6.14】 DateFormatExample.java

```java
package com;
import java.text.DateFormat;
import java.util.Date;
import java.util.Locale;
public class DateFormatExample {
    public static void print(Date date, Locale locale) {
        // 得到对应 Locale 对象的日期格式化对象
        DateFormat df1 = DateFormat.getDateTimeInstance(DateFormat.FULL,
                DateFormat.FULL, locale);
        DateFormat df2 = DateFormat.getDateTimeInstance(DateFormat.LONG,
                DateFormat.LONG, locale);
        DateFormat df3 = DateFormat.getDateTimeInstance(DateFormat.DEFAULT,
                DateFormat.DEFAULT, locale);
        DateFormat df4 = DateFormat.getDateTimeInstance(DateFormat.SHORT,
                DateFormat.SHORT, locale);
        // 格式化日期输出
        System.out.println(df1.format(date));
        System.out.println(df2.format(date));
        System.out.println(df3.format(date));
        System.out.println(df4.format(date));
    }
    public static void main(String[] args) {
        Date now = new Date();
        Locale cnLocale = new Locale("zh", "CN");
        Locale usLocale = new Locale("en", "US");
        System.out.println("中文格式：");
```

```
            print(now, cnLocale);
            System.out.println("英文格式：");
            print(now, usLocale);
        }
    }
```
程序运行结果如下：

中文格式：
2018 年 7 月 20 日 星期五 上午 07 时 29 分 05 秒 CST
2018 年 7 月 20 日 上午 07 时 29 分 05 秒
2018-7-20 7:29:05
18-7-20 上午 7:29
英文格式：
Friday, July 20, 2018 7:29:05 AM CST
July 20, 2018 7:29:05 AM CST
Jul 20, 2018 7:29:05 AM
7/20/18 7:29 AM

除了 DateFormat 类，Java 还提供了更加简便的日期格式器 SimpleDateFormat 类，该类是 DateFormat 的子类，可以更加灵活地对日期和时间进行格式化。

SimpleDateFormat 类的使用非常简单，通过预定义的模式字符构造特定的模式串，然后根据模式串来创建 SimpleDateFormat 格式器对象，从而通过此格式器完成指定日期时间的格式化。例如：'D' 表示一年中的第几天，'d' 表示一月中的第几天，'E' 代表星期中的第几天等，其他可以使用的模式字符串可参看 Java 提供的 API 帮助文档，表 6-12 列举了一部分日期模式字符。

表 6-12 部分日期模式字符

模 式 字 符	功 能 描 述
D	一年中的第几天
d	一月中的第几天
E	星期中的第几天
y	年
H	小时(0～23)
h	小时(0～11)，使用 AM/PM 区分上下午
M	月份
m	分钟
S	毫秒
s	秒

通过模式字符可以构建控制日期、时间格式的模式串，在 zh_CN 的 Locale 下，自定义

模式串及其对应的日期、时间格式，示例如表 6-13 所示。

表 6-13 日期模式串示例

格 式 串	输 出 示 例
yyyy.MM.dd G 'at' HH:mm:ss	2018.07.20 公元 at 10:07:47
h:mm a	1:58 下午
yyyy 年 MM 月 dd 日 HH 时 mm 分 ss 秒	2018 年 07 月 20 日 13 时 50 分 02 秒
EEE, d MMM yyyy HH:mm:ss	星期五, 20 七月 2018 13:58:52
yyyy-MM-dd HH:mm:ss	2018-07-20 13:50:02

如果需要在模式串中使用的字符(字符串)不被 SimpleDateFormat 解释，则可以在模式串中将其用单引号括起来；SimpleDateFormat 一般不用于国际化处理，而是为了以特定模式输出日期和时间，以便本地化的使用。

下述案例示例了如何使用 SimpleDateFormat 类实现日期时间格式化处理，代码如下：

【代码 6.15】 SimpleDateFormatExample.java

```java
package com;
import java.text.SimpleDateFormat;
import java.util.Date;
public class SimpleDateFormatExample {
    public static void main(String[] args) {
        Date now = new Date();
        SimpleDateFormat sdf1 = new SimpleDateFormat("yyyy-MM-dd HH:mm:ss");
        System.out.println(sdf1.format(now));
        SimpleDateFormat sdf2 =
        new SimpleDateFormat("yyyy 年 MM 月 dd 日 HH 时 mm 分 ss 秒");
        System.out.println(sdf2.format(now));
        SimpleDateFormat sdf3 =
        new SimpleDateFormat("现在是 yyyy 年 MM 月 dd 日，是今年的第 D 天");
        System.out.println(sdf3.format(now));
    }
}
```

程序运行结果如下：

2018-07-20 07:56:59

2018 年 07 月 20 日 07 时 56 分 59 秒

现在是 2018 年 07 月 20 日，是今年的第 201 天

6.7.4 消息格式化

国际化软件需要根据用户的本地化消息输出不同的格式，即动态实现消息的格式化。

java.text.MessageFormat 类可以实现消息的动态处理，常用的方法如表 6-14 所示。

表 6-14 MessageFormat 类的常用方法

方　法	功　能　描　述
public MessageFormat(String pattern)	根据指定的模式字符串，构造默认语言环境下的 MessageFormat 对象
public MessageFormat(String pattern，Locale locale)	根据指定模式字符串和语言环境，构造 MessageFormat 对象
public void applyPattern(String pattern)	设置模式字符串
public String toPattern()	返回消息格式当前状态的模式字符串
public setLocale(Locale locale)	用于设置创建或比较子格式时所使用的语言环境
public final String format(Object obj)	格式化一个对象以生成一个字符串，该方法是其父类 Format 提供的方法

MessageFormat 类的构造方法中有一个 pattern 参数，该参数是一个带占位符的模式字符串，可以根据实际情况使用实际的值替换字符串中的占位符。在模式字符串中，占位符使用{}括起来，其语法格式如下：

{ n [,formatType] [,formatStyle] }

其中：

n 代表占位符的索引，取值是从 0 开始；formatType 代表格式类型，用于标识数字、日期和时间；formatStyle 代表格式样式，用于表示具体的样式，如货币、完整日期等。

常用格式类型和格式样式如表 6-15 所示。

表 6-15 占位符格式类型和格式样式

分　类	格式类型	格式样式	功能描述
数字	number	integer	整数类型
		currency	货币类型
		percent	百分比类型
		#.##	小数类型
日期	date	full	完整格式日期
		long	长格式日期
		medium	中等格式日期
		short	短格式日期
时间	time	full	完整格式时间
		long	长格式时间
		medium	中等格式时间
		short	短格式时间

通常使用 MessageFormat 进行消息格式化的步骤如下：

(1) 创建模式字符串，其动态变化的部分使用占位符代替，每个占位符可以重复出现多次；

(2) 根据模式字符串构造 MessageFormat 对象；
(3) 创建 Locale 对象，并调用 setLocale()方法设置 MessageFormat 对象的语言环境；
(4) 创建一个对象数组，并按照占位符的索引来组织数据；
(5) 调用 format()方法实现消息格式化，并将对象数组作为该方法的参数。

下述案例示例如何使用 MessageFormat 类实现消息格式化处理，代码如下：

【代码 6.16】 MessageFormatExample.java

```java
package com;
import java.text.MessageFormat;
import java.util.Date;
import java.util.Locale;
public class MessageFormatExample {
    /**
     * 定义消息格式化方法 msgFormat()
     * @param pattern      模式字符串
     * @param locale       语言环境
     * @param msgParams    占位符参数
     */
    public static void msgFormat(String pattern, Locale locale,
            Object[] msgParams) {
        // 根据指定的 pattern 模式字符串构造 MessageFormat 对象
        MessageFormat formatter = new MessageFormat(pattern);
        // formatter.applyPattern(pattern);
        // 设置语言环境
        formatter.setLocale(locale);
        // 根据传递的参数，对应替换模式串中的占位符
        System.out.println(formatter.format(msgParams));
    }
    public static void main(String[] args) {
        // 定义一个带占位符的模式字符串
        String pattern1 = "{0}，您好！欢迎您在{1}访问本系统！ ";
        // 获取默认语言环境
        Locale locale1 = Locale.getDefault();
        // 输出国家
        System.out.println(locale1.getCountry());
        // 构造模式串所需的对象数组
        Object[] msgParams1 = { "向守超", new Date() };
        // 调用 msgFormat()实现消息格式化输出
        msgFormat(pattern1, locale1, msgParams1);
```

```
        // 定义一个带占位符的模式字符串，对占位符进行不同的格式化
        String pattern2 = "{0}，你好!欢迎您在{1, date, long}访问本系统,"
                + "现在是{1, time, hh:mm:ss}";
        // 调用 msgFormat()实现消息格式化输出
        msgFormat(pattern2, locale1, msgParams1);
        System.out.println("------------------------");
        // 创建一个语言环境
        Locale locale2 = new Locale("en", "US");
        // 输出国家
        System.out.println(locale2.getCountry());
        // 构造模式串所需的对象数组
        Object[] msgParams2 = { "向守超", new Date() };
        // 调用 msgFormat()实现消息格式化输出
        msgFormat(pattern1, locale2, msgParams2);
        msgFormat(pattern2, locale2, msgParams2);
    }
}
```

上述代码中，定义了一个消息格式化方法 msgFormat()，该方法带三个参数，分别用于设置模式字符串、语言环境和占位符参数。在 main()方法中分别定义不同的模式字符串、Locale 对象以及对象数组，然后调用 msgFormat()方法实现消息格式化输出。程序运行结果如下：

CN
向守超,您好!欢迎您在 18-7-20 上午 8:42 访问本系统!
向守超 ,你好!欢迎您在 2018 年 7 月 20 日访问本系统,现在是 08:42:00

US
向守超,您好!欢迎您在 7/20/18 8:42 AM 访问本系统!
向守超，你好!欢迎您在 2018 年 7 月 20 日访问本系统,现在是 08:42:00

练 习 题

1. int 基本数据类型对应的封装类是_____。
   A. Int   B. Short   C. Integer   D. Long
2. System.out.println("abc"+1+2)输出的结果是_____。
   A. abc12   B. abc3   C. "abc"+1+2   D. 3abc
3. 下述代码的输出结果是_____。
   String str="abcdef";
   System.out.println(str.substring(2,4));

A. abcdef B. bcd C. cd D. cde

4. 下列关于装箱和拆箱说法中，错误的是_____。
   A. 装箱是指将基本类型数据值转换成对应的封装类对象
   B. 装箱是指将栈中的数据封装成对象存放在堆中的过程
   C. 拆箱是指将封装的对象转换成基本类型数据值
   D. 拆箱是指将基本类型数据值转换成对应的封装类对象

5. 下列不是 String 类的方法的是_____。
   A. charAt(int index)   B. indexOf(String s)
   C. beginWith(String s)   D. endsWith(String s)

6. 下列关于 Object 类说法中，不正确的是_____。
   A. Object 类是所有类的顶级父类
   B. Object 对象类定义在 java.util 包中
   C. 在 Java 体系中，所有类都直接或间接地继承了 Object 类
   D. 任何类型的对象都可以赋值给 Object 类型的变量

7. 下列关于 String、StringBuffer 和 StringBuilder 说法中，错误的是_____。
   A. String 创建的字符串是不可变的
   B. StringBuffer 创建的字符串是可变的，而所引用的地址一直不变
   C. StringBuffer 是线程安全的，因此性能比 StringBuilder 好
   D. StringBuilder 没有实现线程安全，因此性能比 StringBuffer 好

8. 阅读下面的程序，运行结果是_____。
```
public class ConcatTest{
    public static void main(String args[]){
        String str1="abc";
        String str2="ABC";
        String str3=str1.concat(str2);
        System.out.println(str3);
    }
}
```
   A. abc   B. ABC   C. abcABC   D. ABCabc

9. 阅读下面的程序，在 "length=" 后输出的值是_____。
```
public class Example{
    public static void main(String args[]){
        StringBuffer sb=new StringBuffer("test");
        System.out.println("buffer="+sb);
        System.out.println("length="+sb.length());
    }
}
```
   A. 10   B. 4   C. 20   D. 30

10. 阅读下面的程序，屏幕上显示的应是_____。

```
char chars1[]={'t','e','s','t'};
char chars2[]={'t','e','s','t','l'};
String s1=new String(chars1);
String s2=new String(chars2,0,4);
System.out.println(s1.equals(s2));
```
  A. true   B false   C. test   D. 编译错误

11. 阅读下面的程序，正确的输出结果是_____。
```
public class Example {
    public static void main(String args[]) {
        StringBuffer a = new StringBuffer("A");
        StringBuffer b = new StringBuffer("B");
        method(a, b);
        System.out.println(a + "," + b);
    }
    static void method(StringBuffer x, StringBuffer y) {
        x.append(y);
        y = x;
    }
}
```
  A. A,B   B. A,A   C. B,B   D. AB,B

12. 如何将字符串转换为数值_____。
  A. 利用字符串对象的 toString 方法将字符串转换为数值
  B. 利用数值类的 parseInt，parseDouble 等方法将字符串直接转换为数值
  C. 利用数值类的静态方法 valueOf 将字符串转换为数值
  D. 利用数值类的静态方法 intValue 将字符串转换为数值

参考答案：
1. C   2. A   3. C   4. D   5. C   6. B   7. C   8. C   9. B   10. A   11. D   12. B

第7章 继承与多态

本章学习目标：

- 了解类与类之间的关系
- 掌握继承的概念和特点
- 掌握方法的重写和应用
- 掌握 super 关键字和 final 关键字的应用
- 掌握多态向上转型的应用
- 了解引用变量的强制类型转换
- 了解内部类的概念、分类和基本应用

7.1 类之间关系概述

在面向对象的程序设计中，通常不会存在一个孤立的类，类和类之间总是存在一定的关系，通过这些关系，才能实现软件的既定功能。掌握类与类之间的关系对于深入理解面向对象概念具有非常重要的作用，也有利于程序员从专业的、合理的角度使用面向对象分析问题和解决问题。

根据统一建模语言(Unified Modeling Language，UML)规范，类与类之间存在以下 6 种关系。

(1) 继承：一个类可以继承另外一个类，并在此基础上添加自己的特有功能。继承也称为泛化，表现的是一种共性与特性的关系。

(2) 实现：一个类实现接口中声明的方法，其中接口对方法进行声明，而类完成方法的定义，即实现具体功能。实现是类与接口之间常用的关系，一个类可以实现一个或多个接口中的方法。

(3) 依赖：在一个类的方法中操作另外一个类的对象，这种情况称为第一个类依赖于第二个类。

(4) 关联：在一个类中使用另外一个类的对象作为该类的成员变量，这种关系称为关联关系。关联关系体现的是两个类之间语义级别的一种强依赖关系。

(5) 聚合：聚合关系是关联关系的一种特例，体现的是整体与部分的关系，即 has-a 的关系。通常表现为一个类(整体)由多个其他类的对象(部分)作为该类的成员变量，此时整体与部分之间是可以分离的，整体和部分都可以具有各自的生命周期，部分可以属于多个整体对象，可以为多个整体对象共享。

(6) 组成：组成关系也是关联关系的一种特例，与聚合关系一样也是体系整体与部分的关系，但组成关系中的整体与部分是不可分离的，即 contains-a 的关系，这种关系比聚合更强，也称为强聚合。当整体的生命周期结束后，部分的生命周期也随之结束。

类与类之间的这六种关系中，继承和实现体现了类与类之间的一种纵向关系，而其余四种则体现了类与类之间的横向关系。其中，关联、聚合和组成这三种关系更多体现的是一种语义上的区别，而在代码上则是无法区分的。

7.2 继　　承

继承是面向对象的三大特征之一，也是实现程序重复利用的重要手段。Java 继承具有单继承的特点，也就是每个子类只有一个直接父类。

类的继承性类似与自然界中的继承特性。例如，人类特征的遗传，子女或多或少地体现了父母的特征。不过类的继承子类除了具有父类原有的特性和功能之外，还可以增加一些新的特性和功能。例如，人类按照工作性质大致可以分为工、农、兵、学、商等，但学生又可以根据学龄分为大、中、小学生，大学生又可以根据学校不同继续细分，如图 7.1 所示。

图 7.1　人类继承关系

从图 7.1 可以看出，子类对象是一种特殊的父类对象，对对象(实例)进行归类时，由于类型之间具有类似的特征，因此描述"某种东西是(或像)另外一种东西"这种关系时，使用继承性。

7.2.1 继承的特点

Java 的继承通过 extends 关键字来实现，实现继承的类被称为子类，有的也称其为派生类；被继承的类被称为父类，有的也称其为基类或超类。父类和子类的关系，是一种一般和特殊的关系。例如水果和苹果的关系，苹果继承了水果，苹果是水果的子类，则苹果是一种特殊的水果。

Java 里子类继承父类的声明格式如下：

[访问符][修饰符] class 子类名　extends　父类名{
　　[属性]
　　[方法]
}

其中，访问符、修饰符、class、子类名、大括号、属性和方法与第 6 章类的定义完全相同，这里就不再赘述。Java 使用 extends 作为继承的关键字，extends 关键字在英文中是扩展，而不是继承。这个关键字很好地体现了子类和父类的关系：子类是对父类的扩展，子类是一种特殊的父类。

下述代码示例了子类继承父类的基本格式，代码如下：

```
public class SubClass extends SuperClass{
    ......
}
```

上述代码通过使用 extends 关键字使子类 SubClass 继承了父类 SuperClass。如果定义一个类没有使用 extends 关键字继承任何父类，则自动继承 java.lang.Object 类。Object 类是所有类的顶级父类，在 Java 中，所有类都是直接或间接地继承了 Object 类。

代码 7.1 示例了继承的创建与继承相应的特点，代码如下：

【代码 7.1】 Student.java

```java
package com;
// 创建父类
class Person {
    private int age;      // 私有成员变量 年龄
    String name;          // 默认成员变量 姓名
    static String id;     // 静态变量 id 编号

    // 声明一个私有成员方法
    private void showAge() {
        System.out.println("年龄为：" + age);
    }

    void showName() {
        System.out.println("姓名为：" + name);
    }

    // 声明一个静态成员方法
    public static void showId() {
        System.out.println("id 编号为：" + id);
    }
}
// 创建子类
public class Student extends Person {
    String stuid;         // 学生证号

    void display() {
        System.out.println("姓名为：" + name + ", id 编号为："
```

```
            + id + ", 学生证号为: " + stuid);
    }

    public static void main(String[] args) {
        Student stu = new Student();
        // 为属性赋值
        stu.age=20;              // 错误，不能继承父类私有成员变量
        stu.name="张三";          // 为姓名赋值
        Student.id = "001";       // 为静态成员变量 id 编号赋值
        stu.stuid="2018001";      // 为学生证号赋值
        // 调用方法
        stu.showAge();           // 错误，不能继承父类私有成员方法
        Student.showId();
        stu.showName();
        stu.display();
    }
}
```

程序运行结果如下：

　　id 编号为：001

　　姓名为：张三

　　姓名为：张三, id 编号为：001, 学生证号为：2018001

通过程序运行结果可以发现，Student 类继承了 Person 类，所以它具有 Person 类非私有的成员变量和方法，调用 Person 类的属性和方法就像调用自己的属性和方法一样。

类的继承性具有如下特点：

(1) Java 类继承只支持单继承。

(2) 子类能够继承父类的非私有成员变量和成员方法，包括类成员变量和类成员方法。

(3) 子类不能继承父类的构造方法。因为父类构造方法创建的是父类对象，子类必须声明自己的构造方法，创建子类自己的对象。

(4) 创建子类对象时，首先要默认执行父类不带参数的构造方法进行初始化。

(5) 子类不能删除从父类继承过来的成员。

(6) 子类可以增加自己的成员变量和成员方法。

(7) 子类可以重写继承自父类的成员变量和成员方法。

(8) 继承具有传递性。

在继承过程中，子类拥有父类所定义的所有属性和方法，但父类可以通过"封装"思想隐藏某些数据，只对子类提供可访问的属性和方法。实例化一个子类对象时，会先调用父类构造方法进行初始化，再调用子类自身的构造方法进行初始化，即构造方法的执行次序是父类→子类。

代码 7.2 示例了在继承关系中父类和子类构造方法的调用次序，代码如下：

【代码 7.2】 SubClass.java

```java
package com;
class SuperClass{
    int number;        // 声明一个属性
    public SuperClass(){
        this.number=1;
        System.out.println("调用父类不带参数的构造方法...number="+this.number);
    }
    public SuperClass(int number){
        this.number= number;
        System.out.println("调用父类带参数的构造方法...number="+this.number);
    }
}
public class SubClass extends SuperClass{
    public SubClass(){
        this.number=20;
        System.out.println("调用子类不带参数的构造方法...number="+this.number);
    }
    public SubClass(int number){
        this.number= number;
        System.out.println("调用子类带参数的构造方法...number="+this.number);
    }
    public static void main(String[] args) {
        SubClass s1=new SubClass();
        System.out.println("s1.number="+s1.number);
        SubClass s2=new SubClass(15);
        System.out.println("s2.number="+s2.number);
    }
}
```

程序运行结果如下：

调用父类不带参数的构造方法...number=1
调用子类不带参数的构造方法...number=20
s1.number=20
调用父类不带参数的构造方法...number=1
调用子类带参数的构造方法...number=15
s2.number=15

通过运行结果可以发现，在构造一个子类对象时，会首先调用父类不带参数的构造方法进行初始化，而后再调用子类的构造方法进行初始化。在代码 7.2 中，如果注销父类不带参数的构造方法，则会发现子类的两个构造方法都报错；如果注销父类带参数的构造方法，则运行结果完全一样。

7.2.2 方法的重写

子类继承了父类，子类也是一个特殊的父类。大部分时候，子类总是以父类为基础，额外增加新的属性和方法。但有一种情况例外，就是子类需要重写父类的方法。方法的重写也是多态的一种。例如，鸟类都包含了飞翔方法，其中有一种特殊的鸟不会飞翔，那就是鸵鸟，因此它也将从鸟类继承飞翔方法，但这个方法明显不适合鸵鸟，为此，鸵鸟需要重写鸟类的飞翔方法。

这种子类包含与父类同名方法的现象被称为方法重写，也被称为方法覆盖(Override)。可以说子类重写了父类的方法，也可以说子类覆盖了父类的方法。代码 7.3 演示了鸵鸟对鸟类飞翔方法的重写。

【代码 7.3】 OverrideExample.java

```java
package com;
class Bird {
    // 定义 Bird 类的 fly()方法
    public void fly() {
        System.out.println("我是鸟类，我能在天空自由自在地飞翔...");
    }
}

class Ostrich extends Bird {
    // 重写 Bird 类的 fly()方法
    public void fly() {
        System.out.println("我虽然是鸟类，我却不能在天空飞翔，我只可以在陆地上奔跑...");
    }
}

public class OverrideExample {
    public static void main(String[] args) {
        Ostrich os = new Ostrich();    // 创建 Ostrich 的对象
        os.fly();                      // 执行 Ostrich 对象的 fly()方法
    }
}
```

程序运行结果如下：

我虽然是鸟类，我却不能在天空飞翔，我只可以在陆地上奔跑...

执行上面的程序可以看出，执行 os.fly()时，执行的不再是 Bird 类的 fly()方法，而是执行 Ostrich 类的 fly()方法。

方法的重写要遵循以下几点原则：

(1) 方法名、返回值类型、参数列表必须完全相同。

(2) 子类方法声明抛出的异常类应该比父类方法声明抛出的异常类更小或相等。
(3) 子类方法的访问权限应比父类方法的访问权限更大或相等。
(4) 覆盖方法和被覆盖方法抑或都是类方法，或都是实例方法，不能一个是类方法，一个是实例方法。例如，下述代码将会引发编译错误。

```
class Father{
    public static double add(int a,int b){
        return a+b;
    }
}
class Son extends Father{
    public double add(int a,int b){
        return a+b;
    }
}
```

当子类覆盖了父类方法后，子类的对象将无法访问父类中被覆盖的方法，但可以在子类方法中调用父类中被覆盖的方法。如果需要在子类方法中调用父类中被覆盖的方法，则可以使用 super(被覆盖的是实例方法)关键字或者父类类名(被覆盖的是类方法)作为调用者来调用父类中被覆盖的方法。

如果父类方法具有 private 访问权限，则该方法对其子类是隐藏的，因此子类无法重写该方法。如果子类中定义了一个与父类 private 方法完全相同的方法，依然不是重写，那么只是相当于在子类中重新定义了一个新方法，代码如下：

```
class Father{
    private    double add(int a,int b){
        return a+b;
    }
}
class Son extends Father{
    // 此处不是方法重写，而是增加了一个新方法
    private    double add(int a,int b){
        return a+b;
    }
}
```

另外，父类方法和子类方法之间也可以发生方法重载现象，因为子类会获得父类方法，如果子类定义了一个与父类方法名相同而参数列表不同的方法，那么就形成了父类方法和子类方法的重载。

7.2.3 super 关键字

super 是 Java 提供的一个关键字，super 用于限定该对象调用从父类继承得到的属性和方法。正如 this 一样，super 也不能出现在 static 修饰的方法中。

super 关键字代表父类对象,其主要用途有两种。一种是在子类的构造方法中调用父类的构造方法;另一种是在子类的构造方法中调用父类的属性和方法。

1. 调用父类构造方法

在 Java 中,子类不能继承父类的构造方法,但子类构造方法里可以通过 super 调用父类构造方法,执行父类构造方法里的初始化代码,类似于我们前面学习的 this 调用同类重载的构造方法一样。在一个构造方法中调用另一个重载的构造方法可使用 this 调用来完成,在子类构造器中调用父类构造方法则用 super 调用来完成。super 关键字调用父类构造方法的基本语法如下:

  super(参数列表);

其中,使用 super 调用父类构造方法必须放在子类构造方法方法体的第一行,所以 this 调用和 super 调用不会同时出现。参数列表里面参数初始化的属性,必须是从父类继承得到的属性,而不是该类自己定义的属性。代码 7.4 示例了 super 调用父类构造方法的应用,代码如下:

【代码 7.4】 StudentTwo.java

```java
package com;
class Person {
    int age;            // 年龄
    String name;        // 姓名
    public Person(int age,String name){
        this.age=age;
        this.name=name;
    }
}

public class StudentTwo extends Person {
    String stuid;       // 学生证号
    public StudentTwo (int age,String name,String stuid){
        super(age, name);
        this.stuid=stuid;
    }

    void display() {
        System.out.println("姓名为:" + name + ",年龄为:"
            + age + ",学生证号为:" + stuid);
    }

    public static void main(String[] args) {
        StudentTwo stu = new StudentTwo (20, "张三", "001");
```

```
            stu.display();
        }
}
```
程序运行结果如下：

  姓名为：张三，年龄为：20，学生证号为：001

从上面程序中可以看出，使用 super 调用和使用 this 调用很相似，区别只是在于 super 调用的是其父类的构造方法，this 调用的是同一个类中重载的构造方法。

不管我们是否使用 super 调用父类构造方法，子类构造方法总会调用父类构造方法一次。子类调用父类构造方法分如下几种情况。

(1) 子类构造方法方法体第一行使用 super 显示调用父类构造方法，系统将根据 super 调用里传入的实参列表调用父类对应的构造方法。

(2) 子类构造方法方法体的第一行代码使用 this 显示调用本类中重载的构造方法，系统将根据 this 调用里传入的实参列表调用本类中的另一个构造方法。执行本类中另一个构造方法时即会调用父类构造方法。

(3) 子类构造方法中既没有 super 调用，也没有 this 调用，系统将会在执行子类构造方法之前，隐式调用父类无参数的构造方法。

不管上面哪种情况，当调用子类构造方法来初始化子类对象时，父类构造方法总会在子类构造方法之前执行。根据继承的传递性可以推出，创建任何 Java 对象时，最先执行的总是 java.lang.Object 类的构造方法。

2．调用父类的属性和方法

当子类定义的属性与父类的属性同名时，子类从父类继承的这个属性将被隐藏。如果需要使用父类被隐藏的属性，则可以使用"super．属性名"格式来引用父类的属性。当子类重写了父类的方法时，则可以使用"super．方法名( )"格式来调用父类的方法。

代码 7.5 示例了 super 关键字调用父类隐藏的属性和重写的方法，代码如下：

【代码 7.5】 SuperExample.java

```
    package com;
    class Person {
        int age = 30;                    // 年龄
        static String name = "张三";      // 姓名
        String id = "001";               // 证件号码

        void display() {
            System.out.println("调用父类中的display()方法。姓名为："+
                name + ", 年龄为："+ age +", 证件号码为："+ id);
        }
    }

    class Student extends Person {
```

```java
        int age = 18;
        static String name = "李四";    // 姓名

        void display() {
            System.out.println("调用子类中的 display()方法。姓名为：" +
                name + "，年龄为：" + age+ "，证件号码为：" + id);
        }

        void print() {
            System.out.println("父类中的年龄属性为：" + super.age);
            System.out.println("父类中的姓名属性为：" + Person.name);
            System.out.println("子类中的年龄属性为：" + age);
            System.out.println("子类中的姓名属性为：" + name);
            super.display();    // 调用父类中的 display()方法
            display();          // 调用子类中的 display()方法
        }
    }

    public class SuperExample {
        public static void main(String[] args) {
            Student stu = new Student();
            stu.print();
        }
    }
```

程序运行结果如下：

父类中的年龄属性为：30
父类中的姓名属性为：张三
子类中的年龄属性为：18
子类中的姓名属性为：李四
调用父类中的 display()方法。姓名为：张三，年龄为：30，证件号码为：001
调用子类中的 display()方法。姓名为：李四，年龄为：18，证件号码为：001

　　从上面的程序可以看出，如果子类重写了父类的方法和隐藏了父类定义的属性，那么当需要调用父类被重写的方法和被隐藏的属性时，我们可以通过 super 关键字来实现。如果子类没有隐藏父类的属性，那么在子类实例中访问该属性时，则不须使用 super 关键字。如果在某个方法中访问名为 a 的属性，则系统查找 a 的顺序为：

　　(1) 查找该方法中是否有名为 a 的局部变量。
　　(2) 查找当前类中是否包含有名为 a 的属性。
　　(3) 查找该类的直接父类中是否包含有名为 a 的属性，依次上溯到所有父类，直到 java.lang.Object 类。如果最终没有找到该属性，则系统出现编译错误。

当程序创建一个子类对象时，系统不仅会为该类中定义的实例变量分配内存，也会为它从父类继承得到的所有实例变量分配内存，即使子类定义与父类中同名的实例变量，都同样分配内存。例如，A 类定义了 2 个属性，B 类定义了 3 个属性，C 类定义了 2 个属性，并且 A 类继承了 B 类，B 类继承了 C 类，那么创建 A 类对象时，系统将会分配 2+3+2 个内存空间给实例变量。

7.2.4 final 关键字

final 关键字表示"不可改变的，最终的"的意思，可用于修饰类、变量和方法。当 final 关键字修饰变量时，表示该变量一旦被初始化，就不可被改变，即常量；当 final 关键字修饰方法时，表示该方法不可被子类重写，即最终方法；当 final 关键字修饰类时，表示该类不可被子类继承，即最终类。

1. final 成员变量

在 Java 语法中规定，final 修饰的成员变量必须由程序员指定初始值。final 修饰的类成员变量和实例成员变量能指定初始值的地方如下：

(1) 类成员变量必须在静态初始化块中或声明该变量时指定初始值。

(2) 实例成员变量必须在非静态初始化块中、构造方法中或声明该变量时指定初始值。

代码 7.6 示例了 final 修饰的成员变量的各种具体情况，代码如下：

【代码 7.6】 FinalVariableExample.java

```
package com;
public class FinalVariableExample {
    final int a = 10;              // 定义 final 成员变量时初始化值
    final static double b=9.8;     // 定义 final 类成员变量时初始化值
    final String str;
    final char c;
    final static byte d;
    // 在非静态块中为 final 成员变量赋初始值
    {
        c = 'a';
    }
    // 在静态块中为 final 成员变量赋初始值
    static{
        d='r';
    }
    // 在构造方法中为 final 成员变量赋初始值
    public FinalVariableExample() {
        str = "String";
    }
```

```java
        public static void main(String[] args) {
            FinalVariableExample fve=new FinalVariableExample();
            System.out.println("a 的值为： "+fve.a);
            System.out.println("b 的值为："+FinalVariableExample.b);
            System.out.println("c 的值为： "+fve.c);
            System.out.println("d 的值为："+FinalVariableExample.d);
            System.out.println("str 的值为： "+fve.str);
        }
    }
```

程序运行结果如下：

  a 的值为：10
  b 的值为：9.8
  c 的值为：a
  d 的值为：114
  str 的值为：String

与普通成员变量不同的是，final 成员变量必须由程序员显示初始化，系统不会对 final 成员变量进行隐式初始化。

2. final 方法

使用 final 修饰的方法不能被子类重写。如果某些方法完成了关键性的、基础性的功能，不需要或不允许被子类改变，则可以将这些方法声明为 final 的。代码 7.7 示例了 final 修饰的方法不能被重写，代码如下：

【代码 7.7】 FinalMethodExample.java

```java
    package com;
    class FinalMethod {
        public final void method() {
            System.out.println("final 修饰的方法不能被重写，可以被继承");
        }


    }

    class FinalMethodExample extends FinalMethod {
        public final void method(){}          // 错误，final 方法不能被重写
        public static void main(String[] args) {
            FinalMethodExample fme = new FinalMethodExample();
            fme.method();
        }
    }
```

注销报错代码，程序运行结果如下：

final 修饰的方法不能被重写，可以被继承

3. final 类

使用 final 修饰的类不能被继承，代码如下：
```
final class Father {
}
class Son extends Father {        // 错误，final 类不能被继承
}
```
一个 final 类中的所有方法都被默认为 final 的，因此 final 类中的方法不必显示声明为 final。其实，Java 基础类库中的类都是 final 类，如 String、Integer 等，都无法被子类继承。

7.3 多 态

多态性一般发生在子类和父类之间，就是同一种事物，由于条件不同，产生了不同的结果。多态性分为静态性多态和动态性多态。前面接触到的方法的重载和重写就是静态性多态。本节主要介绍的是动态性多态。Java 引用变量有两个类型：一个是编译时类型，一个是运行时类型。编译时类型由声明变量时使用的类型决定，运行时类型由实际赋给该变量的对象决定。如果编译时类型和运行时类型不一致，则称为动态性多态。

7.3.1 上转型对象

上转型对象是指一个父类类型的引用变量可以指向其子类的对象，即将子类对象赋给一个父类类型的引用变量。

上转型对象能够访问到父类所有成员变量和父类中没有被子类重写的方法，还可以访问到子类重写父类的方法，而不能访问到子类新增加的成员变量和方法。代码 7.8 示例了上转型对象的访问特性，代码如下：

【代码 7.8】 PolymorphismExample.java
```
package com;
class BaseClass {
    int a = 6;

    public void base() {
        System.out.println("父类的普通方法");
    }

    public void test() {
        System.out.println("父类将被子类重写的方法");
    }
}
```

```java
public class PolymorphismExample extends BaseClass {
    int a = 20;        // 重新定义一个实例变量 a,隐藏父类的实例变量
    int b = 10;

    public void test() {
        System.out.println("子类重写父类的方法");
    }

    public void sub() {
        System.out.println("子类新增的普通方法");
    }

    public static void main(String[] args) {
        // 编译时类型和运行时类型完全一致,不存在多态
        BaseClass bc = new BaseClass();
        System.out.println("bc.a="+bc.a);
        bc.base();
        bc.test();
        PolymorphismExample sc = new PolymorphismExample();
        System.out.println("sc.a="+sc.a);
        sc.base();
        sc.test();
        // 编译时类型和运行时类型不一致,多态性发生
        BaseClass bsc = new PolymorphismExample();
        System.out.println("bsc.a="+bsc.a);
        bsc.base();
        bsc.test();
        // 下面两行代码错误,原因是运行时多态不能调用子类新增的属性和方法
        // bsc.sub();
        // System.out.println(bsc.b);
    }
}
```

程序运行结果如下:

bc.a=6
父类的普通方法
父类将被子类重写的方法
sc.a=20
父类的普通方法
子类重写父类的方法

bsc.a=6
父类的普通方法
子类重写父类的方法

7.3.2 引用变量的强制类型转换

编写 Java 程序时，引用变量只能调用它编译时类型的方法，而不能调用它运行时类型的方法，即使它实际所引用的对象确实包含该方法。如果需要让这个引用变量调用它运行时类型的方法，则必须把它强制转换成运行时类型，强制类型转换需要借助类型转换运算符。

类型转换运算符是一对小括号，类型转换运算符的用法是：(type) variable，这种用法可以将 variable 变量转换成一个 type 类型的变量。这种强制类型转换不是万能的，当进行强制类型转换时需要注意：

(1) 基本类型之间的转换只能在数值类型之间进行，这里所说的数值类型包括整数型、字符型和浮点型。但数值类型和布尔类型之间不能进行类型转换。

(2) 引用类型之间的转换只能在具有继承关系的两个类型之间进行，如果是两个没有任何继承关系的类型，则无法进行类型转换，否则编译时就会出现错误。如果试图把一个父类实例转换成子类类型，则这个对象必须是子类实例才行(即编译时类型是父类类型，而运行时类型是子类类型)，否则运行时将会引发 ClassCastException 异常。

下述代码示例了引用变量强制类型的转换，代码如下：

【代码 7.9】 SchoolStudent.java

```java
package com;
class Student {
    String name = "张三";
    int age = 20;

    public void study() {
        System.out.println("学生就要好好学习，天天向上");
    }
}

public class SchoolStudent extends Student {
    String school = "重庆大学";

    public void major() {
        System.out.println("我的专业是计算机软件技术");
    }

    public static void main(String[] args) {
        Student stu = new SchoolStudent();
        if (stu instanceof SchoolStudent) {
```

第 7 章 继承与多态

```
        SchoolStudent stu2 = (SchoolStudent) stu;
        System.out.println("姓名为: " + stu2.name + ", 年龄为: " + stu2.age
            + ", 学校为: " + stu2.school);
        stu2.major();
        stu2.study();
        }
    }
}
```

程序运行结果如下：

```
姓名为: 张三, 年龄为: 20, 学校为: 重庆大学
我的专业是计算机软件技术
学生就要好好学习, 天天向上
```

考虑到进行强制类型转换时,可能会出现异常,因此进行引用变量强制类型转换之前,先通过 instanceof 运算符来判断是否可以成功转换,从而避免出现 ClassCastException 异常,这样可以保证程序更加健壮。

7.3.3 instanceof 运算符

instanceof 运算符是一个二目运算符,左边操作数通常是一个引用类型的变量,右边操作数通常是一个类(也可以是接口),它用于判断左边的对象是否是右面的类,或者其子类、实例类的实例。如果是,则返回 true,否则返回 false。

在使用 instanceof 运算符时需要注意：instanceof 运算符左边操作数的编译时类型要么与右边的类相同,要么具有父子继承关系,否则会引起编译错误。下述代码示例了 instanceof 运算符的用法,代码如下：

【代码 7.10】 InstanceofExample.java

```java
package com;
public class InstanceofExample {
    public static void main(String[] args) {
        Object hello = "hello";
        System.out.println("字符串是否是 Object 类的实例: " + (hello instanceof Object));
        System.out.println("字符串是否是 String 类的实例: " + (hello instanceof String));
        System.out.println("字符串是否是 Math 类的实例: " + (hello instanceof Math));
        System.out.println("字符串是否是 Comparable 接口的实例: "
            + (hello instanceof Comparable));
        String str = "Hello";
        // 下面代码编译错误
        System.out.println("字符串是否是 Math 类的实例: " + (str instanceof Math));
    }
}
```

注销错误代码,程序运行结果如下：

字符串是否是 Object 类的实例：true
字符串是否是 String 类的实例：false
字符串是否是 Math 类的实例：false
字符串是否是 Comparable 接口的实例：true

上述程序定义 Object hello = "hello"，这个变量的编译时类型是 Object 类，但实际类型是 String 类。因为 Object 类是所有类、接口的父类，因此可执行 hello instanceof Math 和 hello instanceof Comparable。但如果使用 String str = "Hello"代码定义的 str 变量，就不能执行 str instanceof Math，因为 str 的编译时类型是 String 类，而 String 类既不是 Math 类型，也不是 Math 类型的父类，所以这行代码编译就会出错。

instanceof 运算符的作用是在进行引用变量强制类型转换之前，首先判断前一个对象是否是后一个类的实例，是否可以转换成功，从而保证代码的健壮性。

instanceof 和(type)variable 是 Java 提供的两个相关的运算符，通常先用 instanceof 判断一个对象是否可以强制类型转换，然后再使用(type)variable 运算符进行强制类型转换，从而保证程序不会出现错误。

7.4 内部类

Java 语法中，允许在一个类的类体之内再定义一个类，这个定义在其他类内部的类就被称为内部类(或嵌套类)，包含内部类的类被称为外部类(或宿主类)。内部类主要有如下作用：

(1) 内部类提供了更好的封装，可以把内部类隐藏在外部类之内，不允许同一个包的其他类访问该类。

(2) 内部类成员可以直接访问外部类的私有数据，因为内部类被当成外部类成员，同一个类的成员之间可以互相访问，但外部类不能访问内部类的成员。

(3) 匿名内部类适合用于创建那些仅需要一次使用的类。

Java 内部类主要分为非静态内部类、局部内部类、静态内部类和匿名内部类四种。

7.4.1 非静态内部类

定义内部类非常简单，只要把一个类放在另一个类内部定义即可。此处的"类内部"包括类中的任何位置，甚至在方法中也可以定义内部类(局部内部类)。

大部分时候，内部类都被作为成员内部类定义，而不是作为局部内部类。成员内部类是一种与属性、成员方法、构造方法和初始化语句块相似的类成员。局部内部类和匿名内部类则不是类成员。成员内部类分为静态内部类和非静态内部类两种，使用 static 修饰的成员内部类是静态内部类，没有使用 static 修饰的成员内部类是非静态成员内部类。由于内部类作为其外部类的成员，所以可以使用任意访问权限控制符如 private、protected、public 等修饰。

下述代码示例了非静态内部类的定义和使用，代码如下：

【代码 7.11】 InnerClassExample1.java

```
package inner;
```

```java
import inner.Cow.CowLeg;
class Cow {
    // 外部类属性
    private double weight;
    // 外部类构造方法
    public Cow() {
    }

    public Cow(double weight) {
        this.weight = weight;
    }
    // 定义非静态内部类
    class CowLeg {
        // 内部类属性
        private double height;
        private String color;
        // 内部类构造方法
        public CowLeg() {
        }
        public CowLeg(double height, String color) {
            this.height = height;
            this.color = color;
        }
        // 内部类成员方法
        public double getHeight() {
            return height;
        }
        public void setHeight(double height) {
            this.height = height;
        }
        public String getColor() {
            return color;
        }
        public void setColor(String color) {
            this.color = color;
        }
        public void print() {
            System.out.println("牛腿颜色是:" + this.color + ", 高为:" + this.height);
            // 直接访问外部类的私有成员变量
```

```java
            System.out.println("奶牛重量为: " + weight);
        }
    }
    // 外部类成员方法，访问内部类
    public void display() {
        CowLeg c1 = new CowLeg(1.2, "黑白花");
        c1.print();
    }
}

public class InnerClassExample1 {
    public static void main(String[] args) {
        Cow cow = new Cow(500);
        cow.display();
        // 同一个包中的类直接调用 public 和默认修饰符的内部类，必须用 import 导入
        CowLeg c1 = cow.new CowLeg(1.2, "黑白花");
        c1.print();
    }
}
```

上述代码中，在 Cow 类中定义了一个默认修饰符的 CowLeg 内部类，并在 CowLeg 类的方法中直接访问了 Cow 类的私有属性。在 InnerClassExample1 类的 main()方法中，通过两种方式访问了内部类，一种是直接通过外部类的方法访问内部类，这种方式适合所有修饰符的内部类；另一种是通过外部类对象访问内部类，需要用 import 导入内部类路径，也要受到内部类访问权限修饰符的限制。程序运行结果如下：

牛腿颜色是：黑白花，高为:1.2
奶牛重量为：500.0
牛腿颜色是：黑白花，高为:1.2
奶牛重量为：500.0

上述代码编译后，会生成三个 class 文件：两个是外部类的 class 文件 Cow.class 和 InnerClassExample1.class，另一个是内部类的 class 文件 Cow$CowLeg.class。内部类的 class 文件形式都是"外部类名$内部类名.class"。

7.4.2 局部内部类

在方法中定义的内部类称为局部内部类。与局部变量类似，局部内部类不能用 public、private 等访问修饰符和 static 修饰符进行声明，它的作用域被限定在声明该类的方法块中。局部内部类的优势在于：它可以对外界完全隐藏起来，除了所在的方法之外，对其他方法而言是不透明的。此外与其他内部类比较，局部内部类不仅可以访问包含它的外部类的成员，还可以访问局部变量，但这些局部变量必须被声明为 final。如果需要用局部内部类定

义变量、创建实例或派生子类，那么都只能在局部内部类所在的方法内进行。

下述代码示例了一个局部内部类的定义和使用，代码如下：

【代码 7.12】 localInnerClassExample.java

```java
package inner;
public class localInnerClassExample {
    int a = 10;
    public void print() {
        System.out.println("外部类的方法");
    }
    public void CreateInnerClassMethod() {
        final int b = 20;        // 局部内部类访问的局部变量必须为 final 修饰符的
        class LocalInnerClass {
            int c = 30;
            void innerPrint() {
                System.out.println("局部内部类的方法");
            }
        }
        class SubLocalInnerClass extends LocalInnerClass {
            int d = 40;
            void display() {
                print();
                innerPrint();
                System.out.println("局部内部类子类的方法");
                System.out
                    .println("a=" + a + ", b=" + b +", c=" + c + ", d=" + d);
            }
        }
        SubLocalInnerClass sic = new SubLocalInnerClass();
        sic.display();
    }
    public static void main(String[] args) {
        localInnerClassExample local = new localInnerClassExample();
        local.CreateInnerClassMethod();
    }
}
```

程序运行结果如下：

外部类的方法

局部内部类的方法

局部内部类子类的方法

a=10，b=20，c=30，d=40

上述代码 CreateInnerClassMethod()方法中定义了两个局部内部类 LocalInnerClass 和 SubLocalInnerClass。编译后会生成三个 class 文件：localInnerClassExample.class、localInnerClassExample$1LocalInnerClass.class 和 localInnerClassExample$ 1SubLocalInnerClass.class。局部内部类的 class 文件形式都是"外部类名$N 内部类名.class"。需要注意的是：$符号后面多了一个数字，这是因为有可能有两个以上的同名局部类(处于不同方法中)，所以使用一个数字进行区分。

在项目的实际开发中，很少用到局部内部类，这是因为局部内部类的作用域很小，只能在当前方法中使用。

7.4.3 静态内部类

如果使用 static 来修饰一个内部类，则这个内部类就属于外部类本身，而不属于外部类的某个对象。因此使用 static 修饰的内部类被称为类内部类，也称为静态内部类。

静态内部类可以包含静态成员，也可以包含非静态成员。静态内部类是外部类的一个静态成员，因此静态内部类的成员可以直接访问外部类的静态成员，也可以通过外部类对象访问外部类的非静态成员；外部类依然不能直接访问静态内部类的成员，但可以使用静态内部类的类名作为调用者来访问静态内部类的类成员，也可以使用静态内部类对象作为调用者来访问静态内部类的实例成员。

下述代码示例了静态内部类的定义和使用，代码如下：

【代码 7.13】 StaticInnerClassExample.java

```java
package inner;
public class StaticInnerClassExample {
    private static int a = 20;
    private int b = 1;
    static class staticInnerClass {
        private int c = 10;
        private static int d = 30;
        public void print() {
            System.out.println("静态内部类访问外部类成员显示：a=" + a + "，b="
                    + new StaticInnerClassExample().b );
        }
        static void test(){
            System.out.println("静态内部类中的静态方法");
        }
    }
    public void display() {
        System.out.println("外部类方法中调用静态内部类成员：c=" +
                new staticInnerClass().c + "，d=" + staticInnerClass.d);
        // 访问静态内部类中的静态方法和实例方法
```

第 7 章 继承与多态

```
            new staticInnerClass().print();
            staticInnerClass.test();
        }
        public static void main(String[] args) {
            StaticInnerClassExample sce = new StaticInnerClassExample();
            sce.display();
    //通过外部类创建静态内部类对象和调用静态内部类成员
            StaticInnerClassExample.staticInnerClass ss=
                        new StaticInnerClassExample.staticInnerClass();
            ss.print();
            StaticInnerClassExample.staticInnerClass.test();
        }
    }
```

程序运行结果如下：

外部类方法中调用静态内部类成员：c=10，d=30
静态内部类访问外部类成员显示：a=20，b=1
静态内部类中的静态方法
静态内部类访问外部类成员显示：a=20，b=1
静态内部类中的静态方法

7.4.4 匿名内部类

匿名内部类就是没有类名的内部类，适合创建那种只需要一次使用的类。创建匿名内部类时会立即创建一个该类的实例，如果这个类定义立即消失，则匿名内部类不能重复使用。定义匿名内部类的格式如下：

```
new  父类构造方法(实参列表)| 实现接口()
{
    // 匿名内部类的类体部分
}
```

从上面定义可以看出，匿名内部类必须继承一个父类，或实现一个接口，但最多只能继承一个父类或实现一个接口。

下述代码示例了匿名内部类的定义格式，代码如下：

```
public class AnonymousExample {
    public static void main(String[] args) {
        System.out.println(new Object() {
            public String toString() {
                return "匿名内部类定义的基本格式使用";
            }
        });
    }
}
```

上述代码的含义是创建了一个匿名类对象,该匿名类重写 Object 父类的 toString()方法。
在使用匿名内部类时,要注意遵循以下几个原则:

(1) 匿名内部类不能是抽象类,因为系统在创建匿名内部类时,会立即创建匿名内部类的对象。

(2) 匿名内部类不能有构造方法,因为匿名内部类没有类名,所以无法定义构造方法,但匿名内部类可以定义实例初始化块,通过实例初始化块类完成构造方法需要完成的事情。

(3) 匿名内部类不能定义任何静态成员、方法和类,但非静态的方法、属性、内部类是可以的。

(4) 只能创建匿名内部类的一个实例,最常用的创建匿名内部类的方式是需要创建某个接口类型的对象。

(5) 一个匿名内部类一定跟在 new 的后面,创建其实现的接口或父类的对象。

(6) 当通过接口来创建匿名内部类时,匿名内部类也不能显示创建构造方法,因此匿名内部类只有一个隐式的无参数构造方法,故 new 接口名后的括号里不能传入参数值。

(7) 如果通过继承父类来创建匿名内部类时,则匿名内部类将拥有和父类相似的构造方法,即拥有相同的形参列表。

(8) 当创建匿名内部类时,必须实现接口或抽象父类里的所有抽象方法,也可以重写父类中的普通方法。

(9) 如果匿名内部类需要访问外部类的局部变量,则必须使用 final 修饰符来修饰外部类的局部变量。

(10) 匿名内部类编译以后,会产生以"外部类名$序号"命名的 .class 文件,序号以 1~n 排列,分别代码 1~n 个匿名内部类。

下述代码示例了匿名内部类的定义和使用,代码如下:

【代码 7.14】 AnonyInnerExample.java

```
package inner;
abstract class Device {
    private String name;
    public abstract double getPrice();
    public Device() {
    }
    public Device(String name) {
        this.name = name;
    }
    public String getName() {
        return name;
    }
}
public class AnonyInnerExample {
    public void test(Device d) {
        System.out
```

第 7 章 继承与多态

```java
                .println("购买了一本" + d.getName() + ",  花掉 了" +
                        d.getPrice() + "元");
    }
    public static void main(String[] args) {
        AnonyInnerExample ai = new AnonyInnerExample();
        // 调用无参数构造方法创建 Device 匿名实现类的对象
        ai.test(new Device() {
            // 初始化块
            {
                System.out.println("匿名内部类的初始化块");
            }
            @Override
            public double getPrice() {
                // TODO Auto-generated method stub
                return 38.5;
            }
            public String getName() {
                return "《面向对象程序设计 Java》";
            }
        });
        // 调用有参数构造方法创建 Device 匿名实现类的对象
        ai.test(new Device("《面向对象程序设计 Java》") {
            @Override
            public double getPrice() {
                return 38.5;
            }
        });
    }
}
```

程序运行结果如下:
　　购买了一本《面向对象程序设计 Java》, 花掉 了 38.5 元
　　匿名内部类的初始化块
　　购买了一本《面向对象程序设计 Java》, 花掉 了 38.5 元

7.5　类之间的其他关系

除了继承和实现外, 依赖、关联、聚合和组成也是类之间的重要关系类型。

7.5.1 依赖关系

依赖关系是最常见的一种类间关系，如果在一个类的方法中操作另外一个类的对象，则称其依赖于第二个类。例如，方法的参数是某种对象类型，或者方法中的某些对象类型的局部变量，或者方法中调用了另一个类的静态方法，这些都是依赖关系。依赖关系通常都是单向的。

下述代码示例了两个类之间的依赖关系，代码如下：

【代码 7.15】 RelyOnExample.java

```java
package relation;
class Car{
    void run(String city){
        System.out.println("欢迎，你来到"+city);
    }
    static void print(){
        System.out.print("上汽大众公司:");
    }
}
class Person{
    void travel(Car car){
        Car.print();
        car.run("重庆");
    }
}
public class RelyOnExample {

    public static void main(String[] args) {
        Car car=new Car();
        Person p=new Person();
        p.travel(car);
    }
}
```

上述代码中，Person 类的 travel()方法需要 Car 类的对象作为参数，并且在该方法中调用了 Car 类的静态方法和实例方法，因此，Person 类依赖于 Car 类。程序运行结果如下：

上汽大众公司:欢迎，你来到重庆

7.5.2 关联关系

关联关系比依赖关系更紧密，通常体现为一个类中使用另一个类的对象作为该类的成员变量。

下述代码示例了两个类之间的关联关系，代码如下：

【代码 7.16】 CorrelationExample.java

```java
package relation;
class Car{
    void run(String city){
        System.out.println("欢迎，你来到"+city);
    }
    static void print(){
        System.out.print("上汽大众公司:");
    }
}
class Person{
    Car car;

    public Person(Car car) {
        this.car = car;
    }

    void travel(){
        Car.print();
        car.run("重庆");
    }
}
public class CorrelationExample {
    public static void main(String[] args) {
        Car car=new Car();
        Person p=new Person(car);
        p.travel();
    }
}
```

上述代码中，Person 类中存在 Car 类型的成员变量，并且构造方法和实例方法中都使用该成员变量，因此 Person 类和 Car 类具有关联关系。运行结果和前面依赖关系运行结果一样。

7.5.3 聚合关系

聚合关系是关联关系的一种特例，体现的是整体与部分的关系，通常表现为一个类(整体)由多个其他类的对象(部分)作为该类的成员变量。此时整体与部分之间是可以分离的，整体和部分都可以具有各自的生命周期。

下述代码示例了两个类之间的聚合关系，代码如下：

【代码 7.17】 AggregationExample.java

```java
package relation;
class Employee {
    String name;
    public Employee(String name) {
        this.name = name;
    }
}
class Department {
    Employee[] emps;
    public Department(Employee[] emps) {
        this.emps = emps;
    }
    public void show() {
        for (Employee emp : emps) {
            System.out.println(emp.name);
        }
    }
}
public class AggregationExample {
    public static void main(String[] args) {
        Employee[] emps = { new Employee("张三"), new Employee("李四"),
                new Employee("王五"), new Employee("马六"), };
        Department dept = new Department(emps);
        dept.show();
    }
}
```

上述代码中，部门类 Department 中的 Employee 数组 diam 表示此部门的员工，部门和员工的聚合关系可以理解为：部门由员工组成，同一个员工也可能属于多个部门，并且部门解散后，员工是依然存在的。程序运行结果如下：

张三
李四
王五
马六

7.5.4 组成关系

组成关系是比聚合关系要求更高的一种关联关系，体现的也是整体与部分的关系。但组成关系中的整体和部分是不可分离的，整体的生命周期结束后，部分的生命周期也随之结束。例如，汽车是由发动机、底盘、车身和电路设备等组成的，是整体与部分的关系，如果汽车消亡后，这些设备也随之不存在，因此属于一种组成关系。

下述代码示例了类之间的组成关系，代码如下：

【代码 7.18】 CompostionExample.java

```java
package relation;
// 发动机类
class Engine {
}
// 底盘类
class Chassis {
}
// 车身类
class Bodywork {
}
// 电路设备
class Circuitry {
}
// 汽车类
class Bus {
    Engine engine;
    Chassis chassis;
    Bodywork bodywork;
    Circuitry circuitry;
    public Bus(Engine e, Chassis ch, Bodywork b, Circuitry c) {
        engine = e;
        chassis = ch;
        bodywork = b;
        circuitry = c;
    }
}
public class CompostionExample {
    public static void main(String[] args) {
        Engine e=new Engine();
        Chassis ch=new Chassis();
        Bodywork b=new Bodywork();
        Circuitry c=new Circuitry();
        Bus bus=new Bus(e, ch, b, c);
    }
}
```

上述代码定义了五个类，它们之间构成了一种组成关系。

练 习 题

1. 对于 Java 语言，在下面关于类的描述中，正确的是_____。
   A. 一个子类可以有多个父类　　　　B. 一个父类可以有多个子类
   C. 子类可以使用父类的所有　　　　D. 子类一定比父类有更多的成员方法
2. 下列_____关键字修饰类后不允许有子类。
   A. abstract　　　　B. static　　　　C. protected　　　　D. final
3. 假设 Child 类为 Base 类的子类，则下面_____创建对象是错误的。
   A. Base base = new Child();　　　　B. Base base = new Base();
   C. Child child = new Child();　　　　D. Child child = new Base();
4. 下列关键字 super 和 this 的说法中不正确的是_____。
   A. super(…)方法可以放在 this(…)方法前面使用
   B. this(…)方法可以放在 super(…)方法前面使用
   C. 可以使用 super(…)来调用父类中的构造方法
   D. 可以使用 this(…)调用本类中的其他方法
5. 给定如下 Java 代码，关于 super 的用法，以下描述正确的是_____。
   ```
   class Student extends Person{
       public Student (){
           super();
       }
   }
   ```
   A. 用来调用 Person 类中定义的 super()方法
   B. 用来调用 Student 类中定义的 super()方法
   C. 用来调用 Person 类的无参构造方法
   D. 用来调用 Person 类的第一个出现的构造方法
6. 下列关于内部类的说法中，错误的是_____。
   A. 内部类能够隐藏起来，不为同一包的其他类访问
   B. 内部类是外部类的一个成员，并且依附于外部类而存在
   C. Java 内部类主要有成员内部类、局部内部类、静态内部类、匿名内部类
   D. 局部内部类可以用 public 或 private 访问修饰符进行声明
7. 下列关于继承的说法中，不正确的是_____。
   A. 在继承过程中，子类拥有父类所定义的所有属性和方法
   B. 在构造一个子类对象时，会首先调用自身的构造方法进行初始化，而后再调用父类的构造方法进行初始化
   C. Java 只支持单一继承
   D. 使用 extends 关键字使子类继承父类
8. 下列关于重写的说法中，错误的是_____。

A. 父类的私有方法不能被子类重写
B. 父类的构造方法不能被子类重写
C. 方法名以及参数列表必须完全相同，返回类型可以不一致
D. 父类的静态方法不能被子类重写

9. 关于内部类的说法不正确的是_____。
    A. 内部类不能有自己的成员方法和成员变量。
    B. 内部类可用 abstract 修饰定义为抽象类，也可用 private、protected 定义。
    C. 内部类可作为其他类的成员，而且可访问它所在类的成员。
    D. 除 static 内部类外，不能在类内声明 static 成员。

10. 关于 final 的说法下面哪些是正确的？_____。
    A. final 修饰的类可以被继承
    B. final 修饰的方法不能被子类继承
    C. final 修饰的成员变量一旦初始化，就不能修改
    D. final 修饰的方法在子类可以被重写

11. Java 语言中类间的继承关系是_____。
    A. 多重的   B. 单一的   C. 线程的   D. 不能继承

12. 以下关于 Java 语言继承的说法正确的是_____。
    A. Java 中的类可以有多个直接父类   B. 抽象类不能有子类
    C. Java 中的接口支持多继承   D. 最终类可以作为其他类的父类

13. 现有两个类 A、B，以下描述中表示 B 继承自 A 的是_____。
    A. class A extends B   B. class B implements A
    C. class A implements B   D. class B extends A

14. Java 中所有的类都是通过直接或间接地继承_____类得到的。
    A. java.lang.Object   B. java.lang.Class
    C. 任意类   D. 以上答案都不对

15. 类 Test1 定义如下：
    public class Test1 {
        public float aMethod(float a, float b){ }
        _____
    }
    将以下哪种方法插入上面程序中划下横线处是不合法的？_____
        A. public float aMethod(float a, float b, float c){}
        B. public float aMethod(float c, float d){}
        C. public int aMethod(int a, int b){}
        D. public int aMethod(int a, int b, int c){}

参考答案：
1. B   2. D   3. D   4. AB   5. C   6. D   7. B   8. C   9. A   10. C
11. B   12. C   13. A   14. A   15. B

第8章 抽象类、接口和枚举

本章学习目标：
- 掌握抽象类的定义、应用和特点
- 掌握接口的定义、应用和特点
- 理解枚举类的定义和应用

8.1 抽象类

在定义类时，并不是所有的类都能够完整地描述该类的行为。在某些情况下，只知道应该包含怎样的方法，但无法准确地知道如何实现这些方法时，可以使用抽象类。

8.1.1 抽象类的定义

抽象类是对问题领域进行分析后得出的抽象概念，是对一批看上去不同，但是本质上相同的具体概念的抽象。例如，定义一个动物类 Animal，该类提供一个行动方法 action()，但不同的动物的行动方式是不一样的，如牛羊是跑的，鱼儿是游的，鸟儿是飞的，此时就可以将 Animal 类定义成抽象类，该类既能包含 action()方法，又无须提供其方法的具体实现。这种只有方法头，没有方法体的方法称为抽象方法。

定义抽象方法只需在普通方法上增加 abstract 修饰符，并把普通方法的方法体全部去掉，并在方法后增加分号即可。

抽象类和抽象方法必须使用"abstract"关键字来修饰，其语法格式如下：

  [访问符]abstract class 类名{
    [访问符]abstract <返回值类型> 方法名([参数列表]);
    …
  }

有抽象方法的类只能被定义为抽象类，但抽象类中可以没有抽象方法。定义抽象类和抽象方法的规则如下：

(1) abstract 关键字放在 class 前，指明该类是抽象类。
(2) abstract 关键字放在方法的返回值类型前，指明该方法是抽象方法。
(3) 抽象类不能被实例化，即无法通过 new 关键字直接创建抽象类的实例。
(4) 一个抽象类中可以有多个抽象方法，也可以有实例方法。
(5) 抽象类可以包含成员变量、构造方法、初始化块、内部类、枚举类和方法等，但不能通过构造方法创建实例,只可在子类创建实例时调用。

(6) 定义抽象类有三种情况:直接定义一个抽象类;继承一个抽象类,但没有完全实现父类包含的抽象方法;实现一个接口,但没有完全实现接口中包含的抽象方法。

下述代码示例了抽象类和抽象方法的定义,代码如下:

【代码 8.1】 Shape.java

```
package com;
public abstract class Shape {
    private String color;
    // 初始化块
    {
        System.out.println("执行抽象类中的初始化块");
    }
    // 构造方法
    public Shape() {
    }
    public Shape(String color) {
        this.color = color;
        System.out.println("执行抽象类中的构造方法");
    }
    public String getColor() {
        return color;
    }
    public void setColor(String color) {
        this.color = color;
    }
    // 抽象方法
    public abstract double area();
    public abstract String getType();
}
```

上述代码定义了两个抽象方法:area()和 getType(),所以这个 Shape 类只能被定义为抽象类。虽然 Shape 类包含了构造方法和初始化块,但不能直接通过构造方法创建对象,只有通过其子类实例化。

8.1.2 抽象类的使用

抽象类不能实例化,只能被当成父类来继承。从语义角度上讲,抽象类是从多个具有相同特征的类中抽象出来的一个父类,具有更高层次的抽象。作为其子类的模板,可以避免子类设计的随意性。

下述代码定义一个三角形类,该类继承 Shape 类,并实现其抽象方法,以此示例抽象类的使用。代码如下:

【代码8.2】 Triangle.java

```java
package com;
public class Triangle extends Shape {
    private double a;
    private double b;
    private double c;
    public Triangle(String color, double a, double b, double c) {
        super(color);
        this.a = a;
        this.b = b;
        this.c = c;
    }
    @Override
    public double area() {
        // 海伦公式计算三角形面积
        double p = (a + b + c) / 2;
        double s = Math.sqrt(p * (p - a) * (p - b) * (p - c));
        return s;
    }
    @Override
    public String getType() {
        if (a >= b + c || b >= a + c || c >= a + b) {
            return "三边不能构成一个三角形";
        }
        else
            return "三边能构成一个三角形";
    }
    public static void main(String[] args) {
        Triangle t=new Triangle("RED",3,4,5);
        System.out.println(t.getType());
        System.out.println("三角形面积为："+t.area());
    }
}
```

程序运行结果如下：

执行抽象类中的初始化块
执行抽象类中的构造方法
三边能构成一个三角形
三角形面积为：6.0

当使用abstract修饰类时，表明这个类只能被继承；当使用abstract修饰方法时，表明这个方法必须由子类提供实现(即重写)，而 final 修饰的类不能被继承，修饰的方法不能被重写，因此，final 与 abstract 不能同时使用。除此之外，static 和 abstract 也不能同时使用，并且抽象方法不能定义为 private 访问权限。

8.1.3 抽象类的作用

抽象类体现的就是一种模板模式的设计，抽象类作为多个子类的通用模板，子类在抽象类的基础上进行扩展、改造，但子类总体上会大致保留抽象类的行为方式。

如果编写一个抽象父类，父类提供了多个子类的通用方法，并把一个或多个方法留给子类实现，这就是一种模板模式，模板模式也是十分常见且简单的设计模式之一。

代码 8.3 是一个模板模式的示例，在这个示例的抽象父类中，父类的普通方法依赖于一个抽象方法，而抽象方法则推迟到子类中提供实现。代码如下：

【代码 8.3】 CarSpeedMeterExample.java

```java
package com;
abstract class SpeedMeter {
    private double turnRate;        // 转速
    public SpeedMeter() {
    }
    // 返回车轮半径的方法定义为抽象方法
    public abstract double getRadius();
    public void setTurnRate(double turnRate) {
        this.turnRate = turnRate;
    }
    // 定义计算速度的通用方法
    public double getSpeed() {
        // 速度(KM/H)=车轮周长*转速*3.6
        return Math.round(3.6 * Math.PI * 2 * getRadius() * turnRate);
    }
}
public class CarSpeedMeterExample extends SpeedMeter {
    @Override
    public double getRadius() {
        return 0.30;
    }
    public static void main(String[] args) {
        CarSpeedMeterExample csm = new CarSpeedMeterExample();
        csm.setTurnRate(10);
        System.out.println("车速为：" + csm.getSpeed() + "公里/小时");
    }
}
```

上面程序定义了一个抽象类 SpeedMeter(车速表)，该类中定义了一个 getSpeed()方法，该方法用于返回当前车速，而 getSpeed()方法依赖于 getRadius()方法的返回值。对于该抽象类来说，无法确定车轮的半径，因此 getRadius()方法必须推迟到子类中来实现。在其子类 CarSpeedMeterExample 中，实现了父类的抽象方法，既可以创建实例对象，也可以获得当前车速。程序运行结果如下：

    车速为：68.0 公里/小时

使用模板模式的一些简单规则如下：

（1）抽象父类可以只定义需要使用的某些方法，而把不能实现的部分抽象成抽象方法，留给其子类去实现。

（2）父类中可能包含需要调用的其他系列方法的方法，这些被调方法既可以由父类实现，也可以由其子类实现。

8.2 接　　口

接口定义了某一批类所需要遵守的公共行为规范，只规定这批类必须提供的某些方法，而不提供任何实现。接口体现的是规范和实现分离的设计哲学。规范和实现分离正是接口的好处，让系统的各模块之间面向接口耦合，是一种松耦合的设计，从而能降低各模块之间的耦合，增强系统的可扩展性和可维护性。

8.2.1 接口的定义

Java 只支持单继承，不支持多重继承，即一个类只能继承一个父类，这一缺陷可以通过接口来弥补。Java 允许一个类实现多个接口，这样使程序更加灵活、易扩展。

和类定义不同，定义接口不再使用 class 关键字，而是使用 interface 关键字。接口定义的基本语法格式如下：

  [访问符] interface　接口名 {
    // 静态常量定义
    // 抽象方法定义
    // 默认方法、类方法、内部类等其他定义
  }

其中，定义接口要遵守如下规则：

（1）访问符可以是 public 或者默认，默认采用包权限访问控制，即在相同包中才可以访问该接口。

（2）在接口体里可以包含静态常量、抽象方法、内部类、内部接口以及枚举类的定义。从 Java 8 版本开始允许接口中定义默认方法、类方法。

（3）与类的默认访问符不同，接口体内定义的常量、方法等都默认为 public，可以省略 public 关键字。

（4）接口名应与类名采用相同的命名规范。

（5）接口里不能包含构造方法和初始化块。

下述代码示例了接口的定义规则，代码如下：

【代码 8.4】 InterfaceDefinition.java

```java
package com;
public interface InterfaceDefinition {
    public final static int SIZE = 0;     // 定义静态常量
    public   abstract void display();      // 定义抽象方法
    // 定义默认方法，需要 default 修饰
    default void print() {
        System.out.println("接口中的默认方法");
    }
    // 定义静态方法
    static void show() {
        System.out.println("接口中的类方法");
    }
    // 定义内部类
    class InnerClass {
    }
    // 定义内部接口
    interface MyInnerInterface {
    }
}
```

上述代码中定义了一个接口 InterfaceDefinition，并在接口中声明了静态常量、抽象方法、默认方法、类方法、内部类和内部接口。其中：

(1) 如果接口中定义的成员变量没有声明修饰符，则系统会自动为其增加"public static final"进行修饰，即接口中定义的成员变量都是静态常量。

(2) 接口中定义的方法只能是抽象方法、默认方法和类方法。因此，如果是定义普通方法没有声明修饰符，系统将自动增加"public abstract"进行修饰，即接口中定义的普通方法都是抽象方法，不能有方法体。

(3) 从 Java 8 开始，允许在接口中定义默认方法，默认方法必须使用"default"关键字修饰，不能使用"static"关键字修饰。因此，不能直接使用接口来调用默认方法，必须通过接口的实现类的实例对象来调用默认方法，默认方法必须有方法体。

(4) 从 Java 8 开始，允许在接口中定义类方法，类方法必须使用"static"关键字修饰，不能使用"default"关键字修饰，类方法必须有方法体，可以直接通过接口来调用类方法。

(5) 接口中定义的内部类、内部接口以及内部枚举都默认为"public static"。

8.2.2 接口的实现

接口不能用于创建实例，但可以用于声明引用类型变量。当使用接口来声明引用类型变量时，这个引用类型变量必须引用到其实现类的对象中。除此之外，接口的主要用途就是被实现类实现。

一个类可以实现一个或多个接口,实现则使用 implements 关键字。由于一个类可以实现多个接口,这也是为 Java 单继承灵活性不足所做的补充。类实现接口的语法格式如下:

[访问符][修饰符]class 类名 implements 接口名 1[,接口名 2…]{
　　//类体部分
}

其中:

(1) 访问符、修饰符、class 和类名与前面类的声明格式完全相同。

(2) implements 关键字用于实现接口。

(3) 一个类可以实现多个接口,接口之间使用逗号隔开。

(4) 一个类在实现一个或多个接口时,必须全部实现这些接口中定义的所有抽象方法,否则该类必须定义为抽象类。

(5) 一个类实现某个接口时,该类将会获得接口中定义的常量和方法等。

下述代码示例了对前面声明接口的实现,代码如下:

【代码 8.5】 MyInterface.java

```
package com;
public class MyInterface implements InterfaceDefinition {
    // 实现接口中定义的抽象方法
    public void display() {
        System.out.println("重写接口中的抽象方法");
    }
    public static void main(String[] args) {
        // 实例化一个接口实现类的对象,并将其赋值给一个接口引用变量
        InterfaceDefinition myInterface = new MyInterface();
        // 调用接口中的默认方法
        myInterface.print();
        // 访问接口中的静态常量
        System.out.println(InterfaceDefinition.SIZE);
        // 调用实现类中的方法(对接口中抽象方法的实现)
        myInterface.display();
        // 调用接口中的类方法
        InterfaceDefinition.show();
    }
}
```

与抽象类一样,接口是一种更加抽象的类结构,因此不能对接口直接实例化,但可以声明接口变量,并用接口变量指向当前接口实现类的实例。使用接口变量指向该接口实现类的实例对象,这也是多态性的一种体现。程序运行结果如下:

接口中的默认方法
0
重写接口中的抽象方法
接口中的类方法

8.2.3 接口的继承

接口的继承与类的继承不一样，接口完全支持多重继承，即一个接口可以有多个父接口。除此之外，接口的继承与类的继承相似，当一个接口继承父接口时，该接口将获得父接口中定义的所有方法和常量。

一个接口可以继承多个接口时，多个接口跟在 extends 关键字之后，并用逗号隔开。接口继承语法格式如下：

```
[访问符] interface  子接口名  extends 父接口名1 [, 父接口名2 … ] {
    // 子接口新增的常量和方法
}
```

下述代码示例了接口的继承和实现，代码如下：

【代码8.6】 InterfaceExtends.java

```java
package com;
interface MyInterfaceA {
    int A = 10;
    void showA();
}
interface MyInterfaceB {
    int B = 20;
    void showB();
}
interface MyInterfaceC extends MyInterfaceA, MyInterfaceB {
    int C = 30;
    void showC();
}
public class InterfaceExtends implements MyInterfaceC {
    public void showA() {
        System.out.println("实现 showA()方法");
    }
    public void showB() {
        System.out.println("实现 showB()方法");
    }
    public void showC() {
        System.out.println("实现 showC()方法");
    }
    public static void main(String[] args) {
        MyInterfaceC mc = new InterfaceExtends();
        // 通过接口名直接访问接口中的静态常量
        System.out.println("A=" + MyInterfaceC.A + ", B=" +
                MyInterfaceC.B + ",C=" + MyInterfaceC.C);
```

```
        // 调用接口中的方法
        mc.showA();
        mc.showB();
        mc.showC();
    }
}
```

上述代码中，分别定义了 MyInterfaceA、MyInterfaceB 和 MyInterfaceC 三个接口，其中，MyInterfaceC 接口继承了 MyInterfaceA 接口和 MyInterfaceB 接口，因此 MyInterfaceC 接口获得了 MyInterfaceA 接口和 MyInterfaceB 接口定义的常量和抽象方法。在 InterfaceExtends 类中实现 MyInterfaceC 接口，就需要将三个接口中的抽象方法全部实现。程序运行结果如下：

  A=10, B=20,C=30
  实现 showA()方法
  实现 showB()方法
  实现 showC()方法

接口和抽象类有很多相似之处，都具有如下特征：
(1) 接口和抽象类都不能被实例化，都需要被其他类实现或继承。
(2) 接口和抽象类的引用变量都可以指向其实现类或子类的实例对象。
(3) 接口和抽象类都可以包含抽象方法，实现接口和继承抽象类时都必须实现这些抽象方法。

但接口与抽象类之间也存在区别，主要体现在以下几点：
(1) 接口体现的是一种规范，这种规范类似于总纲，是系统各模块应该遵循的标准，以便各模块之间实现耦合以及通信功能；抽象类体现的是一种模板式设计，抽象类可以被当成系统实现过程中的中间产品，该产品已实现了部分功能，但不能当成最终产品，必须进一步完善，而完善可能有几种不同的方式。
(2) 接口中除了默认方法和类方法，其他不能为普通方法提供方法实现，而抽象类可以为普通方法提供方法实现。
(3) 接口中定义的变量默认为 public static final，且必须赋值，其实现类中不能重新定义，也不能改变其值，即接口中定义的变量都是最终的静态常量；而抽象类中定义的变量与普通类一样，默认为友好的，其实现类可以重新定义也可以根据需要改变值。
(4) 接口中定义的方法都默认为 public，而抽象类则与普通类一样，默认为友好的。
(5) 接口不包含构造方法，而抽象类可以包含构造方法。抽象类的构造方法不是用于创建对象，而是让其子类调用以便完成初始化操作。
(6) 一个类最多只能有一个直接父类，包括抽象类；但一个类可以直接实现多个接口，一个接口也可以有多个父接口。

8.3 枚 举

在开发过程中，经常遇到一个类的实例对象是有限而且固定的情况，例如季节类，只有春、夏、秋、冬 4 个实例对象，月份类只有 12 个实例对象。这种类的实例对象是有限而且固定的，在 Java 中被称为枚举类。

早期使用简单的静态常量来表示枚举，但存在不安全因素，因此，从 JDK 5 开始新增了对枚举类的支持。定义枚举类使用 enum 关键字，该关键字的地位与 class、interface 相同。枚举类是一种特殊的类，与普通类有如下区别：

（1）枚举类可以实现一个或多个接口，使用 enum 定义的枚举类默认继承了 java.lang.Eunm 类，而不是继承 Object 类，因此枚举类不能显示继承其他父类。

（2）使用 enum 定义非抽象的枚举类时，默认会使用 final 修饰，因此枚举类不能派生子类。

（3）枚举类的构造方法只能使用 private 访问修饰符，如果省略，则默认使用 private 修饰；如果强制指定访问修饰符，则只能指定为 private。

（4）枚举类的所有实例必须在枚举类的类体第一行显示，否则该枚举永远不能产生实例。列出的枚举实例默认使用 public static final 进行修饰。

8.3.1 枚举类的定义

使用 enum 关键字来定义一个枚举类，语法格式如下：

```
[修饰符] enum  枚举类名 {
    // 第一行列举枚举实例
    ......
}
```

下述代码定义一个季节枚举类，该枚举类中有 4 个枚举实例：春、夏、秋、冬。代码如下：

【代码 8.7】 SeasonEnum.java

```
package com;
public enum SeasonEnum {
    // 在第一行列出 4 个枚举实例：春、夏、秋、冬
    SPRING, SUMMER, FALL, WINTER;
}
```

上述代码中 SPRING、SUMMER、FALL、WINTER 被称为枚举实例，其类型就是声明的 SeasonEnum 枚举类型，默认使用 public static final 进行修饰。枚举实例之间使用英文格式逗号 "," 隔开，枚举值列举之后使用英文格式分号 ";" 结束。

枚举一旦被定义，就可以直接使用该类型的枚举实例，枚举实例的声明和使用方式类似于基本类型，但不能使用 new 关键字实例化一个枚举。所有枚举类型都会包括两个预定义方法：values()和 valueOf()，其功能描述如表 8-1 所示。

表 8-1 枚举类型预定义的默认方法

方 法 名	功 能 描 述
public static enumtype []values()	返回一个枚举类型的数组，包含该枚举类的所有实例值
public static enumtype valueOf(String str)	返回指定名称的枚举实例值

使用枚举类的某个实例的语法格式如下：

　　枚举类.实例

下述案例示例了如何对 SeasonEnum 枚举类进行使用，代码如下：

【代码 8.8】 SeasonEnumExample.java

```java
package com;
public class SeasonEnumExample {
    public static void main(String[] args) {
        System.out.println("SeasonEnum 枚举类的所有实例值：");
        // 枚举类默认有一个 values 方法，返回该枚举类的所有实例值
        for (SeasonEnum s : SeasonEnum.values()) {
            System.out.print(s+"   ");
        }
        System.out.println();
        // 定义一个枚举类对象，并直接赋值
        SeasonEnum season = SeasonEnum.WINTER;
        // 使用 switch 语句判断枚举值
        switch (season) {
        case SPRING:
            System.out.println("春暖花开，正好踏青");
            break;
        case SUMMER:
            System.out.println("夏日炎炎，适合游泳");
            break;
        case FALL:
            System.out.println("秋高气爽，进补及时");
            break;
        case WINTER:
            System.out.println("冬日雪飘，围炉赏雪");
            break;
        }
    }
}
```

对上述代码需要注意三点：

（1）调用 values()方法可以返回 SeasonEnum 枚举类的所有实例值；

（2）定义一个枚举类型的对象时，不能使用 new 关键字，而是使用枚举类型的实例值直接赋值；

（3）在 switch 语句中直接使用枚举类型作为表达式进行判断，而 case 表达式中的值直接使用枚举实例值的名字，前面不能使用枚举类作为限定。

程序运行结果如下：

SeasonEnum 枚举类的所有实例值：
SPRING SUMMER FALL WINTER
冬日雪飘，围炉赏雪

8.3.2 包含属性和方法的枚举类

枚举类也是一种类，具有与其他类几乎相同的特性，因此可以定义枚举的属性、方法以及构造方法。但是，枚举类的构造方法只是在构造枚举实例值时才被调用。每一个枚举实例都是枚举类的一个对象，因此，创建每个枚举实例时都需要调用该构造方法。

下述代码对前面定义的 SeasonEnum 枚举类进行升级，定义的枚举类中包含属性、构造方法和普通方法，代码如下：

【代码 8.9】 SeasonEnum2.java

```
package com;
//带构造方法的枚举类
public enum SeasonEnum2 {
    // 在第一行列出 4 个枚举实例：春、夏、秋、冬
    SPRING("春"), SUMMER("夏"), FALL("秋"), WINTER("冬");
    // 定义一个属性
    private String name;
    // 构造方法
    SeasonEnum2(String name) {
        this.name = name;
    }
    // 方法
    public String toString() {
        return this.name;
    }
}
```

上述代码定义一个名为 SeasonEnum2 的枚举类型，该枚举类中包含一个 name 属性；一个带有一个参数的构造方法，用于给 name 属性赋值；重写 toString()方法并返回 name 属性值。值得注意的是：在定义枚举类的构造方法时，不能定义 public 构造方法，枚举类构造方法访问修饰符只能缺省或使用 private，缺省时默认为 private。

使用枚举时要注意两个限制：首先，枚举默认继承 java.lang.Enum 类，不能继承其他类；其次，枚举本身是 final 类，不能被继承。

下述案例示例了对 SeasonEnum2 枚举类型的使用，代码如下：

【代码 8.10】 SeasonEnum2Example.java

```
package com;
public class SeasonEnum2Example {
    public static void main(String[] args) {
        System.out.println("SeasonEnum2 枚举类的所有实例值：");
```

```java
        // 枚举类默认有一个 values 方法, 返回该枚举类的所有实例值
        for (SeasonEnum2 s : SeasonEnum2.values()) {
            System.out.print(s+"   ");
        }
        System.out.println();
        // 使用 valueOf()方法获取指定的实例
        SeasonEnum2 se = SeasonEnum2.valueOf("SUMMER");
        // 输出 se
        System.out.println(se);
        // 调用 judge()方法
        judge(se);
        System.out.println("-------------");
        // 定义一个枚举类对象, 并直接赋值
        SeasonEnum2 season = SeasonEnum2.WINTER;
        // 输出 season
        System.out.println(season);
        // 调用 judge()方法
        judge(season);
    }
    // 判断季节并输出
    private static void judge(SeasonEnum2 season) {
        // 使用 switch 语句判断枚举值
        switch (season) {
        case SPRING:
            System.out.println("春暖花开, 正好踏青");
            break;
        case SUMMER:
            System.out.println("夏日炎炎, 适合游泳");
            break;
        case FALL:
            System.out.println("秋高气爽, 进补及时");
            break;
        case WINTER:
            System.out.println("冬日雪飘, 围炉赏雪");
            break;
        }
    }
}
```

上述代码中，定义一个judge()方法用于判断季节；在main()方法中调用values()方法返

回 SeasonEnum2 枚举类型的所有实例值并输出；调用 valueOf()方法可以获取指定的实例。程序运行结果如下：

```
SeasonEnum2 枚举类的所有实例值：
春 夏 秋 冬
夏
夏日炎炎，适合游泳
-------------
冬
冬日雪飘，围炉赏雪
```

观察运行结果，可以发现此处输出的 SeasonEnum2 枚举实例为春、夏、秋、冬，而不是 SPRING、SUMMER、FALL、WINTER。这是因为在定义 SeasonEnum2 枚举类时重写了 toString()方法，该方法的返回值为 name 属性值，当调用 System.out.println()方法输出 SeasonEnum2 枚举对象时，系统会自动调用 toString()方法。

8.3.3 Enum 类

所有枚举类都继承自 java.lang.Enum，该类定义了枚举类型共用的方法。该类实现了 java.lang.Serializable 和 java.lang.Comparable 接口，Enum 类常用的方法如表 8-2 所示。

表 8-2 Enum 类的常用方法

方 法	功 能 描 述
final int ordinal()	返回枚举实例值在枚举类中的序号，该序号与声明的顺序有关，计数从 0 开始
final int compareTo(enumtype e)	Enum 实现了 java.lang.Comparable 接口，因此可以用于比较
public String toString()	返回枚举实例的名称，一般情况下无需重写此方法，但当存在更加友好的字符串形式时，可以重写此方法
public static <T extends Enum<T>> T valueOf(Class<T> enumType,String name)	返回指定枚举类型和指定名称的枚举实例值

下述案例通过前面定义的枚举类，来示例 Enum 类中常用方法的适用类型，代码如下：

【代码 8.11】 EnumMethodExample.java

```java
package com;
public class EnumMethodExample {
    public static void main(String[] args) {
        System.out.println("SeasonEnum 枚举类的所有实例值以及顺序号：");
        // 输出 SeasonEnum 类的实例值以及顺序号
        for (SeasonEnum s : SeasonEnum.values()) {
            System.out.println(s + "--" + s.ordinal());
        }
```

```java
System.out.println("-------------");
// 声明 4 个 SeasonEnum 对象
SeasonEnum s1, s2, s3, s4;
// 赋值
s1 = SeasonEnum.SPRING;
s2 = SeasonEnum.SUMMER;
s3 = SeasonEnum.FALL;
// 调用 Enum 类的静态方法获取指定枚举类型、指定值的枚举实例
s4 = Enum.valueOf(SeasonEnum.class, "FALL");
// 等价于 s4 = SeasonEnum.valueOf("FALL");
// 使用 compareTo()进行比较
if (s1.compareTo(s2) < 0) {
    System.out.println(s1 + "在" + s2 + "之前");
}
// 使用 equals()判断
if (s3.equals(s4)) {
    System.out.println(s3 + "等于" + s4);
}
// 使用==判断
if (s3 == s4) {
    System.out.println(s3 + "==" + s4);
}
System.out.println("------------");

System.out.println("SeasonEnum2 枚举类的所有实例值以及顺序号：");
// 输出 SeasonEnum 类的实例值以及顺序号
for (SeasonEnum2 s : SeasonEnum2.values())
{
    System.out.println(s + "--" + s.ordinal());
}
System.out.println("---- ----------");
// 声明 4 个 SeasonEnum 对象
SeasonEnum2 se1, se2, se3, se4;
// 赋值
se1 = SeasonEnum2.SPRING;
se2 = SeasonEnum2.SUMMER;
se3 = SeasonEnum2.FALL;
// 调用 Enum 类的静态方法获取指定枚举类型、指定值的枚举实例
se4 = Enum.valueOf(SeasonEnum2.class, "FALL");
```

```
        // 等价于 se4 = SeasonEnum2.valueOf("FALL");
        // 使用 compareTo()进行比较
        if (se1.compareTo(se2) < 0) {
            System.out.println(se1 + "在" + se2 + "之前");
        }
        // 使用 equals()判断
        if (se3.equals(se4)) {
            System.out.println(se3 + "等于" + se4);
        }
        // 使用==判断
        if (se3 == se4) {
            System.out.println(se3 + "==" + se4);
        }
    }
}
```

上述代码中，equals()方法用于比较一个枚举实例值和任何其他对象，但只有这两个对象属于同一个枚举类型且值也相同时，二者才会相等；比较两个枚举引用是否相等时可直接使用"=="。调用 Enum 类的 valueOf()静态方法可以获取指定枚举类型、指定值的枚举实例。程序运行结果如下：

SeasonEnum 枚举类的所有实例值以及顺序号：
SPRING--0
SUMMER--1
FALL--2
WINTER--3

SPRING 在 SUMMER 之前
FALL 等于 FALL
FALL==FALL

SeasonEnum2 枚举类的所有实例值以及顺序号：
春--0
夏--1
秋--2
冬--3

春在夏之前
秋等于秋
秋==秋

练 习 题

1. 实现接口的关键字是_____。
   A. abstract   B. interface   C. implements   D. extends
2. 下面说法不正确的是_____。
   A. 抽象类不能直接实例化   B. abstract 不能与 final 同时修饰一个类
   C. final 类可以有子类   D. 抽象类中可以没有抽象方法
3. 下面的代码运行结果是_____。
   ```
   abstract class Base{
       abstract void method();
       static int i;
   }
   public class Mine extends Base{
       public static void main(String[] args) {
         int [] ar=new int[5];
         for(i=0;i<ar.length;i++)
             System.out.println(ar[i]);
       }
   }
   ```
   A. 一个 0~5 的序列将被打印   B. 有错误，ar 使用之前将被初始化
   C. 有错误，Mine 类必须声明成 abstract   D. 报 IndexOutOfBoundes 错误
4. 下列关于抽象类说法中，错误的是_____。
   A. 抽象类需要在 class 前用关键字 abstract 进行修饰
   B. 抽象方法可以有方法体
   C. 有抽象方法的类一定是抽象类
   D. 抽象类可以没有抽象方法
5. 关于接口描述错误的是_____。
   A. 接口中的所有方法都是抽象方法
   B. 一个类可以实现多个接口，接口之间使用逗号进行分隔
   C. 使用接口变量指向该接口的实现类的实例对象，这种使用方式也是多态性的一种体现
   D. 接口可以继承接口，使用 extends 关键字，接口的继承和类的继承一样，都是单继承
6. 下面说法不正确的是_____。
   A. 一个类可以实现一个或多个接口，所以 Java 是支持多继承的
   B. implements 关键字用于实现接口
   C. 不能对接口直接实例化

D. 接口的继承与类的继承不一样，接口完全支持多重继承
7. 下面关于抽象方法，说法不正确的是_____。
   A. 一个抽象类可以含有多个抽象方法，不能包含以实现的方法
   B. 实现一个接口，但没有完全实现接口中包含的抽象方法的类是抽象类
   C. 继承一个抽象类，但没有完全实现父类包含的抽象方法的类是抽象类
   D. 一个类可以继承抽象类的同时实现一个或多个接口
8. 关于抽象类的说法下面哪一种是正确的_____。
   A. 抽象类可以继承非抽象类   B. 抽象类不能实例化对象
   C. 抽象类必须包含抽象方法   D. 继承抽象类的子类必须实现父类中的抽象方法
9. 关于接口的说法下面哪些是不正确的_____。
   A. 在接口中不能定义变量
   B. 在接口中可以定义非抽象方法
   C. 在接口中定义的方法都是 public 和 abstract
   D. 接口可以实现多继承
10. 下列选项中，定义抽象类的关键字是_____。
    A. interface   B. implements   C. abstract   D. class
11. 下列选项中，用于定义接口的关键字是_____。
    A. interface   B. implements   C. abstract   D. class
12. 现有类 A 和接口 B，以下描述中表示类 A 实现接口 B 的语句是_____。
    A. class A implements B   B. class B implements A
    C. class A extends B   D. class B extends A
13. 关于抽象类正确的是_____。
    A. 抽象类中不可以有非抽象方法
    B. 某个非抽象类的父类是抽象类，则这个子类不一定重载父类所有的抽象方法
    C. 不能用抽象类去创建对象
    D. 接口和抽象类是同一个概念
14. 下面选项正确的是_____。
    A. 抽象类可以有构造方法   B. 接口可以有构造方法
    C. 可以用 new 操作符操作一个接口   D. 可以用 new 操作符操作一个抽象类
15. 关于接口下列说法正确的是_____。
    A. 在接口中可以定义变量
    B. 在接口中可以定义非抽象方法
    C. 在接口中定义的方法都是 static、public、abstract
    D. 接口可以实现多继承

参考答案：
1. C   2. C   3. C   4. B   5. D   6. A   7. A   8. B   9. B   10. C
11. A   12. A   13. C   14. A   15. D

第 9 章 异 常

本章学习目标：

- 理解异常的概念和异常处理机制
- 理解 Java 异常的分类
- 掌握 try、catch、finally 使用方法
- 掌握 throw、throws 的使用方法
- 掌握自定义异常的定义和使用方法

9.1 异 常 概 述

程序中的错误可以分为三类：语法错误、逻辑错误和运行时错误。程序经过编译和测试后，前两种错误基本可以排除，但在程序运行过程中，仍然可能发生一些预料不到的情况导致程序出错，这种在运行时出现的意外错误称为"异常"。对异常的处理机制可以是判断一种语言是否成熟的标准。好的异常处理机制可使程序员更容易写出健壮的代码，防止代码中 Bug 的蔓延。在某些语言中，例如传统的 C 语言没有提供异常处理机制，程序员被迫使用多条 if 语句来检测所有可能导致错误的条件，这样会使代码变得非常复杂。而目前主流的编程语言，例如 Java、C++等都提供了成熟的异常处理机制，可以使程序中的异常处理代码和正常的业务代码分离，一旦出现异常，很容易查到并解决，从而提高了程序的健壮性。

9.1.1 异常类

当程序发生异常时，可能有很多有用的信息需要保存，Java 提供了丰富的异常类，当异常发生时，由运行时环境自动产生相应异常类的对象并保存相应异常信息，这些异常类之间有严格的继承关系。如图 9.1 所示列举了 Java 常见的异常类之间的继承关系。

Java 中的异常类可以分为两种：

(1) 错误(Error)：错误一般指与虚拟机相关的问题，如系统崩溃、虚拟机错误、动态链接失败等，这些错误无法恢复或捕获，将导致应用程序中断。

(2) 异常(Exception)：异常是指因程序编码错误或外在因素导致的问题，这些问题能够被系统捕获并进行处理，从而避免应用程序非正常中断，例如：除以 0、对负数开平方根、空指针访问等。

Throwable 是所有异常类的父类，Error 和 Exception 都继承此类。当程序产生 Error 时，

因系统无法捕获 Error 并处理，故程序员将无能为力，程序只能中断；而当发生 Exception 时，系统可以捕获并做出处理。

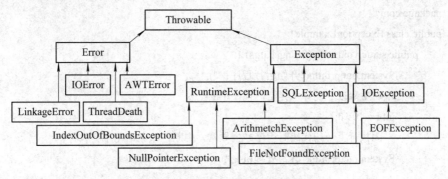

图 9.1 Java 常见异常类的继承关系

Exception 异常从编程角度又可以分为以下两种类型：

(1) 非检查型异常：编译器不要求强制处置的异常。该异常是因编码或设计不当导致的，这种异常可以避免，RuntimeException 及其所有子类都属于非检查型异常。

(2) 检查型异常：编译器要求 Exception 及其子类必须处理的异常。该异常是程序运行时因外界因素而导致的，Exception 及其子类(RuntimeException 及其子类除外)都属于检查型异常。

常见的异常类说明如表 9-1 所示。

表 9-1 常见的异常类

异常分类	类 名	说 明
非检查型异常	ArrayIndexOutOfBoundsException	数组下标越界异常
	NullPointerException	空指针访问异常
	NumberFormatException	数字格式化异常
	ArithmeticException	算术异常，如除以 0 溢出
	ClassCastException	类型转换不匹配异常
检查型异常	SQLException	数据库访问异常
	IOException	文件操作异常
	FileNotFoundException	文件不存在异常
	ClassNotFoundException	类没找到异常

检查型异常体现了 Java 语言的严谨性，程序员必须对该类型的异常进行处理，否则程序编译不通过，则无法运行。RuntimeException 及其子类都是 Exception 的子类，Exception 是所有能够处理的异常的父类。

9.1.2 异常处理机制

异常是在程序执行期间产生的，会中断正常的指令流，使程序不能正常执行下去。例如，除法运算时被除数为 0、数组下标越界、字符串转换为数值型等，都会产生异常，影响程序的正常运行。下述代码示例了会产生被除数为 0 的算术异常，程序不能正常执行完毕，最后的输出语句不能输出，代码如下：

【代码 9.1】 ExceptionExample.java

```java
package com;
public class ExceptionExample{
    public static void main(String[] args) {
        System.out.println("开始运行程序：");
        // 产生除以 0 的算术异常，程序中断
        int i = 10 / 0;
        // 因执行上一句代码时程序产生异常，中断，该条语句不会执行
        System.out.println("异常处理机制");
    }
}
```

程序运行结果如下：

开始运行程序：
Exception in thread "main" java.lang.ArithmeticException: / by zero
    at com.ExceptionExample1.main(ExceptionExample1.java:8)

通过运行结果可以看到，程序出现异常将中断运行。提示"/ by zero"的 ArithmeticException 算术异常，最后输出的语句没有执行。

为了使程序出现异常时也能正常运行下去，需要对异常进行相关的处理操作，这种操作称之为"异常处理"。Java 的异常处理机制可以让程序具有良好的容错性，当程序运行过程中出现意外情况时，系统会自动生成一个异常对象来通知程序，程序再根据异常对象的类型进行相应的处理。

Java 提供的异常处理机制有两种：

(1) 使用 try…catch 捕获异常：将可能产生异常的代码放在 try 语句中进行隔离，如果遇到异常，则程序会停止执行 try 块的代码，跳到 catch 块中进行处理。

(2) 使用 throws 声明抛出异常：当前方法不知道如何处理所出现的异常，该异常应由上一级调用者进行处理，可在定义该方法时使用 throws 声明抛出异常。

Java 的异常处理机制具有以下几个优点：

(1) 异常处理代码和正常的业务代码分离，提高了程序的可读性，简化了程序的结构，保证了程序的健壮性。

(2) 将不同类型的异常进行分类，不同情况的异常对应不同的异常类，充分发挥类的可扩展性和可重用性的优势。

(3) 可以对程序产生的异常进行灵活处理，如果当前方法有能力处理异常，就使用 try…catch 捕获并处理；否则使用 throws 声明要抛出的异常，应由该方法的上一级调用者来处理异常。

9.2 捕获异常

Java 中捕获异常并处理的语句有以下几种：

(1) try…catch 语句。
(2) try…catch…finally 语句。
(3) 自动关闭资源的 try 语句。
(4) 嵌套的 try…catch 语句。
(5) 多异常捕获。

9.2.1 try…catch 语句

try…catch 语句的基本语法格式如下：

```
try {
    // 业务实现代码(可能发生异常)
    ……
}
catch (异常类 1 异常对象) {
    // 异常类 1 的处理代码
}
catch (异常类 2 异常对象) {
    // 异常类 2 的处理代码
}
……// 可以有多个 catch 语句
catch (异常类 n 异常对象) {
    // 异常类 n 的处理代码
}
```

其中：

(1) 执行 try 语句中的业务代码出现异常时，系统会自动生成一个异常对象，该异常对象被提交给 Java 运行时环境，此过程称为"抛出异常"；

(2) 当 Java 运行时环境收到异常对象时，会寻找能处理该异常对象的 catch 语句，即跟 catch 语句中的异常类型进行一一匹配，如果匹配成功，则对相应的 catch 块进行处理，这个过程称为"捕获异常"；

(3) try 语句后可以有一条或多条 catch 语句，这是针对不同的异常类提供不同的异常处理方式。

1. 单 catch 处理语句

单 catch 处理语句只有一个 catch，是最简单的捕获异常处理语句。下面代码示例了使用单 catch 处理语句对异常进行捕获并处理，代码如下：

【代码 9.2】 SingleCatchExample.java

```
package com;
public class SingleCatchExample {
    public static void main(String[] args) {
        int[] array= {1,2,3,4,5};
        try {
```

```
            // 产生数组下标越界异常
            for(int i=0;i<=array.length ;i++)
                System.out.print(array[i]+" ");
        }catch(Exception e) {
            // 输出异常信息
            e.printStackTrace();
        }
        System.out.println(" 程序运行结束");
    }
}
```

上述代码中只有一条 catch 语句，其处理的异常类型是 Exception。e 是异常对象名，这里可以将每个 catch 块看成一个方法，e 就是形参，将来的实参是运行时环境根据错误情况自动产生的异常类对象，方法的调用是自动调用。而 e.printStackTrace()方法将异常信息输出。

所有异常对象都包含以下几个常用方法用于访问异常信息：

(1) getMessage()方法：返回该异常的详细描述字符串；
(2) printStackTrace()方法：将该异常的跟踪栈信息输出到标准错误输出；
(3) printStackTrace(PrintStream s)方法：将该异常的跟踪栈信息输出到指定输出流；
(4) getStackTrace()方法：返回该异常的跟踪栈信息。

程序运行结果如下：

　　1 2 3 4 5 java.lang.ArrayIndexOutOfBoundsException: 5
　　　　at com.SingleCatchExample.main(SingleCatchExample.java:9)
　　程序运行结束

通过运行结果可以分析出，当执行 try 块中的语句产生异常时，try 块中剩下的代码不会再执行，而是执行 catch 语句；catch 语句处理结束后，程序继续向下运行。因此，最后的输出语句会被执行，"程序运行结束"字符串被输出显示，程序正常退出。

单 catch 处理语句的执行流程如图 9.2 所示。

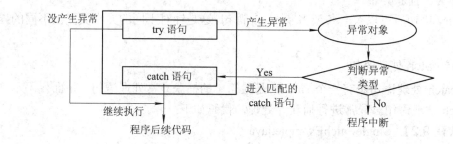

图 9.2　单 catch 处理语句执行流程图

2. 多 catch 处理语句

多 catch 处理语句有多个 catch，是最常用的、针对不同异常进行捕获处理的语句。下述代码示例了使用多个 catch 处理语句对多种异常进行捕获并处理，代码如下：

【代码 9.3】 MultiCatchExample.java

```java
package com;
import java.util.Scanner;
public class MultiCatchExample {
    public static void main(String[] args) {
        Scanner scanner = new Scanner(System.in);
        int array[] = new int[3];
        try { System.out.println("请输入第 1 个数：");
            String str = scanner.next();          // 从键盘获取一个字符串
            // 将不是整数数字的字符串转换成整数，会引发 NumberFormatException
            int n1 = Integer.parseInt(str);
            System.out.println("请输入第 2 个数：");
            int n2 = scanner.nextInt();           // 从键盘获取一个整数
            // 两个数相除，如果 n2 是 0，则会引发 ArithmeticException
            array[1] = n1 / n2;
            // 给 a[3]赋值，数组下标越界，引发 ArrayIndexOutOfBoundsException)
            array[3] = n1 * n2;
            System.out.println("两个数的和是" + (n1 + n2));
        } catch (NumberFormatException ex) {
            System.out.println("数字格式化异常!");
        } catch (ArithmeticException ex) {
            System.out.println("算术异常!");
        } catch (ArrayIndexOutOfBoundsException ex) {
            System.out.println("下标越界异常!");
        } catch (Exception ex) {
            System.out.println("其他未知异常！");
        }
        System.out.println("程序结束！");
    }
}
```

上述代码中，try 语句后跟着 4 条 catch 语句，分别针对 NumberFormatException、ArithmeticException、ArrayIndexOutOfBoundsException 和 Exception 这 4 种类型的异常进行处理。根据输入数据的不同，其执行结果也会不同。

当从键盘输入"xsc"时，将该字符串转换成整数会产生 NumberFormatException 异常，因此对应的异常处理会输出"数字格式化异常!"，运行结果如下：

请输入第 1 个数：
xsc
数字格式化异常!
程序结束!

当输入的第一个数是"10",第二个数是"0",则会产生 ArithmeticException 算术异常,运行结果如下:

请输入第 1 个数:

10

请输入第 2 个数:

0

算术异常!

程序结束!

当输入的两个数都正确,则会执行到"array[3] = n1 * n2"语句,因数组 a 的长度为 3,其下标取值范围是 0～2,所以使用"array[3]"会产生数组下标越界异常,运行结果如下:

请输入第 1 个数:

18

请输入第 2 个数:

2

下标越界异常!

程序结束!

由程序的运行结果可以看出,执行多个 catch 处理语句时,当异常对象被其中的一个 catch 语句捕获,则剩下的 catch 语句将不再进行匹配。多 catch 处理语句的执行流程如图 9.3 所示。

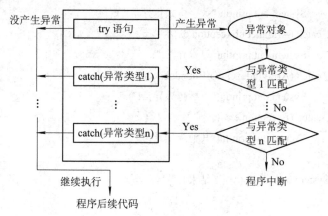

图 9.3　多 catch 处理语句执行流程图

捕获异常的顺序和 catch 语句的顺序有关,因此安排 catch 语句的顺序时,首先应该捕获一些子类异常,然后再捕获父类异常。

9.2.2　try…catch…finally 语句

在某些时候,程序在 try 块中打开了一些物理资源,例如:数据库连接、网络连接以及磁盘文件读写等,针对这些物理资源,不管是否有异常发生,都必须显式回收;而在 try 块中一旦发生异常,可能会跳过显式回收代码直接进入 catch 块,从而导致没有正常回收资源。这种情况下就要求必须执行某些特定的代码。Java 垃圾回收机制不会回收任何物理资源，只能回收堆内存中对象所占用的内存。在 Java 程序中，通常使用 finally 回收物理资源。

在 Java 异常处理机制中，提供了 finally 块，可以将回收代码放入此块中，不管 try 块中的代码是否出现异常，也不管哪一个 catch 块被执行，甚至在 try 块或 catch 中执行了 return 语句，finally 块都会被执行。

try…catch…finally 语句的语法格式如下：

```
try {
    // 业务实现代码(可能发生异常)
    ……
}
catch (异常类 1 异常对象) {     // 异常类 1 的处理代码
}
catch (异常类 2 异常对象) {     // 异常类 2 的处理代码
}
……//可以有多个 catch 语句
catch (异常类 n 异常对象) {     // 异常类 n 的处理代码
}
finally {
    // 资源回收语句
}
```

其中：

(1) try 块是必需的，catch 块和 finally 块是可选的，但 catch 块和 finally 块二者至少出现其一，也可以同时出现，即有两种形式的用法：try…finally 和 try…catch…finally。

(2) try…catch…finally 语句的顺序不能颠倒，所有的 catch 块必须位于 try 块之后，finally 块必须位于所有的 catch 块之后。

下述代码演示 try…catch…finally 语句的使用，代码如下：

【代码 9.4】 FinallyExample.java

```java
package com;
import java.io.FileInputStream;
import java.io.IOException;
public class FinallyExample {
    public static void main(String[] args) {
        FileInputStream fis = null;
        try {
            // 创建一个文件输入流，读指定的文件
            fis = new FileInputStream("xsc.txt");
        } catch (IOException ioe) {
            System.out.println(ioe.getMessage());
            // return 语句强制方法返回
            return; // ①
```

```
            // 使用 exit 来退出应用
            // System.exit(0); // ②
        } finally {
            // 关闭磁盘文件，回收资源
            if (fis != null) {
                try {
                    fis.close();
                } catch (IOException ioe) {
                    ioe.printStackTrace();
                }
            }
            System.out.println("执行 finally 块里的资源回收!");
        }
    }
}
```

上述代码在 try 块中打开一个名为"zkl.txt"的磁盘文件；在 catch 块中使用异常对象的 getMessage()方法获取异常信息，并使用输出语句进行显示。在 finally 块中关闭磁盘文件，回收资源。注意在程序的 catch 块中①处有一条 return 语句，该语句表示强制方法返回。通常程序执行到 return 语句时会立即结束当前方法，但会在返回之前先执行 finally 块中的代码。

运行结果如下：

  zkl.txt (系统找不到指定的文件。)
  执行 finally 块里的资源回收!

将①处的 return 语句注释掉，取消②处的代码注释，使用 System.exit(0)语句退出整个应用程序。因应用程序不再执行，所以 finally 块中的代码也失去执行的机会，其运行结果如下：

  zkl.txt (系统找不到指定的文件。)

try…catch…finally 语句的执行流程如图 9.4 所示。

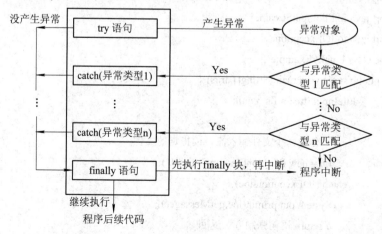

图 9.4　try…catch…finally 语句执行流程图

在代码 9.4 中，关闭资源的代码放在 finally 语句中，程序显得有些繁琐。从 Java 7 开始，增强了 try 语句的功能，允许在 try 关键字后紧跟一对小括号，在小括号中可以声明、初始化一个或多个资源，当 try 语句执行结束时会自动关闭这些资源。

自动关闭资源的 try 语句的语法格式如下：

try (// 声明、初始化资源代码){
    // 业务实现代码(可能发生异常)
    ......
}

自动关闭资源的 try 语句相当于包含了隐式的 finally 块，该 finally 块用于关闭前面所访问的资源。因此，自动关闭资源的 try 语句后面既可以没有 catch 块，也可以没有 finally 块。当然，如果程序需要，自动关闭资源的 try 语句后也可以带多个 catch 块和一个 finally 块。

下述代码修改了前面代码程序，示例了如何使用自动关闭资源的 try 语句，代码如下：

【代码 9.5】 AutoCloseTryExample.java

```java
package com;
import java.io.FileInputStream;
import java.io.IOException;
public class AutoCloseTryExample {
    public static void main(String[] args) {
        // 自动关闭资源的 try 语句，JDK 7.0 以上才支持
        try (FileInputStream fis = new FileInputStream("xsc.txt")) {
            // 对文件的操作……
        } catch (IOException e) {
            System.out.println(e.getMessage());
        }
        // 包含了隐式的 finally 块，fis.close()关闭资源
    }
}
```

上述代码 try 关键字后紧跟一对小括号，在小括号中声明并初始化一个文件输入流，try 语句会自动关闭该资源，这种写法既简洁又安全。

程序运行结果如下：

zkl.txt (系统找不到指定的文件。)

9.2.3 嵌套的 try…catch 语句

在某些时候，需要使用嵌套的 try…catch 语句。例如，代码块的某一部分产生一个异常，而整个代码块又有可能引起另外一个异常，此时需要将一个异常处理嵌套到另一个异常处理中。

下述代码示例了嵌套的 try…catch 语句的使用，代码如下：

【代码 9.6】 NestingTryExample.java

```java
package com;
```

```java
import java.io.FileInputStream;
import java.io.IOException;
import java.util.Scanner;
public class NestingTryExample {
    public static void main(String[] args) {
        try {
            Scanner scanner = new Scanner(System.in);
            System.out.println("请输入第一个数：");
            // 从键盘获取一个字符串
            String str = scanner.next();
            // 将不是整数数字的字符串转换成整数
            // 会引发 NumberFormatException
            int n1 = Integer.parseInt(str);
            try {
                FileInputStream fis = new FileInputStream("xsc.txt");
            } catch (IOException e) {
                System.out.println(e.getMessage());
            }
            System.out.println("请输入第二个数：");
            // 从键盘获取一个整数
            int n2 = scanner.nextInt();
            System.out.println("您输入的两个数的商是：" + n1 / n2);
        } catch (Exception ex) {
            ex.printStackTrace();
        }
        System.out.println("程序到此结束！");
    }
}
```

上述代码中，在一个try…catch语句中嵌套了另外一个try…catch语句。根据输入内容的不同，其运行结果也不同。

当第一个数输入"xsc"时，运行结果如下：

请输入第一个数：
xsc
java.lang.NumberFormatException: For input string: "xsc"
程序到此结束！
　　at java.lang.NumberFormatException.forInputString(Unknown Source)
　　at java.lang.Integer.parseInt(Unknown Source)
　　at java.lang.Integer.parseInt(Unknown Source)
　　at com.NestingTryExample.main(NestingTryExample.java:14)

当第一个数输入正确,但第二个数输入"0"时,运行结果如下:

请输入第一个数:

10

xsc.txt (系统找不到指定的文件。)

请输入第二个数:

0

java.lang.ArithmeticException: / by zero

程序到此结束!

    at com.NestingTryExample.main(NestingTryExample.java:23)

当输入两个正确的数,运行结果如下:

请输入第一个数:

10

xsc.txt (系统找不到指定的文件。)

请输入第二个数:

5

您输入的两个数的商是:2

程序到此结束!

使用嵌套的 try…catch 语句时,如果执行内部的 try 块没有遇到匹配的 catch 块,则将检查外部的 catch 块。

9.2.4 多异常捕获

在 Java 7 以前,每个 catch 块只能捕获一种类型的异常。但从 Java 7 开始,一个 catch 块可以捕获多种类型的异常。使用一个 catch 块捕获多种类型的异常时的语法格式如下:

```
try {
    // 业务实现代码(可能发生异常)
    ......
}
catch (异常类 A [|异常类 B ...|异常类 N] 异常对象) {
    // 多异常捕获处理代码
}
......// 可以有多个 catch 语句
```

其中:

(1) 捕获多种类型的异常时,多种异常类型之间使用竖杠"|"进行间隔;

(2) 多异常捕获时,异常变量默认是常量,因此程序不能对该异常变量重新赋值。

下述代码示例了如何使用多异常捕获,代码如下:

【代码 9.7】 MultiExceptionExample.java

    package com;

    import java.util.Scanner;

    public class MultiExceptionExample {

```java
public static void main(String[] args) {
    try {
        Scanner scanner = new Scanner(System.in);
        System.out.println("请输入第一个数：");
        // 从键盘获取一个字符串
        String str = scanner.next();
        // 将不是整数数字的字符串转换成整数，
        // 会引发 NumberFormatException
        int n1 = Integer.parseInt(str);
        System.out.println("请输入第二个数：");
        // 从键盘获取一个整数
        int n2 = scanner.nextInt();
        System.out.println("您输入的两个数相除的结果是：" + n1 / n2);
    } catch (ArrayIndexOutOfBoundsException
            | NumberFormatException | ArithmeticException e) {
        System.out.println("程序发生了数组越界、数字格式异常、算术异常之一");
        // 捕捉多异常时，异常变量 e 是默认常量，不能重新赋值
        // 下面一条赋值语句错误！
        // e = new ArithmeticException("Test");      // ①
    } catch (Exception e) {
        System.out.println("未知异常");
        // 捕捉一个类型的异常时，异常变量 e 可以被重新赋值
        // 下面一条赋值语句正确
        e = new RuntimeException("Test");           // ②
    }
}
```

上述代码中，第一个 catch 语句使用多异常捕获，该 catch 语句可以捕获处理 ArrayIndexOutOfBoundsException、NumberFormatException 和 ArithmeticException 三种类型的异常。多异常捕获时，异常变量默认是常量，因此程序中①处的代码是错误的，而②的代码是正确的。

9.3 抛出异常

Java 中抛出异常可以使用 throw 或 throws 关键字：

(1) 使用 throw 抛出一个异常对象：当程序出现异常时，系统会自动抛出异常，除此之外，Java 也允许程序使用代码自行抛出异常，自行抛出异常使用 throw 语句完成。

(2) 使用 throws 声明抛出一个异常序列：throws 只能在定义方法时使用。当定义的方

法不知道如何处理所出现的异常，而该异常应由上一级调用者进行处理时，可在定义该方法时使用 throws 声明抛出异常。

9.3.1 throw 抛出异常对象

在程序中，如果需要根据业务逻辑自行抛出异常，则应该使用 throw 语句。throw 语句抛出的不是异常类，而是一个异常实例对象，并且每次只能抛出一个异常实例对象。

throw 抛出异常对象的语法格式如下：

> throw 异常对象

下述代码示例了 throw 语句的使用，代码如下：

【代码 9.8】 ThrowExample.java

```java
package com;
import java.util.Scanner;
public class ThrowExample {
    public static void main(String[] args) {
        Scanner scanner = new Scanner(System.in);
        try {
            System.out.println("请输入年龄：");
            // 从键盘获取一个整数
            int age = scanner.nextInt();
            if (age < 0 || age > 100) {
                // 抛出一个异常对象
                throw new Exception("请输入一个合法的年龄，年龄必须在 0~100 之间");
            }
        } catch (Exception ex) {
            ex.printStackTrace();
        }
        System.out.println("程序到此结束！");
    }
}
```

上述代码中，当用户输入的年龄不在 0～100 之间时，会使用 throw 抛出一个异常对象。程序运行结果如下：

> 请输入年龄：
> 120
> 程序到此结束！
> java.lang.Exception: 请输入一个合法的年龄，年龄必须在 0~100 之间
>   at com.ThrowExample.main(ThrowExample.java:12)

9.3.2 throws 声明抛出异常序列

throws 声明抛出异常序列的语法格式如下：

[访问符] <返回类型> 方法名([参数列表]) throws 异常类 A [,异常类 B... ,异常类 N]{
　　//方法体
}

下述代码示例了 throws 语句的使用，代码如下：

【代码 9.9】 ThrowsExample.java

```java
package com;
import java.util.Scanner;
public class ThrowsExample {
    // 定义一个方法，该方法使用 throws 声明抛出异常
    public    void myThrowsFunction() throws NumberFormatException, ArithmeticException, Exception {
        Scanner scanner = new Scanner(System.in);
        System.out.println("请输入第一个数：");
        String str = scanner.next(); // 从键盘获取一个字符串
        // 将不是整数数字的字符串转换成整数，
        // 会引发 NumberFormatException
        int n1 = Integer.parseInt(str);
        System.out.println("请输入第二个数：");
        int n2 = scanner.nextInt(); // 从键盘获取一个整数
        System.out.println("您输入的两个数相除的结果是：" + n1 / n2);         }
    public static void main(String[] args) {
        ThrowsExample te=new ThrowsExample();
        try {
            // 调用带抛出异常序列的方法
            te.myThrowsFunction();
        } catch (NumberFormatException e) {
            e.printStackTrace();
        } catch (ArithmeticException e) {
            e.printStackTrace();
        } catch (Exception e) {
            e.printStackTrace();
        }
    }
}
```

上述代码中，在定义 myThrowsFunction()方法时，该方法后面直接使用 throws 关键字抛出 NumberFormatException、ArithmeticException 和 Exception 三种类型的异常，这三种异常类之间使用逗号","间隔。这表明 myThrowsFunction()方法会产生异常，但该方法本身没有对异常进行捕获处理(方法体内没有异常处理语句)，应该在调用该方法时就对异常进行捕获处理。

程序运行结果如下:

请输入第一个数:

10

请输入第二个数:

xsc

java.util.InputMismatchException

    at java.util.Scanner.throwFor(Unknown Source)

    at java.util.Scanner.next(Unknown Source)

    at java.util.Scanner.nextInt(Unknown Source)

    at java.util.Scanner.nextInt(Unknown Source)

    at com.ThrowsExample.myThrowsFunction(ThrowsExample.java:14)

    at com.ThrowsExample.main(ThrowsExample.java:20)

9.4 自定义异常

    Java 中定义了一系列的异常类供 API 或开发者使用,但在编程时可能会出现 Java 所定义的异常都不能说明当前异常状态的情况,此时就需要开发者编写一个自定义的异常来满足需要,而 Java 也提供了自定义异常的机制。通常情况下,异常类直接或间接地继承类 Exception,类 Exception 继承类 Throwable,而类 Throwable 则直接继承类 Object。当只有一个对象是类 Throwable 或其子类的实例时,它才可以被 Java 虚拟机或 throw 语句抛出。

    用户自定义异常类都应该继承 Exception 基类或 RuntimeException 基类。定义异常类时通常需要提供两个构造方法:一个是无参数的构造方法;另一个是带一个字符串参数的构造方法,这个字符串将作为该异常对象的描述信息(也就是异常对象的 getMessage()方法的返回值)。

    下述代码定义了一个自定义异常类的基本格式,代码如下:

【代码 9.10】 AuctionException.java

```
package com;
public class AuctionException extends Exception {
    // 无参数的构造方法
    public AuctionException() {
    }
    // 带一个字符串参数的构造方法
    public AuctionException(String msg) {
        super(msg);
    }
}
```

    如果需要自定义 Runtime 异常,则只需将 AuctionException.java 程序中的 Exception 基类改为 RuntimeException 基类,其他地方无须修改。在大部分情况下,创建自定义异常可采用与 AuctionException.java 相似的代码完成，只需改变 AuctionException 异常的类名便可让该异常类的类名准确描述该异常。

当除数为零的时候，会产生 ArithmeticException 异常，如果我们期望对于除零异常进行特殊处理，那么我们可以声明一个自定义异常，并实现自定义异常类。代码如下：

【代码 9.11】 MyExceptionExample.java

```java
package com;
class DivZeroExcetion extends Exception {
    public DivZeroExcetion() {
        super("除数不能为零！");
    }
    public DivZeroExcetion(String msg) {
        super(msg);
    }
}
public class MyExceptionExample{
    public static double div(double x, double y) throws DivZeroExcetion {
        if (y == 0) {
            throw new DivZeroExcetion();
        }
        return x / y;
    }
    public static void main(String[] args) {
        try {
            System.out.println(div(3, 0));
        } catch (DivZeroExcetion e) {
            System.out.println(e.getMessage());
        }
    }
}
```

程序运行结果如下：

除数不能为零！

练 习 题

1. 所有异常类的父类是_____。
   A. Throwable   B. Error   C. Exception   D. RuntimeException
2. 下面属于非检查型异常的类是_____。
   A. ClassNotFoundException   B. NullPointerException
   C. Exception   D. IOException

3. 能单独和 finally 语句一起使用的块是_____。
   A. try   B. catch   C. throw   D. throws
4. 用来抛出异常的关键字是_____。
   A. catch   B. throws   C. pop   D. throw
5. 下列关于异常说法中，错误的是_____。
   A. 一个 try 块后面可以跟多个 catch 块
   B. try 块后面可以没有 catch 块
   C. try 块可以单独使用，后面可以没有 catch、finally 部分
   D. finally 块都会被执行，即使在 try 块或 catch 块中遇到 return，也会被执行
6. 下列说法错误的是_____。
   A. 自定义异常类都继承 Exception 或 RuntimeException 类
   B. 使用 throws 声明抛弃一个异常序列，使用分号";"隔开
   C. 使用 throw 抛出一个异常对象
   D. 异常分为检查型异常和非检查型异常两种
7. 阅读下面的程序：

   ```
   package com;
   import java.io.*;
   public class Test {
       public static void main(String args[]) {
           try {
               FileInputStream fis = new FileInputStream("text");
               System.out.println("content of text is A:");
           } catch (FileNotFoundException e) {
               System.out.println(e);
               System.out.println("message:" + e.getMessage());
               e.printStackTrace(System.out);
           } _____ {
               System.out.println(e);
           }
       }
   }
   ```

   为了保证程序正确运行，程序中下划线处的语句应该是_____。
   A. catch(FileInputStream fis)   B. e.printStackTrace()
   C. catch(IOException e)   D. System.out.println(e)
8. 阅读下面的程序：

   ```
   import java.io.*;
   public class Test {
       public static void main(String args[]) {
           int d = 101;
           int b = 220;
   ```

```
                    long a = 321;
                    System.out.println((a - b) / (a - b - d));
                }
            }
```
执行上面的程序时，会出现什么异常_____。
　　A. ArrayIndexOutOfBoundsException   B. NumberFormatException
　　C. ArithmeticeException   D. EOFException
9. 抛出异常时，应该使用下列哪个子句？_____。
　　A. throw   B. catch   C. finally   D. throws
10. 当方法产生该方法无法确定该如何处理的异常时，应该按_____处理。
　　A. 声明异常   B. 捕获异常   C. 抛出异常   D. 嵌套异常
11. 对于 try 和 catch 的排列顺序，下列正确的是哪一项？_____。
　　A. 子类异常在前，父类异常在后
　　B. 父类异常在前，子类异常在后
　　C. 只能有子类异常
　　D. 父类异常和子类异常不能同时出现在同一个 try 程序段内
12. 阅读下面的程序：
```
package com;
import java.io.*;
public class Test {
    public static void main(String args[]) {
        method();
    }
    static void method() throws Exception {
        try {
            System.out.println("Test7");
        } finally {
            System.out.println("finally");
        }
    }
}
```
下面正确的一项是_____。
　　A. 代码编译成功，输出 test7 和 finally
　　B. 代码编译成功，输出 test7
　　C. 代码实现 A 中的功能，之后 Java 程序停止运行，抛出异常，但是不进行处理
　　D. 代码编译不能通过

参考答案：
1. A 2. B 3. A 4. D 5. C 6. B 7. C 8. C 9. A 10. A 11. A 12. D

第10章 泛型与集合

本章学习目标：

- 理解泛型的概念
- 掌握泛型类的创建和使用
- 理解泛型的有界类型和通配符的使用，了解泛型的限制
- 理解 Java 集合框架的结构、迭代器接口
- 掌握常用接口及实现类的使用
- 了解集合转换

10.1 泛　　型

从 JDK 5.0 开始，Java 引入"参数化类型(Parameterized Type)"的概念，这种参数化类型称为"泛型(Generic)"。泛型是将数据类型参数化，即在编写代码时将数据类型定义成参数，这些类型参数在使用之前再进行指明。泛型提高了代码的重用性，使得程序更加灵活、安全和简洁。

10.1.1 泛型定义

在 JDK 5.0 之前，为了实现参数类型的任意化，都是通过 Object 类型来处理的。但这种处理方式所带来的缺点是需要进行强制类型转换，此种强制类型转换不仅使代码臃肿，而且要求程序员必须对实际所使用的参数类型在已知的情况下进行，否则容易引起 ClassCastException 异常。

从 JDK 5.0 开始，Java 增加了对泛型的支持，使用泛型之后就不会出现上述问题。泛型的好处是在程序编译期会对类型进行检查，捕捉类型不匹配错误，以免引起 ClassCastException 异常；而且泛型不需要进行强制转换，数据类型都是自动转换的。

泛型经常使用在类、接口和方法的定义中，分别称为泛型类、泛型接口和泛型方法。泛型类是引用类型，在内存堆中。

定义泛型类的语法格式如下：

```
[访问符] class 类名 < 类型参数列表> {
    // 类体……
}
```

其中：

(1) 尖括号中是类型参数列表，可以由多个类型参数组成，多个类型参数之间使用","隔开。

(2) 类型参数只是占位符，一般使用大写的"T"、"U"、"V"等作为类型参数。

下述代码示例了泛型类的定义，代码如下：

```
class  Node <T>  {
    private  T   data;
    public  Node <T>   next;
    // 省略……
}
```

从 Java 7 开始，实例化泛型类时只需给出一对尖括号"<>"即可，Java 可以推断尖括号中的泛型信息。将两个尖括号放在一起像一个菱形，因此也被称为"菱形"语法。Java 7"菱形"语法实例化泛型类的格式如下：

类名 <类型参数列表> 对象 = new 类名<>([构造方法参数列表]);

例如：

Node<String>   myNode = new Node<> ();

下述代码示例了一个泛型类的定义，代码如下：

【代码 10.1】 Generic.java

```
package com;
public class Generic<T> {
    private T data;
    public Generic() {
    }
    public Generic(T data) {
    this.data = data;
    }
    public T getData() {
        return data;
    }
    public void setData(T data) {
        this.data = data;
    }
    public void showDataType() {
        System.out.println("数据的类型是: "+data.getClass().getName());
    }
}
```

上述代码定义了一个名为 Generic 的泛型类，并提供两个构造方法。私有属性 data 的数据类型采用泛型，可以在使用时再进行指定。showDataType()方法显示 data 属性的具体类型名称，其中"getClass().getName()"用于获取对象的类名。

下述代码示例了泛型类的实例化，并访问相应方法，代码如下：

【代码 10.2】 GenericExample.java

```java
package com;
public class GenericExample {
    public static void main(String[] args) {
        Generic<String> str = new Generic<>("字符串类型泛型类！");
        str.showDataType();
        System.out.println(str.getData());
        System.out.println("--------------------------------");
        // 定义泛型类的一个 Double 版本
        Generic<Double> dou = new Generic<>(3.1415);
        dou.showDataType();
        System.out.println(dou.getData());
    }
}
```

上述代码使用 Generic 泛型类，并分别实例化为 String 和 Double 两种不同类型的对象。程序运行结果如下：

```
数据的类型是: java.lang.String
欢迎使用泛型类！
--------------------------------
数据的类型是: java.lang.Double
3.1415
```

10.1.2 通配符

当使用一个泛型类时(包括声明泛型变量和创建泛型实例对象)，都应该为此泛型类传入一个实参，否则编译器会提出泛型警告。假设现在定义一个方法，该方法的参数需要使用泛型，但类型参数是不确定的，如果此时考虑使用 Object 类型来解决，则编译时会出现错误。以之前定义的泛型类 Generic 为例，考虑如下代码：

【代码 10.3】 NoWildcardExample.java

```java
package com;
public class NoWildcardExample {
    public static void myMethod(Generic<Object> g) {
        g.showDataType();
    }
    public static void main(String[] args) {
        // 参数类型是 Object
        Generic<Object> gstr = new Generic<Object>("Object");
        myMethod(gstr);
        // 参数类型是 Integer
        Generic<Integer> gint = new Generic<Integer>(12);
```

```
// 这里将产生一个错误
myMethod(gint);
// 参数类型是 Integer
Generic<Double> gdou = new Generic<Double>(12.0);
// 这里将产生一个错误
myMethod(gdou);
    }
}
```

上述代码中定义的 myMethod()方法的参数是泛型类 Generic，该方法的意图是能够处理各种类型参数，但在使用 Generic 类时必须指定具体的类型参数，此处在不使用通配符的情况下，只能使用"Generic<Object>"的方式。这种方式将造成 main()方法中的语句编译时产生类型不匹配的错误，造成程序无法运行。程序中出现的这个问题，可以使用通配符解决。通配符是由"?"来表示一个未知类型，从而解决类型被限制、不能动态根据实例进行确定的缺点。下述代码使用通配符"?"重新实现上述处理过程，实现处理各种类型参数的情况，代码如下：

【代码 10.4】 UseWildcardExample.java

```
package com;
public class UseWildcardExample {
    public static void myMethod(Generic<?> g) {
        g.showDataType();
    }
    public static void main(String[] args) {
        // 参数类型是 String
        Generic<String> gstr = new Generic<>("Object");
        myMethod(gstr);
        // 参数类型是 Integer
        Generic<Integer> gint = new Generic<>(12);
        myMethod(gint);
        // 参数类型是 Integer
        Generic<Double> gdou = new Generic<>(12.0);
        myMethod(gdou);    }
}
```

上述代码定义 myMethod()方法时，使用"Generic<?>"通配符的方式作为类型参数，以便能够处理各种类型参数，且程序编译无误，能够正常运行。程序运行结果如下：

数据的类型是: java.lang.String
数据的类型是: java.lang.Integer
数据的类型是: java.lang.Double

10.1.3 有界类型

泛型的类型参数可以是各种类型，但有时候需要对类型参数的取值进行一定程度的限制，以保证类型参数在指定范围内。针对这种情况，Java 提供了"有界类型"，来限制类型参数的取值范围。有界类型分两种：

(1) 使用 extends 关键字声明类型参数的上界。
(2) 使用 super 关键字声明类型参数的下界。

1. 上界

使用 extends 关键字可以指定类型参数的上界，限制此类型参数必须继承自指定的父类或父类本身。被指定的父类则称为类型参数的"上界(Upper Bound)"。

类型参数的上界可以在定义泛型时进行指定，也可以在使用泛型时进行指定，其语法格式分别如下：

```
// 定义泛型时指定类型参数的上界
[访问符] class 类名<类型参数 extends 父类> {
    // 类体……
}
// 使用泛型时指定类型参数的上界
泛型类 <? extends 父类>
```

例如：

```
// 定义泛型时指定类型参数的上界
public class Generic<T extends Number>{
    // 类体……
}
// 使用泛型时指定类型参数的上界
Generic<? extends Number>
```

上述代码限制了泛型类 Generic 的类型参数必须是 Number 类及其子类，因此可以将 Number 类称为此类型参数的上界。Java 中 Number 类是一个抽象类，所有数值类都继承此抽象类，即 Integer、Long、Float、Double 等用于数值操作的类都继承 Number 类。

下述代码示例了使用类型参数的上界，代码如下：

【代码 10.5】 UpBoundGenericExample.java

```java
package com;
class UpBoundGeneric<T extends Number> {
    private T data;
    public UpBoundGeneric() {
    }
    public UpBoundGeneric(T data) {
        this.data = data;
    }
    public T getData() {
        return data;
    }
```

```java
        public void setData(T data) {
            this.data = data;
        }
        public void showDataType() {
            System.out.println("数据的类型是: " + data.getClass().getName());
        }
    }

    public class UpBoundGenericExample {
        // 使用泛型 Generic 时指定其类型参数的上界
        public static void myMethod(Generic<? extends Number> g) {
            g.showDataType();
        }
        public static void main(String[] args) {
            // 参数类型是 Integer
            Generic<Integer> gint = new Generic<>(1);
            myMethod(gint);
            // 参数类型是 Long
            Generic<Long> glong = new Generic<>(10L);
            myMethod(glong);
            // 参数类型是 String
            Generic<String> gstr = new Generic<>("String");
            // 产生错误
            // myMethod(gstr);
            // 使用已经限定参数的泛型 UpBoundGeneric
            UpBoundGeneric<Integer> ubgint = new UpBoundGeneric<>(20);
            ubgint.showDataType();
            UpBoundGeneric<Long> ubglon = new UpBoundGeneric<>(20L);
            ubglon.showDataType();
            // 产生错误
            // UpBoundGeneric<String> ubgstr = new UpBoundGeneric<>("指定上界");
        }
    }
```

上述代码中定义了一个泛型类 UpBoundGeneric，并指定其类型参数的上界是 Number 类，在定义 myMethod()方法时指定泛型类 Generic 的类型参数的上界也是 Number 类。在 main()方法中进行使用时，当类型参数不是 Number 的子类时都会产生错误，因 UpBoundGeneric 类在定义时就已经限定了类型参数的上界，所以出现"UpBoundGeneric<String>"时就会报错。Generic 类在定义时并没有上界限定，而是在定义 myMethod()方法使用 Generic 类时才进行限定的，因此出现"Generic<String>"不会报错，调用

"myMethod(gstr)"时才会报错。

程序运行结果如下：

数据的类型是：java.lang.Integer

数据的类型是：java.lang.Long

数据的类型是：java.lang.Integer

数据的类型是：java.lang.Long

2. 下界

使用 super 关键字可以指定类型参数的下界，限制此类型参数必须是指定的类型本身或其父类，直至 Object 类。被指定的类则称为类型参数的"下界(Lower Bound)"。

类型参数的下界通常在使用泛型时进行指定，其语法格式如下：

泛型类<? super 类型>

例如：

Generic<? super String>

上述代码限制了泛型类 Generic 的类型参数必须是 String 类本身或其父类 Object，因此可以将 String 类称为此类型参数的下界。

下述代码示例了泛型类型参数下界的声明和使用，代码如下：

【代码 10.6】 LowBoundGenericExample.java

```
package com;
public class LowBoundGenericExample {
    // 使用泛型 Generic 时指定其类型参数的下界
    public static void myMethod(Generic<? super String> g) {
        g.showDataType();
    }

    public static void main(String[] args) {
        // 参数类型是 String
        Generic<String> gstr = new Generic<>("String 类本身");
        myMethod(gstr);
        // 参数类型是 Object
        Generic<Object> gobj = new Generic<Object>(10);
        myMethod(gobj);
        // 参数类型是 Integer
        Generic<Integer> gint = new Generic<>(10);
        // 产生错误
        // myMethod(gint);
    }
}
```

上述代码在定义 myMethod()方法时指定泛型类 Generic 的类型参数的上界是 String 类，

因此在 main()方法中进行使用时，当参数类型不是 String 类或其父类 Object 时，都会产生错误。程序运行结果如下：

　　　　数据的类型是：java.lang.String

　　　　数据的类型是：java.lang.Integer

泛型中使用 extends 关键字限制了类型参数必须是指定的类本身或其子类，而 super 关键字限制类型参数必须是指定的类本身或其父类。在泛型中经常使用 extends 关键字指定上界，而很少使用 super 关键字指定下界。

10.1.4 泛型的限制

Java 语言并没有真正实现泛型。Java 程序在编译时生成的字节码中是不包含泛型信息的，泛型的类型信息将在编译处理时被擦除掉，这个过程称为类型擦除。这种现象造成 Java 泛型产生很多漏洞。虽然 Java 8 对类型推断进行了改进，但依然需要对泛型的使用做一些限制，其中大多数限制都是由类型擦除和转换引起的。

Java 对泛型的限制如下：

(1) 泛型的类型参数只能是类类型(包括自定义类)，不能是简单类型。

(2) 同一个泛型类可以有多个版本(不同参数类型)，不同版本的泛型类的实例是不兼容的，例如："Generic<String>"与"Generic<Integer>"的实例是不兼容的。

(3) 定义泛型时，类型参数只是占位符，不能直接实例化，例如："new T()"是错误的。

(4) 不能实例化泛型数组，除非是无上界的类型通配符，例如："Generic<String> [] a = new Generic<String> [10]"是错误的，而"Generic<?> [] a = new Generic<?> [10]"是被允许的。

(5) 泛型类不能继承 Throwable 及其子类，即泛型类不能是异常类，不能抛出也不能捕获泛型类的异常对象，例如："class GenericException <T> extends Exception""catch(T e)"都是错误的。

10.2　集　合　概　述

Java 的集合类是一些常用的数据结构，如队列、栈、链表等。Java 集合就像一种"容器"，用于存储数量不等的对象，并按照规范实现一些常用的操作和算法。程序员在使用 Java 的集合类时，不必考虑数据结构和算法的具体实现细节，而是根据需要直接使用这些集合类并调用相应的方法即可，从而提高了开发效率。

10.2.1 集合框架

在 JDK 5.0 之前，Java 集合会丢失容器中所有对象的数据类型，将所有对象都当成 Object 类型进行处理。从 JDK 5.0 增加泛型之后，Java 集合完全支持泛型，可以记住容器中对象的数据类型，从而可以编写更简洁、健壮的代码。

Java 所有的集合类都在 java.util 包下，从 JDK 5.0 开始，为了处理多线程环境下的并发安全问题，又在 java.util.concurrent 包下提供了一些多线程支持的集合类。

Java 的集合类主要由两个接口派生而出：Collection 和 Map，这两个接口派生出一些子接口或实现类。Collection 和 Map 是集合框架的根接口。图 10.1 所示是 Collection 集合体系的继承树。

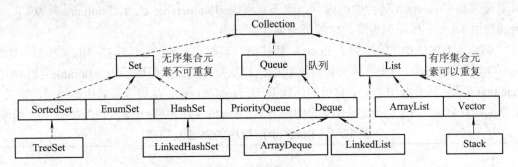

图 10.1 Collection 集合体系的继承树

Collection 接口下有 3 个子接口：
(1) Set 接口：无序、不可重复的集合；
(2) Queue 接口：队列集合；
(3) List 接口：有序、可以重复的集合。

图 10.2 所示是 Map 集合体系的继承树。

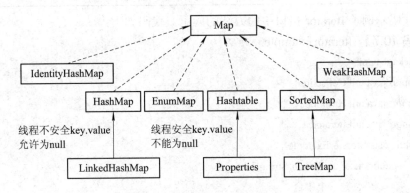

图 10.2 Map 集合体系的继承树

所有 Map 的实现类用于保存具有映射关系的数据，即 Map 保存的每项数据都是由 key-value 键值对组成。Map 中的 key 用于标识集合中的每项数据，是不可重复的，可以通过 key 来获取 Map 集合中的数据项。

Java 中的集合分为三大类：
(1) Set 集合：将一个对象添加到 Set 集合时，Set 集合无法记住添加的顺序，因此 Set 集合中的元素不能重复，否则系统无法识别该元素，访问 Set 集合中的元素也只能根据元素本身进行访问；
(2) List 集合：与数组类似，List 集合可以记住每次添加元素的顺序，因此可以根据元素的索引访问 List 集合中的元素，List 集合中的元素可以重复且长度是可变的；
(3) Map 集合：每个元素都由 key-value 键值对组成，可以根据每个元素的 key 来访问对应的 value。Map 集合中的 key 不允许重复，value 可以重复。

10.2.2 迭代器接口

迭代器(Iterator)可以采用统一的方式对 Collection 集合中的元素进行遍历操作，开发人员无需关心 Collection 集合中的内容，也不必实现 IEnumerable 或者 IEnumerator 接口，就能够使用 foreach 循环遍历集合中的部分或全部元素。

Java 从 JDK 5.0 开始增加了 Iterable 新接口，该接口是 Collection 接口的父接口，因此所有实现了 Iterable 的集合类都是可迭代的，都支持 foreach 循环遍历。Iterable 接口中的 iterator()方法可以获取每个集合自身的迭代器 Iterator。Iterator 是集合的迭代器接口，定义了常见的迭代方法，用于访问、操作集合中的元素。Iterator 接口中的方法及功能如表 10-1 所示。

表 10-1　Iterator 接口中的方法及功能

方　　法	功　能　描　述
default void forEachRemaining (Consumer<? super E> action)	默认方法，对所有元素执行指定的动作
boolean hasNext()	判断是否有下一个可访问的元素，如有，则返回 true；否则，返回 false
E next()	返回可访问的下一个元素
void remove()	移除迭代器返回的最后一个元素，该方法必须紧跟在一个元素的访问后执行

下述代码示例了 Iterator 接口中的方法的应用，代码如下：

【代码 10.7】　IteratorExample.java

```java
package com;
import java.util.Collection;
import java.util.HashSet;
import java.util.Iterator;
public class IteratorExample {
    public static void main(String[] args) {
        // 创建一个集合
        Collection  city=new HashSet<>();
        city.add("重庆");
        city.add("成都");
        city.add("北京");
        city.add("上海");
        // 直接显示集合元素
        System.out.print("开始的城市有："+city+"  ");
        System.out.println();
        // 获取 city 集合对应的迭代器
        Iterator it=city.iterator();
        while(it.hasNext()){
            // it.next()方法返回的数据类型是 Object 类型，需要强制转换
```

```
            String c=(String)it.next();
            System.out.print(c+"  ");
            if(c.equals("成都"))
                it.remove();
        }
        System.out.println();
        System.out.print("最后的城市有："+city+"  ");
    }
}
```

程序运行结果如下：

    开始的城市有：[上海, 北京, 重庆, 成都]

    上海　北京　重庆　成都

    最后的城市有：[上海, 北京, 重庆]

10.3　集　合　类

10.3.1　Collection 接口

Collection 接口是 Set、Queue 和 List 接口的父接口，Collection 接口中定义的方法可以操作这三个接口中的任一个集合，Collection 接口中常用的方法及功能如表 10-2 所示。

表 10-2　Collection 接口中常用的方法及功能

方　　法	功　能　描　述
boolean add(E obj)	添加元素，成功则返回 true
boolean addAll(Collection<? extends E> c)	添加集合 c 的所有元素
void clear( )	清除所有元素
boolean contains(Object obj)	判断是否包含指定的元素，包含则返回 true
boolean containsAll(Collection<?> c)	判断是否包含集合 c 的所有元素
int hashCode( )	返回该集合的哈希码
boolean isEmpty( )	判断是否为空，若为空则返回 true
Iterator<E> iterator( )	返回集合的迭代接口
boolean remove(Object obj)	移除元素
boolean removeAll(Collection<?> c)	移除集合 c 的所有元素
boolean retainAll(Collection<?> c)	仅保留集合 c 的所有元素，其他元素都删除
int size( )	返回元素的个数
Object[ ] toArray( )	返回包含集合所有元素的数组
<T> T[] toArray(T[] a)	返回指定类型的包含集合所有元素的数组

使用 Collection 需要注意以下几个问题：

(1) add()、addAll()、remove()、removeAll()和retainAll()方法可能会引发不支持该操作的 UnsupportedOperationException 异常。

(2) 将一个不兼容的对象添加到集合中时，将产生 ClassCastException 异常。

(3) Collection 接口没有提供获取某个元素的方法，但可以通过 iterator()方法获取迭代器来遍历集合中的所有元素。

(4) 虽然 Collection 中可以存储任何 Object 对象，但不建议在同一个集合容器中存储不同类型的对象，建议使用泛型增强集合的安全性，以免引起 ClassCastException 异常。

下述代码示例了如何操作 Collection 集合里的元素，代码如下：

【代码 10.8】 CollectionExample.java

```java
package com;
import java.util.ArrayList;
import java.util.Collection;
public class CollectionExample {
    public static void main(String[] args) {
        // 创建一个 Collection 对象的集合，该集合用 ArrayList 类实例化
        Collection<Comparable> c = new ArrayList<>();
        // 添加元素
        c.add("Java 程序设计");
        c.add(12);
        c.add("Android 程序设计");
        System.out.println("c 集合元素的个数为：" + c.size());
        // 删除指定元素
        c.remove(12);
        System.out.println("删除后，c 集合元素的个数为：" + c.size());
        // 判断集合是否包含指定元素
        System.out.println("集合中是否包含\"Java 程序设计\"字符串：" +
                c.contains("Java 程序设计"));
        // 查看 c 集合的所有元素
        System.out.println("c 集合的元素有：" + c);
        // 清空集合中的元素
        c.clear();
        // 判断集合是否为空
        System.out.println("c 集合是否为空：" + c.isEmpty());
    }
}
```

程序运行结果如下：

c 集合元素的个数为：3

删除后，c 集合元素的个数为：2

集合中是否包含"Java 程序设计"字符串：true

c 集合的元素有：[Java 程序设计, Android 程序设计]
c 集合是否为空：true

10.3.2 List 接口及其实现类

List 是 Collection 接口的子接口，可以使用 Collection 接口中的全部方法。因为 List 是有序、可重复的集合，所以 List 接口中又增加一些根据索引操作集合元素的方法，常用的方法及功能如表 10-3 所示。

表 10-3 List 接口中的常用方法及功能

方 法	功 能 描 述
void add(int index, E element)	在列表的指定索引位置插入指定元素
boolean addAll(int index, Collection<? extends E> c)	在列表的指定索引位置插入集合 c 所有元素
E get(int index)	返回列表中指定索引位置的元素
int indexOf(Object o)	返回列表中第一次出现指定元素的索引，如果不包含该元素，则返回 –1
int lastIndexOf(Object o)	返回列表中最后出现指定元素的索引，如果不包含该元素，则返回 –1
E remove(int index)	移除指定索引位置上的元素
E set(int index, E element)	用指定元素替换列表中指定索引位置的元素
ListIterator<E> listIterator()	返回列表元素的列表迭代器
ListIterator <E> listIterator (int index)	返回列表元素的列表迭代器，从指定索引位置开始
List<E> subList(int fromIndex , int toIndex)	返回列表指定的 fromIndex(包括)和 toIndex(不包括)之间的元素列表

List 集合默认按照元素添加顺序设置元素的索引，索引从 0 开始，例如：第一次添加的元素索引为 0，第二次添加的元素索引为 1，第 n 次添加的元素索引为 n−1。当使用无效的索引时将产生 IndexOutOfBoundsException 异常。

ArrayList 和 Vector 是 List 接口的两个典型实现类，完全支持 List 接口的所有功能方法。ArrayList 称为"数组列表"，而 Vector 称为"向量"，两者都是基于数组实现的列表集合，但该数组是一个动态的、长度可变的、并允许再分配的 Object[]数组。

ArrayList 和 Vector 在用法上几乎完全相同，但由于 Vector 从 JDK 1.0 开始就有了，所以 Vector 中提供了一些方法名很长的方法，例如：addElement()方法，该方法跟 add()方法没有任何区别。

ArrayList 和 Vector 虽然在用法上相似，但两者在本质上还是存在区别的：

(1) ArrayList 是非线程安全的，当多个线程访问同一个 ArrayList 集合时，如果多个线程同时修改 ArrayList 集合中的元素，则程序必须手动保证该集合的同步性。

(2) Vector 是线程安全的，程序无需手动保证该集合的同步性。正因为 Vector 是线程安全的，所以 Vector 的性能要比 ArrayList 低。在实际应用中，即使要保证线程安全，也不推荐使用 Vector，而可以使用 Collections 工具类将一个 ArrayList 变成线程安全的。

下述代码示例了 ArrayList 类的使用，代码如下：

【代码 10.9】 ArrayListExample.java

```java
package com;
import java.util.ArrayList;
import java.util.Iterator;
public class ArrayListExample {
    public static void main(String[] args) {
        // 使用泛型 ArrayList 集合
        ArrayList<String> array=new ArrayList<>();
        // 添加元素
        array.add("北京");
        array.add("上海");
        array.add("广州");
        array.add("重庆");
        array.add("深圳");
        System.out.print("使用 foreach 遍历集合:");
        for(String s:array){
            System.out.print(s+"   ");
        }
        System.out.println();
        System.out.print("使用 Iterator 迭代器遍历集合:");
        // 获取迭代器对象
        Iterator<String> it=array.iterator();
        while(it.hasNext()){
            System.out.print(it.next()+"   ");
        }
        // 删除指定索引和指定名称的元素
        array.remove(0);
        array.remove("广州");
        System.out.println();
        System.out.print("删除后的元素有: ");
        for(String s:array){
            System.out.print(s+"   ");
        }
    }
}
```

程序运行结果如下：

使用 foreach 遍历集合:北京   上海   广州   重庆   深圳
使用 Iterator 迭代器遍历集合:北京   上海   广州   重庆   深圳
删除后的元素有：上海   重庆   深圳

10.3.3 Set 接口及其实现类

Set 集合类似于一个罐子，可以将多个元素丢进罐子里，但不能记住元素的添加顺序，因此不允许包含相同的元素。Set 接口继承 Collection 接口，没有提供任何额外的方法，其用法与 Collection 一样，只是特性不同(Set 中的元素不重复)。

Set 接口常用的实现类包括 HashSet、TreeSet 和 EnumSet，这三个实现类各具特色：

(1) HashSet 是 Set 接口的典型实现类，大多数使用 Set 集合时都使用该实现类。HashSet 使用 Hash 算法来存储集合中的元素，具有良好的存、取以及查找性。

(2) TreeSet 采用 Tree "树" 的数据结构来存储集合元素，因此可以保证集合中的元素处于排序状态。TreeSet 支持两种排序方式：自然排序和定制排序，默认情况下采用自然排序。

(3) EnumSet 是一个专为枚举类设计的集合类，其所有元素必须是指定的枚举类型。EnumSet 集合中的元素也是有序的，按照枚举值顺序进行排序。

HashSet 及其子类都采用 Hash 算法来决定集合中元素的存储位置，并通过 Hash 算法来控制集合的大小。Hash 表中可以存储元素的位置称为 "桶(bucket)"，通常情况下，单个桶只存储一个元素，此时性能最佳，Hash 算法可以根据 HashCode 值计算出桶的位置，并从桶中取出元素。但当发生 Hash 冲突时，单个桶会存储多个元素，这些元素以链表的形式存储。

下述代码示例了 HashSet 实现类的具体应用，代码如下：

【代码 10.10】 HashSetExample.java

```
package com;
import java.util.HashSet;
import java.util.Iterator;
public class HashSetExample {
    public static void main(String[] args) {
        // 使用泛型 HashSet
        HashSet<Integer> hs = new HashSet<>();
        // 向集合中添加元素
        hs.add(12);
        hs.add(3);
        hs.add(24);
        hs.add(24);
        hs.add(5);
        // 直接输出 HashSet 集合对象
        System.out.println(hs);
        // 使用 foreach 循环遍历
        for (int a : hs) {
            System.out.print(a+"   ");    }
        System.out.println();
        hs.remove(3);      // 删除指定元素
        System.out.print("删除后剩下的数据：");
```

```
        // 获取 HashSet 的迭代器
        Iterator<Integer> iterator = hs.iterator();
        // 使用迭代器遍历
        while (iterator.hasNext()) {
            System.out.print(iterator.next()+"    ");
        }
    }
}
```

程序运行结果如下：

[3, 5, 24, 12]

3 5 24 12

删除后剩下的数据： 5   24   12

通过运行结果可以发现，HashSet 集合中的元素是无序的，且没有重复元素。

下述代码示例了 TreeSet 实现类的使用，代码如下：

【代码 10.11】 TreeSetExample.java

```
package com;
import java.util.Iterator;
import java.util.TreeSet;
public class TreeSetExample {
    public static void main(String[] args) {
        TreeSet<String> hs = new TreeSet<>();
        hs.add("上海");
        hs.add("重庆");
        hs.add("广州");
        hs.add("成都");
        hs.add("重庆");
        System.out.println(hs);
        for (String str : hs) {
            System.out.print(str+"   ");
        }
        hs.remove("重庆");
        System.out.println();
        System.out.print("删除后剩下的数据： ");
        Iterator<String> iterator = hs.iterator();
        while (iterator.hasNext()) {
            System.out.print(iterator.next()+"    ");
        }
    }
}
```

程序运行结果如下：
    [上海, 广州, 成都, 重庆]
    上海　广州　成都　重庆
    删除后剩下的数据：上海　广州　成都

通过运行结果可以看出，TreeSet 集合中的元素按照字符串的内容进行排序，输出的元素都是有序的，但也不能包含重复元素。

10.3.4　Queue 接口及其实现类

Queue 用于模拟队列这种数据结构，通常以"先进先出(FIFO)"的方式排序各个元素，即最先入队的元素最先出队。Queue 接口继承 Collection 接口，除了 Collection 接口中的基本操作外，还提供了队列的插入、提取和检查操作，且每个操作都存在两种形式：一种操作失败时抛出异常；另一种操作失败时返回一个特殊值(null 或 false)。

Queue 接口中的常用方法及功能如表 10-4 所示。

表 10-4　Queue 接口中的常用方法及功能

方　法	功　能　描　述
boolean add(E e)	将指定的元素插入此队列，在成功时返回 true；如果当前没有可用的空间，则抛出 IllegalStateException
E element()	获取队头元素，但不移除此队列的头
boolean offer(E e)	将指定元素插入此队列，当队列有容量限制时，该方法通常要优于 add() 方法，后者可能无法插入元素，而只是抛出一个异常
E peek()	查看队头元素，但不移除此队列的头，如果此队列为空，则返回 null
E poll()	获取并移除此队列的头，如果此队列为空，则返回 null
E remove()	获取并移除此队列的头

Queue 接口有一个 PriorityQueue 实现类。PriorityQueue 类是基于优先级的无界队列，通常称为"优先级队列"。优先级队列的元素按照其自然顺序或定制排序，优先级队列不允许使用 null 元素，依靠自然顺序的优先级队列不允许插入不可比较的对象。

下述代码示例了 PriorityQueue 实现类的使用，代码如下：

【代码 10.12】　PriorityQueueExample.java

```
package com;
import java.util.Iterator;
import java.util.PriorityQueue;
public class PriorityQueueExample {
    public static void main(String[] args) {
        PriorityQueue<Integer> pq = new PriorityQueue<>();
        pq.offer(6);
        pq.offer(-3);
        pq.offer(20);
        pq.offer(18);
```

```
            System.out.println(pq);
            // 访问队列的第一个元素
            System.out.println("poll：" + pq.poll());
            System.out.print("foreach 遍历：");
            for (Integer e : pq) {
                System.out.print(e+" ");
            }
            System.out.println();
            System.out.print("迭代器遍历：");
            Iterator<Integer> iterator = pq.iterator();
            while (iterator.hasNext()) {
                System.out.print(iterator.next()+" ");
            }
        }
    }
```

程序运行结果如下：

    [-3, 6, 20, 18]
    poll：-3
    foreach 遍历：6 18 20
    迭代器遍历：6 18 20

除此之外，Queue 还有一个 Deque 接口，Deque 代表一个双端队列，双端队列可以同时从两端来添加、删除元素。Deque 接口中定义了在双端队列两端插入、移除和检查元素的方法，其常用方法及功能如表 10-5 所示。

表 10-5 Deque 接口中的常用方法及功能

方　　法	功　能　描　述
void addFirst(E e)	将指定元素插入此双端队列的开头，插入失败将抛出异常
void addLast(E e)	将指定元素插入此双端队列的末尾，插入失败将抛出异常
E getFirst()	获取但不移除此双端队列的第一个元素
E getLast()	获取但不移除此双端队列的最后一个元素
boolean offerFirst(E e)	将指定的元素插入此双端队列的开头
boolean offerLast(E e)	将指定的元素插入此双端队列的末尾
E peekFirst()	获取但不移除此双端队列的第一个元素，如果此双端队列为空，则返回 null
E peekLast()	获取但不移除此双端队列的最后一个元素，如果此双端队列为空，则返回 null
E pollFirst()	获取并移除此双端队列的第一个元素，如果此双端队列为空，则返回 null
E pollLast()	获取并移除此双端队列的最后一个元素，如果此双端队列为空，则返回 null
E removeFirst()	获取并移除此双端队列的第一个元素
E removeLast()	获取并移除此双端队列的最后一个元素

Java 为 Deque 提供了 ArrayDeque 和 LinkedList 两个实现类。ArrayDeque 称为"数组双端队列"，是 Deque 接口的实现类，其特点如下：

(1) ArrayDeque 没有容量限制，可以根据需要增加容量。

(2) ArrayDeque 不是基于线程安全的，在没有外部代码同步时，不支持多个线程的并发访问。

(3) ArrayDeque 禁止添加 null 元素。

(4) ArrayDeque 在用作堆栈时快于 Stack，在用作队列时快于 LinkedList。

下述代码示例了 ArrayDeque 实现类的使用，代码如下：

【代码 10.13】 ArrayDequeExample.java

```java
package com;
import java.util.*;
public class ArrayDequeExample {
    public static void main(String[] args) {
        // 使用泛型 ArrayDeque 集合
        ArrayDeque<String> queue = new ArrayDeque<>();
        // 在队尾添加元素
        queue.offer("上海");
        // 在队头添加元素
        queue.push("北京");
        // 在队头添加元素
        queue.offerFirst("南京");
        // 在队尾添加元素
        queue.offerLast("重庆");
        System.out.print("直接输出 ArrayDeque 集合对象: "+queue);
        System.out.println();
        System.out.println("peek 访问队列头部的元素： " + queue.peek());
        System.out.println("peek 访问后的队列元素： " + queue);
        // System.out.println("------------------");
        // poll 出第一个元素
        System.out.println("poll 出第一个元素为： "+queue.poll());
        System.out.println("poll 访问后的队列元素:： " + queue);
        System.out.println("foreach 遍历 ");
        // 使用 foreach 循环遍历
        for (String str : queue) {
            System.out.print(str+"   ");
        }
        System.out.println();
        System.out.println("迭代器遍历： ");
        // 获取 ArrayDeque 的迭代器
```

```
            Iterator<String> iterator = queue.iterator();
            // 使用迭代器遍历
            while (iterator.hasNext()) {
                System.out.print (iterator.next()+"   ");
            }
        }
    }
}
```

程序运行结果如下：

  直接输出 ArrayDeque 集合对象:[南京, 北京, 上海, 重庆]

  peek 访问队列头部的元素：   南京

  peek 访问后的队列元素： [南京, 北京, 上海, 重庆]

  poll 出第一个元素为：   南京

  poll 访问后的队列元素::[北京, 上海, 重庆]

  foreach 遍历：

  北京   上海   重庆

  迭代器遍历：

  北京   上海   重庆

10.3.5 Map 接口及其实现类

Map 接口是集合框架的另一个根接口，与 Collection 接口并列。Map 是以 key-value 键值对映射关系存储的集合。Map 接口中的常用方法及功能如表 10-6 所示。

表 10-6 Map 接口中的常用方法及功能

方　　法	功 能 描 述
void clear()	移除所有映射关系
boolean containsKey(Object key)	判断是否包含指定键的映射关系，包含则返回 true
boolean containsValue(Object key)	判断是否包含指定值的映射关系，包含则返回 true
Set<Map,Entry<K,V>> entrySet()	返回此映射中包含的映射关系的 Set 视图
V get(Object key)	返回指定键所映射的值，如果没有，则返回 null
int hashCode()	返回此映射的哈希码值
boolean isEmpty()	判断是否为空，为空则返回 true
Set<K> keySet()	返回此映射中包含指定键的 Set 视图
V put(K key, V value)	将指定的值与此映射中的指定键关联
void putAll(Map<? extends K,? extends V> m)	从指定映射中将所有映射关系复制到此映射中
V remove(Object key)	移除指定键的映射关系
int size()	返回此映射中的关系数，即大小
Collection<V> values()	返回此映射中包含的值的 Collection 视图

HashMap 和 TreeMap 是 Map 体系中两个常用实现类，其特点如下：

(1) HashMap 是基于哈希算法的 Map 接口的实现类，该实现类提供所有映射操作，并允许使用 null 键和 null 值，但不能保证映射的顺序，即是无序的映射集合。

(2) TreeMap 是基于"树"结构来存储的 Map 接口实现类，可以根据其键的自然顺序进行排序，或定制排序方式。

下述代码演示了 HashMap 类的使用，代码如下：

【代码 10.14】 HashMapExample.java

```java
package com;
import java.util.HashMap;
public class HashMapExample {
    public static void main(String[] args) {
        // 使用泛型 HashMap 集合
        HashMap<Integer, String> hm = new HashMap< >();
        // 添加数据，key-value 键值对形式
        hm.put(1, "北京");
        hm.put(2, "上海");
        hm.put(3, "武汉");
        hm.put(4, "重庆");
        hm.put(5, "成都");
        hm.put(null,null);
        // 根据 key 获取 value
        System.out.println(hm.get(1));
        System.out.println(hm.get(3));
        System.out.println(hm.get(5));
        System.out.println(hm.get(null));
        // 根据 key 删除
        hm.remove(1);
        // key 为 1 的元素已经删除，返回 null
        System.out.println(hm.get(1));
    }
}
```

上述代码允许向 HashMap 中添加 null 键和 null 值，当使用 get()方法获取元素时，没用指定的键时会返回 null。程序运行结果如下：

北京
武汉
成都
null
null

下述代码演示了 TreeMap 类的使用，代码如下：

【代码 10.15】 TreeMapExample.java

```java
package com;
import java.util.TreeMap;
public class TreeMapExample {
    public static void main(String[] args) {
        // 使用泛型 TreeMap 集合
        TreeMap<Integer, String> tm = new TreeMap<>();
        // 添加数据，key-value 键值对形式
        tm.put(1, "北京");
        tm.put(2, "上海");
        tm.put(3, "武汉");
        tm.put(4, "重庆");
        tm.put(5, "成都");
        // tm.put(null, null); 不允许 null 键和 null 值
        // 根据 key 获取 value
        System.out.println(tm.get(1));
        System.out.println(tm.get(3));
        System.out.println(tm.get(5));
        //System.out.println(tm.get(null)); 不允许 null 键
        // 根据 key 删除
        tm.remove(1);
        // key 为 1 的元素已经删除，返回 null
        System.out.println(tm.get(1));
    }
}
```

上述代码在使用 TreeMap 时，不允许使用 null 键和 null 值，当使用 get()方法获取元素时，没用指定的键时会返回 null。程序运行结果如下：

北京
武汉
成都
null

10.4 集合转换

Java 集合框架有两大体系：Collection 和 Map，虽然两者本质上是不同的，各自具有自身的特性，但可以将 Map 集合转换为 Collection 集合。

将 Map 集合转换为 Collection 集合有三种方法：

(1) entrySet()：返回一个包含了 Map 中元素的集合，每个元素都包括键和值；

(2) keySet()：返回 Map 中所有键的集合；

(3) values()：返回 Map 中所有值的集合。

下述代码演示了如何将 Map 集合转换为 Collection 集合，代码如下：

【代码 10.16】 MapChangeCollectionExample.java

```java
package com;
import java.util.Collection;
import java.util.HashMap;
import java.util.Map.Entry;
import java.util.Set;
public class MapChangeCollectionExample {
    public static void main(String[] args) {
        // 使用泛型 HashMap 集合
        HashMap<Integer, String> hm = new HashMap<>();
        // 添加数据，key-value 键值对形式
        hm.put(1, "北京");
        hm.put(2, "上海");
        hm.put(3, "武汉");
        hm.put(4, "重庆");
        hm.put(5, "成都");
        hm.put(null, null);
        // 使用 entrySet()方法获取 Entry 键值对集合
        Set<Entry<Integer, String>> set = hm.entrySet();
        System.out.println("所有 Entry：");
        for (Entry<Integer, String> entry : set) {
            System.out.println(entry.getKey() + " : " + entry.getValue());
        }
        System.out.println("------------------------");
        // 使用 keySet()方法获取所有键的集合
        Set<Integer> keySet = hm.keySet();
        System.out.println("所有 key：");
        for (Integer key : keySet) {
            System.out.println(key);
        }
        System.out.println("------------------------");
        // 使用 values()方法获取所有值的集合
        Collection<String> valueSet = hm.values();
        System.out.println("所有 value：");
        for (String value : valueSet) {
            System.out.println(value);
        }
```

        }
    }

上述代码分别使用 entrySet()方法获取 Entry 键值对集合，使用 keySet()方法获取所有键的集合，使用 values()方法获取所有值的集合，并使用 foreach 循环对集合遍历输出。程序运行结果如下：

所有 Entry：
null : null
1：北京
2：上海
3：武汉
4：重庆
5：成都

所有 key：
null
1
2
3
4
5

所有 value：
null
北京
上海
武汉
重庆
成都

练 习 题

1. 下面_____类是不属于 Collection 集合体系的。
   A. ArrayList   B. LinkedList   C. TreeSet   D. HashMap
2. 创建一个 ArrayList 集合实例，该集合中只能存放 String 类型数据，下列_____代码是正确的。
   A. ArrayList myList=new ArrayList();
   B. ArrayList<String> myList=new ArrayList<>();
   C. ArrayList<> myList=new ArrayList<String>();

D. ArrayList<> myList=new List<>();
3. 下面集合类能够体现"FIFO"特点的是_____。
   A. LinkedList   B. Stack   C. TreeSet   D. HashMap
4. 在 Java 中，LinkedList 和 ArrayList 类同属于集合框架类，下列_____选项中的方法是这两个类都有的。
   A. addFirst(Object o)   B. getFirst()
   C. removeFirst()   D. add(Object o)
5. 下列关于集合框架特征的说法中，不正确的是_____。
   A. Map 集合中的键对象不允许重复、有序
   B. List 集合中的元素允许重复、有序
   C. Set 集合中的元素不允许重复、有序
   D. Collection 集合中的元素允许重复、有序
6. 下列不是 Map 接口中的方法是_____。
   A. clear()   B. peek()   C. get(Object key)   D. remove(Object key)
7. 下列关于 Iterator 接口说法中，错误的是_____。
   A. Iterator 接口是 Collection 接口的父接口
   B. 从 JDK 5 开始，所有实现了 Iterable 的集合类都是迭代的，都支持 foreach 循环遍历
   C. 可以通过 hasNext()方法获取下一个元素
   D. remove()方法移除迭代器返回的最后一个元素
8. 欲构造 ArrayList 类的一个实例，此类实现了 List 接口，下列____语句是正确的。
   A. ArrayList myList=new Object( );
   B. List myList=new ArrayList( );
   C. ArrayList myList=new List( );
   D. List myList=new List( );
9. 下面有关集合的说法，错误的是_____。
   A. Collection 是集合层次中的根接口
   B. List 可以包含重复的元素，是一个有序的集合
   C. Set 中不能包含重复的元素
   D. Map 中存储的是 key-value 键对，可以包含重复的 key，可以有重复的 value

参考答案：
1. D   2. B   3. A   4. D   5. A   6. B   7. C   8. B   9. D

第 11 章 输入/输出流

本章学习目标:
- 掌握 File 类的使用
- 掌握 I/O 流的分类和体系结构
- 掌握字符流和字节流的使用
- 了解对象流和过滤流的使用
- 了解 NIO 的特点并掌握 Buffer 和 Channel 的使用

11.1 输入/输出流概述

流是一组有序的数据序列,是实现数据输入(Input)和输出(Output)的基础,可以对数据实现读/写操作。流(Stream)的优势在于使用统一的方式对数据进行操作或传递,从而简化了代码操作。

按照不同的分类方式,可以将流分为不同的类型。

按照流的流向来分,可以将流分为输入流和输出流(I/O 流)。输入流是只能读取数据,而不能写入数据的流;输出流是只能写入数据,而不能读取数据的流,如图 11.1 所示。

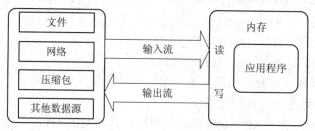

图 11.1 输入流和输出流

按照流所操作的基本数据单元来分,可以将流分为字节流和字符流。字节流所操作的基本数据单元是 8 位的字节(byte),无论是输入还是输出,都是直接对字节进行处理;字符流所操作的基本数据单元是 16 位的字符(Unicode),无论是输入还是输出,都是直接对字符进行处理。

按照流的角色来分,可以将流分为节点流和处理流。节点流用于从或向一个特定的 I/O 设备(如磁盘、网络等)读/写数据的流,也称为低级流,通常是指文件、内存或管道;处理流用于对一个已经存在的流进行连接或封装,通过封装后的流来实现数据的读/写功能,也称为高级流或包装流。

第 11 章 输入/输出流

Java 的 I/O 流都是由 4 个抽象基类派生的，如图 11.2 所示。其中：InputStream/Reader 是所有输入流的基类，用于实现数据的读操作，前者是字节输入流，后者是字符输入流，只是处理数据的基本单位不同；OutputStream/Writer 是所有输出流的基类，用于实现数据的写操作，前者是字节输出流，后者是字符输出流，只是处理数据的基本单位不同。

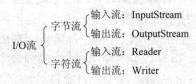

图 11.2 流的抽象基类

Java 的 I/O 流体系比较复杂，共涉及 40 多个类，这些类彼此之间相互联系，也有一定的规律。Java 按照功能将 I/O 流分成了许多类，而每个类中又分别提供了字节输入流、字节输出流、字符输入流和字符输出流。当然有些流没有提供字节流，有些流没有提供字符流。Java 的 I/O 流体系按照功能分类，常用的流如表 11-1 所示。其中，访问文件、数组、管道和字符串的流都是节点流，必须直接与指定的物理节点关联。

表 11-1　I/O 流按功能分类的常用流列表

分　类	字节输入流	字节输出流	字符输入流	字符输出流
抽象基类	InputStream	OutputStream	Reader	Writer
访问文件	FileInputStream	FileOutputStream	FileReader	FileWriter
访问数组	ByteArrayInputStream	ByteArrayOutputStream	ByteArrayReader	ByteArrayWriter
访问管道	PipedInputStream	PipedOutputStream	PipedReader	PipedWriter
访问字符串			StringReader	StringWriter
缓冲流	BufferedInputStream	BufferedOutputStream	BufferedReader	BufferedWriter
转换流			InputStreamReader	OutputStreamWriter
对象流	ObjectInputStream	ObjectOutputStream		
过滤基类	FilterInputStream	FilterOutputStream	FilterReader	FilterWriter
打印流		PrintStream		PrintWriter
推回输入流	PushbackInputStream		PushbackReader	
特殊流	DataInputStream	DataOutputStream		

由于计算机中所有的数据都是以二进制的形式进行组织的，而字节流可以处理所有二进制文件，所以通常字节流的功能比字符流的功能更强大。但是，如果使用字节流处理文本文件时，则需要使用合适的方式将字节转换成字符，从而增加了编程的复杂度。因此，在使用 I/O 流时注意一个规则：如果输入输出的内容是文本内容，则使用字符流；如果输入输出的内容是二进制内容，则使用字节流。

11.2　File 类

File 类是 java.io 包下代表与平台无关的文件和目录，也就是说，如果希望在程序中操作文件和目录，那么都可以通过 File 类来完成。File 类中的方法可以实现文件和目录的创建、删除和重命名等,但 File 类不能访问文件内容本身。如果需要访问文件内容本身,则需要使用 I/O 流。

File 类可以使用文件路径字符串来创建 File 实例,该文件路径字符串既可以是绝对路径,也可以是相对路径。绝对路径是指从根目录开始,对文件进行完整描述,例如"D:\data\xsc.txt";相对路径是指以当前目录为参照,对文件进行描述,例如"data\xsc.txt"。

File 类常用方法及功能如表 11-2 所示。

表 11-2　File 类常用方法及功能

分　类	方　　法	功　能　描　述
构造方法	File(String pathname)	通过将给定路径名字符串转换为抽象路径名来创建一个新 File 实例
	File(File parent, String child)	根据 parent 抽象路径名和 child 路径名字符串创建一个新 File 实例
	File(String parent, String child)	根据 parent 路径名字符串和 child 路径名字符串创建一个新 File 实例
访问文件名或路径	String　getName()	返回 File 对象所表示的文件名或目录的路径
	String　getPath()	返回 File 对象所对应的路径名
	File　getAbsoluteFile()	返回 File 对象的绝对路径文件
	String　getAbsolutePath()	返回 File 对象所对应的绝对路径名
	String　getParent()	返回 File 对象所对应目录的父目录
	boolean　renameTo(File　dest)	重命名 File 对象对应的文件或目录
文件检测	boolean exists()	判断 File 对象所对应的文件或目录是否存在
	boolean canWrite()	判断 File 对象所对应的文件或目录是否可写
	boolean canRead()	判断 File 对象所对应的文件或目录是否可读
	boolean isDirectory()	判断 File 对象是否为一个目录
	boolean isFile()	判断 File 对象是否为一个文件
	boolean isAbsolute()	判断 File 对象是否采用绝对路径
文件信息	long length()	返回 File 对象所对应文件的长度(以字节为单位)
	long lastModified()	返回 File 对象的最后一次被修改的时间
文件操作	boolean createNewFile()	检查文件是否存在,当 File 对象所对应的文件不存在时,新建一个文件
	boolean delete()	删除 File 对象所对应的文件或目录
目录操作	boolean mkdir()	创建一个 File 对象所对应的路径
	String[] list()	列出 File 对象所有的子文件名和路径名
	File[] listFile()	列出 File 对象所有的子文件和路径
	static File[] listRoots()	列出系统所有的根路径

下述案例示例了文件的创建以及对文件进行操作和管理的应用,代码如下:

【代码 11.1】 FileExample.java

```java
package com;
import java.io.File;
import java.io.IOException;
public class FileExample {
    public static void main(String[] args) {
        File newFile = new File("D:\\data");
        System.out.println("创建目录：" + newFile.mkdir());
        // 以当前路径来创建一个 File 对象
        File file = new File("D:\\data","xsc.txt");
        try {
            file.createNewFile();        // 创建文件
        } catch (IOException e) {
            e.printStackTrace();
        }
        if (file.exists()) {
            System.out.println("该文件已存在");
            System.out.println("文件名称为：" + file.getName());
            System.out.println("文件绝对路径为：" + file.getAbsolutePath());
            System.out.println("文件上一级路径为：" + file.getParent());
            //file.delete();        // 删除该文件
        }
        // 使用 list()方法来列出当前路径下的所有文件和路径
        String[] fileList = newFile.list();
        System.out.println("====当前路径下所有文件和路径如下====");
        for (String fileName : fileList) {
            System.out.println(fileName);
        }
    }
}
```

程序运行结果如下：

创建目录：true
该文件已存在
文件名称为：xsc.txt
文件绝对路径为：D:\data\xsc.txt
文件上一级路径为：D:\data
====当前路径下所有文件和路径如下====
xsc.txt

注意：在 Windows 操作系统下，路径的分隔符使用反斜杠"\"，而 Java 程序中的单反斜杠表示转义字符，所以路径分割符需要使用双反斜杠。

11.3 字 节 流

字节流所处理的数据基本单元是字节，其输入/输出操作都是在字节的基础上进行的。字节流的两个抽象基类是 InputStream 和 OutputStream，其他字节流都是由这两个抽象类派生的。

11.3.1 InputStream

InputStream 是字节输入流，使用 InputStream 可以从数据源以字节为单位读取数据。InputStream 类中的常用方法及功能如表 11-3 所示。

表 11-3 InputStream 常用方法及功能

方　　法	功　能　描　述
abstract int read()	读取一个字节并返回，如果遇到源的末尾，则返回 −1
int read(byte[] b)	将数据读入到字节数组中，并返回实际读取的字节数；当已经到达流的末尾而没有可用的字节时，返回 −1
int read(byte[] b, int offset, int len)	将数据读入到字节数组中，offset 表示在数组中存放数据的开始位置，len 表示所读取的最大字节数；当已经到达流的末尾而没有可用的字节时，返回 −1
int available()	用于返回在不发生阻塞的情况下，从输入流中可以读取的字节数
void close()	关闭此输入流，并释放与该流关联的所有系统资源

InputStream 类是抽象类，不能直接实例化，因此使用其子类来完成具体功能。InputStream 类及其子类的关系如图 11.3 所示。

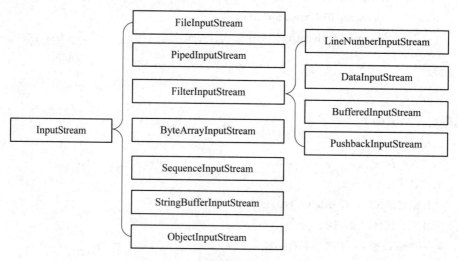

图 11.3 InputStream 类及其子类

InputStream 常见子类及其功能如表 11-4 所示。

表 11-4 InputStream 常见子类及功能

类 名	功 能 描 述
FileInputStream	文件输入流，从文件中读取二进制数据
ByteArrayInputStream	为读取字节数组设计的流，允许内存的一个缓冲区被当作 InputStream 使用
FilterInputStream	过滤输入流，用于将一个流连接到另外一个流的末端，将两种流连接起来
PipedInputStream	管道输入流，产生一份数据，能被写入到相应的 PipedOutputStream 中去
ObjectInputStream	对象输入流，用于将保存在磁盘或网络中的对象读取出来

下述案例示例了 FileInputStream 读取文件内容，代码如下：

【代码 11.2】 FileInputStreamExample.java

```java
package com;
import java.io.FileInputStream;
import java.io.IOException;
public class FileInputStreamExample {
    public static void main(String[] args) {
        // 声明文件字节输入流
        FileInputStream fis = null;
        try {
            // 实例化文件字节输入流
            fis = new FileInputStream("D:\\data\\xsc.txt");
            // 创建一个长度为 1024 的字节数组作为缓冲区
            byte[] bbuf = new byte[1024];
            // 用于保存实际读取的字节数
            int hasRead = 0;
            // 使用循环重复读取文件中的数据
            while ((hasRead = fis.read(bbuf)) > 0) {
                // 将缓冲区中的数据转换成字符串输出
                System.out.print(new String(bbuf, 0, hasRead));
            }
        } catch (IOException e) {
            e.printStackTrace();
        } finally {
            try {
                // 关闭文件输入流
                fis.close();
            } catch (IOException e) {
                e.printStackTrace();
```

```
        }
      }
    }
  }
```

上述代码使用 FileInputStream 中的 read()方法循环从文件中读取数据并输出。在读取文件操作时，可能会发生 IOException，因此需要将代码放在 try…catch 异常处理语句中。最后在 finally 块中，使用 close()方法将文件输入流关闭，从而释放资源。

11.3.2 OutputStream

OutputStream 是字节输出流，使用 OutputStream 可以向数据源以字节为单位写入数据。OutputStream 常用方法及功能如表 11-5 所示。

表 11-5 OutputStream 常用方法及功能

方 法	功 能 描 述
void write(int c)	将一个字节写入到文件输出流中
void write(byte[] b)	将字节数组中的数据写入到文件输出流中
void write(byte[] b, int offset, int len)	将字节数组中的 offset 开始的 len 个字节写到文件输出流中
void close()	关闭此输入流，并释放与该流关联的所有系统资源
void flush()	将缓冲区中的字节立即发送到流中，同时清空缓冲

OutputStream 类和 InputStream 类一样，都是抽象类，不能直接实例化，因此也是使用其子类来完成具体功能。OutputStream 及其子类的关系如图 11.4 所示。

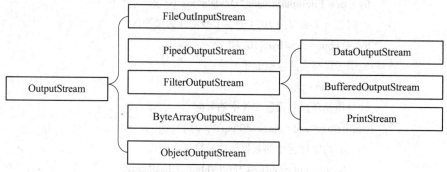

图 11.4 OutputStream 及其子类

OutputStream 常见子类及其功能如表 11-6 所示。

表 11-6 OutputStream 常见子类及功能

类 名	功 能 描 述
FileOutputStream	文件输出流，用于以二进制的格式把数据写入到文件中
ByteArrayOutputStream	按照字节数组的方式，向设备中写出字节流的类
FilterOutputStream	过滤输出流，用于将一个流连接到另外一个流的末端，将两种流连接起来
PipedOutputStream	管道输出流，和 PipedInputStream 相对
ObjectOutputStream	对象输出流，将对象保存到磁盘或在网络中传输

下述案例示例了使用 FileOutputStream 类将用户输入写到指定文件中,代码如下:

【代码 11.3】 FileOutputStreamExample.java

```java
package com;
import java.io.FileOutputStream;
import java.io.IOException;
import java.util.Scanner;
public class FileOutputStreamExample {
    public static void main(String[] args) {
        // 建立一个从键盘接收数据的扫描器
        Scanner scanner = new Scanner(System.in);
        // 声明文件字节输出流
        FileOutputStream fos = null;
        try {
            // 实例化文件字节输出流
            fos = new FileOutputStream("D:\\data\\xsc.txt");
            System.out.println("请输入内容: ");
            String str = scanner.nextLine();
            // 将数据写入文件中
            fos.write(str.getBytes());
            System.out.println("已保存! ");
        } catch (IOException e) {
            e.printStackTrace();
        } finally {
            try {
                // 关闭文件输出流
                fos.close();
                scanner.close();
            } catch (IOException e) {
                e.printStackTrace();
            }
        }
    }
}
```

上述代码使用 FileOutputStream 的 write()方法将用户从键盘输入的字符串保存到文件中,因 write()方法不能直接写字符串,所以要先使用 getBytes()方法将字符串转换成字节数组后再写到文件中。最后在 finally 块中,使用 close()方法将文件输出流关闭并释放资源。

程序运行结果如下:

请输入内容:
我喜欢输入输出流内容的学习!

已保存!

上面运行结果中用户输入的"我喜欢输入输出流内容的学习!",将保存到"D:\\data\\xsc.txt"文件中。如果 D 盘不存在 D:\\data\\xsc.txt 文件,则程序会先创建一个,再将输入内容写入文件;如果该文件已存在,则先清空原来文件中的内容,再写入新的内容。

11.4 字 符 流

字符流所处理的数据基本单元是字符,其输入/输出操作都是在字符的基础上进行的。Java 语言中的字符采用 Unicode 字符编码,每个字符占两个字节空间,而文本文件有可能采用其他类型的编码,如 GBK 和 UTF-8 编码方式,因此在 Java 程序中使用字符流进行操作时,需要注意字符编码方式之间的转换。

字符流的两个抽象基类是 Reader 和 Writer,其他字符流都是由这两个抽象类派生的。

11.4.1 Reader

Reader 是字符输入流,用于从数据源以字符为单位进行数据读取。Reader 类中常用方法及功能如表 11-7 所示。

表 11-7 Reader 类常用方法及功能

方　　法	功 能 描 述
int read()	从流中读出一个字符并返回
int read(char[] buffer)	将数据读入到字符数组中,并返回实际读取的字符数;如果已到达流的末尾而没有可用的字节时,则返回 −1
int read(char[] buffer, int offset, int len)	将数据读入到一个字符数组中,放到数组 offset 指定的位置,并用 len 来指定读取的最大字符数;当到达流的末尾时,返回 −1
void close()	关闭 Reader 流,并释放与该流关联的所有系统资源

Reader 类是抽象类,不能直接实例化,因此需使用其子类来完成具体功能。Reader 类及其子类的关系如图 11.5 所示。

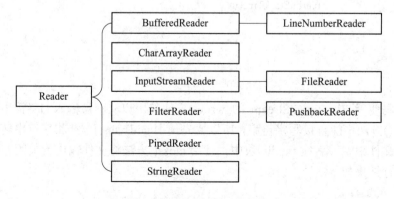

图 11.5 Reader 类及其子类

Reader 类常见子类及其功能如表 11-8 所示。

表 11-8 Reader 类常见子类及功能

类　　名	功　能　描　述
CharArrayReader	字符数组读取器，此类实现一个可用作字符输入流的字符缓冲区
BufferedReader	缓冲字符输入流，从字符输入流中读取文本，缓冲各个字符
StringReader	字符串输入流，其源为一个字符串的字符流
FileReader	字符文件输入流，用于读取文件中的数据
InputStreamReader	将字节流转换成字符流，读出字节并且将其按照指定的编码方式转换成字符

下述案例示例了使用 FileReader 和 BufferedReader 读取文件的内容并输出，代码如下：

【代码 11.4】 ReaderExample.java

```java
package com;
import java.io.BufferedReader;
import java.io.FileReader;
public class ReaderExample {
    public static void main(String[] args) {
        // 声明一个 BufferedReader 流的对象
        BufferedReader br = null;
        try {
            // 实例化 BufferedReader 流，连接 FileReader 流用于读取文件
            br = new BufferedReader(new FileReader("D:\\data\\xsc.txt"));
            String result = null;
            // 循环读文件，一次读一行
            while ((result = br.readLine()) != null) {
                // 输出
                System.out.println(result);
            }
        } catch (Exception e) {
            e.printStackTrace();
        } finally {
            try {    // 关闭缓冲流
                br.close();
            } catch (Exception ex) {
                ex.printStackTrace();
            }
        }
    }
}
```

·240·   Java 程序设计教程

上述代码中，首先声明了一个 BufferedReader 类型的对象，在实例化该缓冲字符流时创建一个 FileReader 流作为 BufferedReader 构造方法的参数，如此两个流就连接在一起，可以对文件进行操作；然后使用 BufferedReader 的 readLine()方法一次读取文件中的一行内容，循环读取文件并显示。BufferedReader 类中 readLine()方法是按行读取，当读取到流的末尾时返回 null，所以可以根据返回值是否为 null 来判断文件是否读取完毕。

11.4.2 Writer

Writer 类是字符输出流，用于向数据源以字符为单位写数据。Writer 类的常用方法及功能如表 11-9 所示。

表 11-9 Writer 类常用方法及功能

方 法	功 能 描 述
void write(int c)	写入单个字符
void write(char[] buffer)	写入字符数组
void write(char[] buffer, int offset, int len)	写入字符数组的某一部分，从 offset 开始的 len 个字符
void write(String str)	写入字符串

Writer 类是抽象类，不能直接实例化，因此需使用其子类来完成具体功能。Writer 类及其子类的关系如图 11.6 所示。

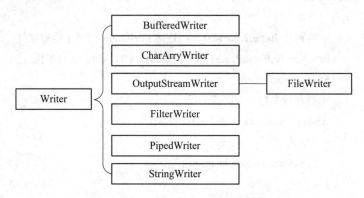

图 11.6 Writer 类及其子类的关系

下述案例示例了使用 FileWriter 将用户输入的数据写入指定的文件中，代码如下：

【代码 11.5】 WriterExample.java

```
package com;
import java.io.FileWriter;
import java.io.IOException;
import java.util.Scanner;
public class WriterExample {
    public static void main(String[] args) {
        // 建立一个从键盘接收数据的扫描器
        Scanner   scanner   = new Scanner(System.in);
```

```
            // 声明文件字符输出流
            FileWriter fw = null;
            try {
                // 实例化文件字符输出流
                fw = new FileWriter("D:\\data\\xsc.txt");
                System.out.println("请输入内容：");
                String str = scanner.nextLine();
                // 将数据写入文件中
                fw.write(str);
                System.out.println("已保存！");
            } catch (IOException e) {
                e.printStackTrace();
            } finally {
                try {
                    // 关闭文件字符输出流
                    fw.close();
                    scanner.close();
                } catch (IOException e) {
                    e.printStackTrace();
                }
            }
        }
    }
```

程序运行结果如下：

请输入内容：
我们努力学习 FileWriter 类的应用！
已保存！

11.5 过滤流和转换流

11.5.1 过滤流

过滤流用于对一个已有的流进行连接和封装处理，以更加便利的方式对数据进行读/写操作。过滤流又分为过滤输入流和过滤输出流。

FilterInputStream 为过滤输入流，该类的子类如图 11.7 所示。

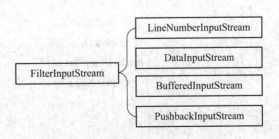

图 11.7 FilterInputStream 类及其子类

FilterInputStream 各个子类及功能如表 11-10 所示。

表 11-10 FilterInputStream 常见子类及功能

类　名	功　能　描　述
DataInputStream	与 DataOutputStream 搭配使用，可以按照与平台无关的方式从流中读取基本类型(int、char 等)的数据
BufferedInputStream	利用缓冲区来提高读取效率
LineNumberStream	跟踪输入流的行号，该类已经被废弃
PushbackInputStream	能够把读取的一个字节压回到缓冲区，通常用作编译器的扫描器，在程序中很少使用

下述案例示例了 BufferedInputStream 类的使用，代码如下：

【代码 11.6】 BufferedInputStreamExample.java

```java
package com;
import java.io.BufferedInputStream;
import java.io.FileInputStream;
public class BufferedInputStreamExample {
    public static void main(String[] args) {
        // 定义一个 BufferedInputStream 类型的变量
        BufferedInputStream bi = null;
        try {
            // 利用 FileInputStream 对象创建一个输入缓冲流
            bi = new BufferedInputStream(new FileInputStream("D:\\data\\xsc.txt"));
            int result = 0;
            // 循环读数据
            while ((result = bi.read()) != -1) {
                // 输出
                System.out.print((char) result);
            }
        } catch (Exception e) {
            e.printStackTrace();
        } finally {
            try {
                // 关闭缓冲流
                bi.close();
            } catch (Exception ex) {
                ex.printStackTrace();
            }
        }
    }
}
```

FilterOutputStream 类为过滤输出流,其子类的层次关系如图 11.8 所示。

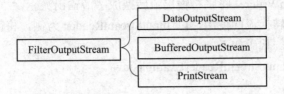

图 11.8 FilterOutputStream 类及其子类的层次关系

FilterOutputStream 类各个子类及功能如表 11-11 所示。

表 11-11 FilterOutputStream 的常见子类及功能

类 名	功 能 描 述
DataOutputStream	与 DataInputStream 搭配使用,可以按照与平台无关的方式从流中写入基本类型(int、char 等)的数据
BufferedOutputStream	利用缓冲区来提高效率
PrintStream	用于产生格式化输出

下述案例演示了 PrintStream 打印流的使用,代码如下:

【代码 11.7】 PrintStreamExample.java

```
package com;
import java.io.FileOutputStream;
import java.io.IOException;
import java.io.PrintStream;
public class PrintStreamExample {
    public static void main(String[] args) {
        String line="使用 PrintStream 过滤流写数据";
        try {
            PrintStream ps =
                new PrintStream(new FileOutputStream("D:\\data\\xsc.txt"));
            // 使用 PrintStream 打印一个字符串
            ps.println(line);
        } catch (IOException e) {
            e.printStackTrace();
        }
    }
}
```

上述代码创建了一个 PrintStream 打印流,并与 FileOutputStream 连接,向文件中写入数据。

11.5.2 转换流

Java 的 I/O 流体系中提供了两个转换流:

(1) InputStreamReader：将字节输入流转换成字符输入流。
(2) OutputStreamWriter：将字符输出流转换成字节输出流。

下述案例示例了转换流的使用，以 InputStreamReader 为例，将键盘 System.in 输入的字节流转换成字符流。代码如下：

【代码 11.8】 InputStreamReaderExample.java

```java
package com;
import java.io.BufferedReader;
import java.io.IOException;
import java.io.InputStreamReader;
public class InputStreamReaderExample {
    public static void main(String[] args) {
        try (
        // 将 Sytem.in 标准输入流 InputStream 字节流转换成 Reader 字符流
        InputStreamReader reader = new InputStreamReader(System.in);
                // 将普通 Reader 包装成 BufferedReader
                BufferedReader br = new BufferedReader(reader)) {
            String line = null;
            // 采用循环方式来一行一行地读取
            while ((line = br.readLine()) != null) {
                // 如果读取的字符串为"退出"，则程序退出
                if (line.equals("退出")) {
                    System.exit(0);
                }
                // 打印读取的内容
                System.out.println("输入内容为:" + line);
            }
        } catch (IOException e) {
            e.printStackTrace();
        }
    }
}
```

上述代码使用 InputStreamReader 转换流将 System.in 标准输入流 InputStream 字节流转换成 Reader 字符流，再将普通 Reader 包装成 BufferedReader。BufferedReader 流具有缓冲功能，一次可以读一行文本。

11.6 对 象 流

在 Java 中，使用对象流可实现对象的序列化和反序列化操作。

11.6.1 对象序列化与反序列化

对象的序列化(Serialize)是指将对象数据写到一个输出流中的过程；而对象的反序列化是指从一个输入流中读取一个对象。将对象序列化后会转换成与平台无关的二进制字节流，从而允许将二进制字节流持久地保存在磁盘上，或通过网络将二进制字节流传输到另一个网络节点。其他程序从磁盘或网络中获取这种二进制字节流，并将其反序列化后恢复成原来的 Java 对象。

对象序列化具有以下两个特点：

(1) 对象序列化可以在分布式应用中进行使用，分布式应用需要跨平台、跨网络，因此要求所有传递的参数、返回值都必须实现序列化。

(2) 对象序列化不仅可以保存一个对象的数据，而且通过循环可以保存每个对象的数据。

对象序列化和反序列化过程如图 11.9 所示。

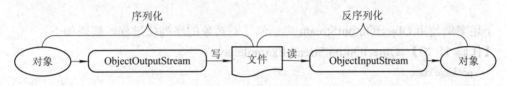

图 11.9 序列化与反序列化

在 Java 中，如果需要将某个对象保存到磁盘或通过网络传输，则该对象必须是可以序列化的(Serializable)。一个类的对象是可序列化的，则该类必须实现 java.lang 包下的 Serializable 接口或 Externalizable 接口。

Java 中的很多类已经实现了 Serializable 接口，该接口只是一个标志接口，接口中没有任何的方法。实现 Serializable 接口时无须实现任何方法，它只是用于表明该类的实例对象是可以序列化的。只有实现 Serializable 接口的对象才可以利用序列化工具保存和复原。

11.6.2 ObjectInputStream 和 ObjectOutputStream

ObjectOutputStream 是 OutputStream 的子类，该类也实现了 ObjectOutput 接口，其中，ObjectOutput 接口支持对象序列化。该类的一个构造方法如下：

    ObjectOutputStream (OutputStream outStream) throws IOException{ }

其中，参数 outStream 是被写入序列化对象的输出流。

ObjectOutputStream 类的常用方法及功能如表 11-12 所示。

表 11-12 ObjectOutputStream 类常用方法及功能

方　　法	功　能　描　述
final void writeObject(Object obj)	写入一个 obj 对象到调用的流中
void writeInt(int i)	写入一个 32 位 int 值到调用的流中
void writeBytes(String str)	以字节序列形式将字符串 str 写入到调用的流中
void writeChar(int c)	写入一个 16 位的 char 值到调用的流中

下述案例定义了一个可以序列化的实体类，代码如下：

【代码 11.9】 Person.java

```java
package com;
import java.io.Serializable;
public class Person implements Serializable {
    String name;
    int age;
    String address;
    public Person(String name, int age, String address) {
        this.name = name;
        this.age = age;
        this.address = address;
    }
}
```

下述案例使用 ObjectOutputStream 类示例了对对象的序列化过程，代码如下：

【代码 11.10】 ObjectOutputStreamExample.java

```java
package com;
import java.io.FileOutputStream;
import java.io.ObjectOutputStream;
public class ObjectOutputStreamExample {
    public static void main(String[] args) {
        // 创建一个 ObjectOutputStream 对象输出流
        try (ObjectOutputStream obs = new ObjectOutputStream(new FileOutputStream("D:\\data\\xsc.txt")))
        {
            // 创建一个 Person 类型的对象
            Person person = new Person("李飞", 20, "重庆");
            // 把对象写入到文件中
            obs.writeObject(person);
            obs.flush();
            System.out.println("序列化完毕！");
        } catch (Exception ex) {
            ex.printStackTrace();
        }
    }
}
```

上述代码中，首先创建了一个 ObjectOutputStream 类型的对象，其中创建一个 FileOutputStream 类型的对象作为 ObjectOutputStream 构造方法的参数，然后创建了一个 Person 类型的对象，再利用 ObjectOutputStream 对象的 writeObject()方法将对象写入到文件中。

ObjectInputStream 是 InputStream 的子类，该类也实现了 ObjectInput 接口，其中

ObjectInput 接口支持对象序列化。该类的一个构造方法如下：
  ObjectInputStream(InputStream inputStream) throws IOException{ }
其中，inputStream 参数是读取序列化对象的输入流。
  ObjectInputStream 类的常用方法及功能如表 11-13 所示。

表 11-13　ObjectInputStream 类常用方法及功能

方　　法	功　能　描　述
final Object readObject()	从流中读取对象
int readInt()	从流中读取一个整型值
String readUTF()	从流中读取 UTF-8 格式的字符串
char readChar()	读取一个 16 位的字符

下述案例使用 ObjectInputStream 类示例了反序列化对象的过程，代码如下：

【代码 11.11】　ObjectInputStreamExamplejava

```
package com;
import java.io.FileInputStream;
import java.io.ObjectInputStream;
public class ObjectInputStreamExample {
    public static void main(String[] args) {
        // 创建一个 ObjectInputStream 对象输入流
        try (ObjectInputStream ois = new ObjectInputStream(
                new FileInputStream("D:\\data\\xsc.txt"))) {
            // 从 ObjectInputStream 对象输入流中读取一个对象，并强制转换成 Person 对象
            Person person =(Person)ois.readObject();
            System.out.println("反序列化完毕！读出的对象信息如下：");
            System.out.println("姓名："+person.name);
            System.out.println("年龄："+person.age);
            System.out.println("地址："+person.address);
        } catch (Exception ex) {
            ex.printStackTrace();
        }
    }
}
```

  上述代码首先创建了一个 ObjectInputStream 类型的对象输入流，并连接一个 FileInputStream 文件输入流，对文件 "D:\\data\\xsc.txt" 进行读取操作，再利用 readObject() 方法从文件中读取一个对象并强制转换成 Person 对象，最后将读取的 Person 对象信息输出。

11.7　NIO

  Java 传统的 I/O 流都是通过字节的移动进行处理的，即使不是直接去处理字节流，其

底层的实现也是依赖于字节处理的。因此，Java 传统的 I/O 流一次只能处理一个字节，从而造成系统的效率不高。从 JDK 1.4 开始，Java 提供了一系列改进功能的 I/O 流，这些具有新的功能的 I/O 流被统称为新 IO（New IO，NIO）。NIO 新增的类都放在 java.nio 包及子包下，这些新增的类对原来 java.io 包中的很多类都进行了改写，以满足 NIO 的功能需要。

11.7.1　NIO 概述

NIO 和传统的 IO 有相同的目的，都是用于数据的输入/输出，但 NIO 采用了内存映射文件这种与原来不同的方式来处理输入/输出操作。NIO 将文件或文件的一段区域映射到内存中，这样可以像访问内存一样来访问文件。

Java 中与 NIO 相关的有以下几个包：

(1) java.nio 包：主要包含各种与 Buffer(缓冲)相关的类。

(2) java.nio.channels 包：主要包含与 Channel(通道)和 Selector 相关的类。

(3) java.nio.charset 包：主要包含与字符集相关的类。

(4) java.nio.channels.spi 包：主要包含与 Channel 相关的服务提供者的编程接口。

(5) java.nio.charset.spi 包：主要包含与字符集相关的服务提供者的编程接口。

Buffer 和 Channel 是 NIO 中两个核心对象：

(1) Buffer 可以被理解成一个容器，其本质是一个数组，向 Channel 中发送或读取的对象都必须先放到 Buffer 中。

(2) Channel 是对传统的 I/O 系统的模拟，在 NIO 系统中所有数据都需要经过通道传输。Channel 与传统的 InputStream、OutputStream 最大的区别是提供了一个 map()方法，通过该方法可以直接将一块数据映射到内存中。

传统的 I/O 是面向流的处理，而 NIO 则是面向块的处理。除了 Buffer 和 Channel 之外，NIO 还提供了用于将 Unicode 字符串映射成字节序列以及映射操作的 Charset 类，也提供了支持非阻塞方式的 Selector 类。

11.7.2　Buffer

Buffer 是一个抽象类，其最常使用的子类是 ByteBuffer，用于在底层字节数组上进行 get/set 操作。除了布尔类型之外，其他基本数据类型都有对应的 Buffer 类，如 CharBuffer、ShortBuffer、IntBuffer 等。这些 Buffer 类都没有提供构造方法，而是通过下面的静态方法来获得一个 Buffer 对象：

　　　Static　XxxBuffer　allocate(int　capacity)：//创建一个指定容量的 XxxBuffer 对象

通常使用最多的是 ByteBuffer 和 CharBuffer，而其他 Buffer 则很少使用。其中，ByteBuffer 类还有一个名为"MappedByteBuffer"的子类，用于表示 Channel 将磁盘文件的部分或全部内容映射到内存中所得到的结果，通常 MappedByteBuffer 对象由 Channel 的 map()方法返回。

使用 Buffer 类时涉及容量(Capacity)、界限(Limit)和位置(Position)这三个概念。其中，容量是该 Buffer 的最大数据容量，创建后不能改变；界限是第一个不应该被读出或者写入的缓冲区位置索引，位于 limit 后的数据既不能被读，也不能被写；位置是用于指明下一个可以被读出或者写入的缓冲区位置索引。

Buffer 还支持一个可选的标记 Mark，Buffer 允许直接将 Position 定位到该 Mark 处。Capacity、Limit、Position 和 Mark 这些值之间满足以下关系：

0≤mark≤position≤limit≤capacity

Buffer 读入数据后如图 11.10 所示。

图 11.10　Buffer 读取数据后的示意图

Buffer 常用的方法如表 11-14 所示。

表 11-14　Buffer 的常用方法

方　　法	功　能　描　述
Buffer clear()	清除此缓冲区
Buffer flip()	反转此缓冲区
boolean hasRemaining()	告知在当前位置和限制之间是否有元素
int limit()	返回此缓冲区的限制
Buffer limit(int newLimit)	设置此缓冲区的限制
Buffer mark()	在此缓冲区的位置设置标记
int position()	返回此缓冲区的位置
Buffer position(int newPosition)	设置此缓冲区的位置
int remaining()	返回当前位置与限制之间的元素数
Buffer reset()	将此缓冲区的位置重置为以前标记的位置
Buffer rewind()	重绕此缓冲区

下述案例示例了 Buffer 的使用，代码如下：

【代码 11.12】　NIOBufferExample.java

```
package com;
import java.nio.CharBuffer;
public class NIOBufferExample {
    public static void main(String[] args) {
        // 创建一个容量为 8 的 CharBuffer 缓冲区对象
        CharBuffer buff = CharBuffer.allocate(8);
        // 获取缓冲区的容量、界限和位置
        System.out.println("capacity: " + buff.capacity());
        System.out.println("limit: " + buff.limit());
        System.out.println("position: " + buff.position());
        // 使用 put()方法向 CharBuffer 对象中放入元素
        buff.put('a');
```

```java
            buff.put('b');
            buff.put('c');
            System.out.println("加入三个元素后, position = " + buff.position());
            // 调用 flip()方法反转缓冲区
            buff.flip();
            System.out.println("执行 flip()后, limit = " + buff.limit());
            System.out.println("position = " + buff.position());
            // 取出第一个元素
            System.out.println("第一个元素(position=0): " + buff.get());
            System.out.println("取出一个元素后, position = " + buff.position());
            // 调用 clear()方法清除缓冲区
            buff.clear();
            System.out.println("执行 clear()后, limit = " + buff.limit());
            System.out.println("执行 clear()后, position = " + buff.position());
            // 根据索引获取数据
            System.out.println("执行 clear()后, 缓冲区内容并没有被清除: "
                + "第三个元素为: " + buff.get(2));
            System.out.println("执行绝对读取后, position = " + buff.position());
    }
}
```

程序运行结果如下:

```
capacity: 8
limit: 8
position: 0
加入三个元素后, position = 3
执行 flip()后, limit = 3
position = 0
第一个元素(position=0): a
取出一个元素后, position = 1
执行 clear()后, limit = 8
执行 clear()后, position = 0
执行 clear()后, 缓冲区内容并没有被清除: 第三个元素为: c
执行绝对读取后, position = 0
```

11.7.3 Channel

Channel 与传统的 I/O 流类似,但主要有两点区别:

(1) Channel 类可以直接将指定文件的部分或全部直接映射成 Buffer;

(2) 程序不能直接访问 Channel 中的数据,Channel 只能与 Buffer 进行交互。

Channel 是接口,其实现类包括:DatagramChannel、FileChannel、Pipe.SinkChannel、

Pipe.SourceChannel、SelectableChannel、ServerSocketChannel、SocketChannel 等。所有的 Channel 对象都不是通过构造方法直接创建的，而是通过传统的节点 InputStream 或 OutputStream 的 getChannel()方法来获取对应的 Channel 对象，不同的节点流所获取的 Channel 也是不一样的。例如，FileInputStream 和 FileOutputStream 的 getChannel()方法返回的是 FileChannel，而 PipeInputStream 和 PipeOutputStream 的 getChannel()方法返回的是 Pipe.SourceChannel。

在本节，以 FileChannel 为例，介绍如何使用 Channel 进行数据访问。FileChannel 类中常用的方法及功能如表 11-15 所示。

表 11-15　FileChannel 类常用方法及功能

方　　法	功　能　描　述
MappedByteBuffer map(FileChannel.MapMode mode, long position, long size)	将此通道的文件区域直接映射到内存中
int read(ByteBuffer dst)	将字节序列从此通道读入给定的缓冲区
int write(ByteBuffer src)	将字节序列从给定的缓冲区写入此通道

下述案例示例了将 FileChannel 的所有数据映射成 ByteBuffer，代码如下：

【代码 11.13】 NIOFileChannelExample.java

```java
package com;
import java.io.*;
import java.nio.*;
import java.nio.channels.FileChannel;
import java.nio.charset.*;
public class NIOFileChannelExample {
    public static void main(String[] args) {
        File f = new File("D:\\data\\xsc.txt");
        try (
            // 创建 FileInputStream，以该文件输入流创建 FileChannel
            FileChannel inChannel = new FileInputStream(f).getChannel();
            // 以文件输出流创建 FileBuffer，用以控制输出
            FileChannel outChannel = new FileOutputStream("D:\\channel.txt").getChannel()) {
            // 用 map()方法经 FileChannel 中的所有数据映射成 ByteBuffer
            MappedByteBuffer buffer = inChannel.map(FileChannel.MapMode.READ_ONLY, 0, f.length());
            // 使用 GBK 的字符集来创建解码器
            Charset charset = Charset.forName("GBK");
            // 直接将 Buffer 里的数据全部输出
            outChannel.write(buffer);
            // 再次调用 Buffer 的 clear()方法，复原 limit、position 的位置
            buffer.clear();
            // 创建解码器(CharsetDecoder)对象
```

```
        CharsetDecoder decoder = charset.newDecoder();
        // 使用解码器将 ByteBuffer 转换成 CharBuffer
        CharBuffer charBuffer = decoder.decode(buffer);
        // CharBuffer 的 toString 方法可以获取对应的字符串
        System.out.println(charBuffer);
    } catch (IOException ex) {
        ex.printStackTrace();
    }
}
```

上面程序中分别使用 FileInputStream 和 FileOutputStream 来获取 FileChannel，虽然 FileChannel 既可以读取也可以写入，但 FileInputStream 获取的 FileChannel 只能读，而 FileOutputStream 获取的 FileChannel 则只能写。程序后面部分为了能将文件里的内容打印出来，使用了 Charset 类和 CharsetDecoder 类将 ByteBuffer 转换成 CharBuffer。

11.7.4 字符集和 Charset

我们在计算机里看到的各种文件、数据和图片都只是一种表面现象，其实所有文件在计算机底层都是以二进制文件形式保存的，即全部是字节码。当需要保存文件时，程序必须先把文件中的每个字符翻译成二进制序列；当需要读取文件时，程序必须把二进制序列转换为一个个的字符。这个过程涉及两个概念：编码(Encode)和解码(Decode)。通常而言，把明文的字符序列转换成计算机理解的二进制序列，称为编码；把二进制序列转换成普通人能看懂的明文字符串称为解码。

Java 默认使用 Unicode 字符集，但很多操作系统并不使用 Unicode 字符集，那么当从系统中读取数据到 Java 程序中时，就可能出现乱码现象。

JDK 1.4 提供了 Charset 来处理字节序列和字符序列(字符串)之间的转换关系，该类包含了用于创建解码器和编码器的方法，还提供了获取 Charset 所支持字符集的方法。Charset 类常用方法及功能如表 11-16 所示。

表 11-16 Charset 类常用方法及功能

方　　法	功　能　描　述
static SortedMap<String,Charset> availableCharsets()	构造从规范 charset 名称到 charset 对象的有序映射
static Charset forName(String charsetName)	返回指定 charset 的 charset 对象
final CharBuffer decode(ByteBuffer bb)	将此 charset 中的字节解码成 Unicode 字符的便捷方法
final ByteBuffer encode(CharBuffer cb)	将此 charset 中的 Unicode 字符编码成字节的便捷方法
final ByteBuffer encode(String str)	将此 charset 中的字符串编码成字节的便捷方法
abstract CharsetDecoder newDecoder()	为此 charset 构造新的解码器
abstract CharsetEncoder newEncoder()	为此 charset 构造新的编码器

第 11 章 输入/输出流

下述案例示例了 Charset 类及字符集的使用，代码如下：

【代码 11.14】 CharsetExample.java

```java
package com;
import java.nio.ByteBuffer;
import java.nio.CharBuffer;
import java.nio.charset.CharacterCodingException;
import java.nio.charset.Charset;
import java.nio.charset.CharsetDecoder;
import java.nio.charset.CharsetEncoder;
import java.util.SortedMap;
public class CharsetExample {
    public static void main(String[] args) throws CharacterCodingException {
        // 获取 Java 支持的全部字符集，并遍历出来
        SortedMap<String, Charset> map = Charset.availableCharsets();
        for (String str : map.keySet()) {
            System.out.println(str + "--->" + map.get(str));
        }
        // 创建简体中文对应的 Charset
        Charset cn=Charset.forName("GBK");
        // 获取 cn 对象对应的编码器和解码器
        CharsetEncoder cne=cn.newEncoder();
        CharsetDecoder cnd=cn.newDecoder();
        // 创建一个对象，并放入元素
        CharBuffer cnb=CharBuffer.allocate(8);
        cnb.put('我');
        cnb.put('爱');
        cnb.put('北');
        cnb.put('京');
        cnb.flip();
        // 将 CharBuffer 中的字符序列转换成字节序列
        ByteBuffer buff=cne.encode(cnb);
        for(int i=0;i<buff.capacity();i++)
            System.out.print(buff.get(i)+" ");
        // 将 ByteBuffer 的数据解码成字符序列
        System.out.println("\n"+cnd.decode(buff));
    }
}
```

上面程序中开始代码获取了当前 Java 所支持的全部字符集，并使用 foreach 遍历方式打印了所有字符集的别名和 Charset 对象。对于一般程序员而言，常用的字符串如下：

(1) GBK：简体中文字符集。

(2) BIG5：繁体中文字符集。

(3) ISO-8859-1：ISO 拉丁字母表 No.1，也叫做 ISO-LATIN-1。

(4) UTF-8：8 位 UCS 转换格式。

(5) UTF-16：16 位 UCS 转换格式，字节顺序由可选的字节顺序标记来标识。

程序运行结果如下：

Big5--->Big5

Big5-HKSCS--->Big5-HKSCS

EUC-JP--->EUC-JP

EUC-KR--->EUC-KR

GB18030--->GB18030

GB2312--->GB2312

GBK--->GBK

……

-50 -46 -80 -82 -79 -79 -66 -87

我爱北京

11.7.5 文件锁

文件锁在操作系统中是很平常的事情，如果多个运行的程序需要并发修改同一个文件时，程序之间就需要某种机制来进行通信。文件锁可以有效地阻止多个进程并发修改同一个文件，所以现在的大部分操作系统中都提供了文件锁的功能。

文件锁控制文件可被全部或部分字节访问，但文件锁在不同的操作系统中差别较大，所以早期的 JDK 版本并未提供文件锁的支持。从 JDK 1.4 的 NIO 开始，Java 开始提供文件锁的支持。

在 NIO 中，Java 提供了 FileLock 类来支持文件锁定功能，在 FileChannel 类中提供了 Lock()/tryLock()方法来获得文件锁对象，从而锁定文件。FileChannel 类常用的方法及功能如表 11-17 所示。

表 11-17 FileChannel 类常用方法及功能

方　　法	功　能　描　述
final FileLock lock()	获取对此通道的文件的独占锁定
abstract FileLock lock(long position, long size, boolean shared)	获取对此通道的文件给定区域上的锁定
final FileLock tryLock()	试图获取对此通道的文件的独占锁定
abstract FileLock tryLock(long position, long size, boolean shared)	试图获取对此通道的文件给定区域的锁定

当参数 shared 为 true 时，表明该锁是一个共享锁，它将允许多个进程来读取该文件，但阻止其他进程获得对该文件的排他锁。当 shared 为 false 时，表明该锁是一个排他锁，它将锁住对该文件的读写。程序可以通过 FileLock 类的 isShared()方法来判断它获得的锁是否

为共享锁。处理完文件后通过 FileLock 的 release()方法来释放文件锁。

Lock()方法和 tryLoc()方法的区别在于：当 lock()试图锁定某个文件时，如果无法得到文件锁，则程序将一直阻塞；而 tryLoc()是尝试锁定文件，它将直接返回而不是阻塞，如果获得了文件锁，该方法则返回该文件锁，否则将返回 null。

下面案例示例了 FileLock 锁定文件的使用，代码如下：

【代码 11.15】 FileLockExample.java

```java
package com;
import java.io.FileOutputStream;
import java.nio.channels.FileChannel;
import java.nio.channels.FileLock;
public class FileLockExample {
    public static void main(String[] args) {
        try {
            // 使用 FileOutputStream 获取 FileChannel 对象
            FileChannel fc = new FileOutputStream("D:\\data\\xsc.txt").getChannel();
            // 使用非阻塞方式对指定文件加锁
            FileLock fl = fc.tryLock();
            // 程序暂停 1 秒
            Thread.sleep(1000);
            // 释放锁
            fl.release();
        } catch (Exception e) {
            e.printStackTrace();
        }
    }
}
```

关于文件锁还需要指出如下几点：

(1) 在某些平台上，文件锁仅仅是建议性的，并不是强制性的。这意味着即使一个程序不能获得文件锁，它也可以对文件进行读写。

(2) 在某些平台上，不能同步地锁定一个文件并把它映射到内存中。

(3) 文件锁是由 Java 虚拟机所持有的，如果两个 Java 程序使用同一个 Java 虚拟机运行，则它们不能对同一个文件进行解锁。

(4) 在某些平台上关闭 FileChannel 时，会释放 Java 虚拟机在该文件上的所有锁，因此应该避免对同一个被锁定的文件打开多个 FileChannel。

11.7.6 NIO.2

Java 7 对原有的 NIO 进行重大改进，称为 "NIO.2"。NIO.2 主要有以下两方面的改进：

(1) 提供了全面的文件 I/O 和文件系统访问支持，新增了 java.nio.file 包及其子包；

(2) 新增基于异步的 Channel 的 I/O，在 java.nio.channels 包下增加了多个以 Asynchronous

开头的 Channel 接口和类。

NIO.2 为了弥补原先 File 类的不足，引入了一个 Path 接口，该接口代表一个与平台无关的文件路径。另外，NIO.2 还提供了 Files 和 Paths 两个工具类。Paths 工具类提供了 get() 静态方法来创建 Path 实例对象，方法和功能如表 11-18 所示。

表 11-18 Paths 类静态方法及功能

方　　法	功　能　描　述
public static Path get(String first,String...more)	将路径字符串或多个字符串连接，形成一个路径的字符串序列，转换成一个 Path 对象
public static Path get(URI uri)	将给定的 URI 转换成一个 Path 对象

下面案例简单示例了 Path 接口的功能和用法，代码如下：

【代码 11.16】 NIO2PathExample.java

```java
package com;
import java.nio.file.Path;
import java.nio.file.Paths;
public class NIO2PathExample {
    public static void main(String[] args) {
        // 以当前路径来创建 Path 对象
        Path path = Paths.get(".");
        System.out.println("path 里包含的路径数量：" + path.getNameCount());
        System.out.println("path 的根路径：" + path.getRoot());
        // 获取 path 对应的绝对路径
        Path absolutePath = path.toAbsolutePath();
        System.out.println(absolutePath);
        // 获取绝对路径的根路径
        System.out.println("absolutePath 的根路径：" + absolutePath.getRoot());
        // 获取绝对路径所包含的路径数量
        System.out.println("absolutePath 里包含的路径数量："
                + absolutePath.getNameCount());
        System.out.println(absolutePath.getName(1));
        // 以多个 String 来构建 Path 对象
        Path path2 = Paths.get("D:", "workspace");
        System.out.println(path2);
    }
}
```

上述代码中先使用 Paths 类的 get()方法获得 Path 对象，然后打印 Path 对象中的路径数量、根路径以及绝对路径等信息；Paths 类还提供了 get(String first, String…more)方法来获取对象，Paths 会将给定的多个字符连缀成路径，比如 Paths.get("D:", "workspace")指返回 D:\workspace 路径。

练 习 题

1. 下列类中由 InputStream 类直接派生出的是_____。
   A. BufferedInputStream   B. PushbackInputStream
   C. ObjectInputStream   D. DataInputStream
2. 以下方法中_____方法不是 InputStream 类的方法。
   A. int read(byte[] buffer)   B. void flush()
   C. void close()   D. int available()
3. 下列_____类可以用作为 FilterInputStream 类的构造方法的参数。
   A. InputStream   B. File   C. FileOutputStream   D. String
4. 在 FilenameFilter 接口中，提供了_____两种类方法。
   A. filter()   B. list()   C. listFile()   D. listFiles()
5. 以下方法中，_____ 方法不是 OutputStream 类的方法。
   A. void write(int c)   B. void write(byte[] b)   C. void reset()
   D. void write(byte[] b, int offset, int len)
   E. void writeTo(OutputStream out)
6. 能向内存直接写入数据的流是_____。
   A. FileOutputStream   B. FileInputStream
   C. ByteArrayOutputStream   D. ByteArrayInputStream
7. 下列叙述中，错误的是_____。
   A. 所有的字节输入流都从 InputStream 类继承
   B. 所有的字节输出流都从 OutputStream 类继承
   C. 所有的字符输出流都从 OutputStreamWriter 类继承
   D. 所有的字符输入流都从 Reader 类继承
8. Java 对 I/O 访问所提供的同步处理机制是_____。
   A. 字节流   B. 过滤流   C. 字符流   D. 压缩文件流
9. 下列关于 Reader 的说法中正确的是_____。
   A. Reader 是一个抽象类，不能直接实例化，可以通过继承类来完成具体功能
   B. Reader 是一个接口，不能直接实例化，可以通过实现类来完成具体功能
   C. Reader 是一个普通类，能够直接进行实例化
   D. Reader 是字符输入流，用于从数据源以字符为单位进行数据读取
10. 下列关于 DataInputStream 的说法中错误的是_____。
    A. DataInputStream 是 FileInputStream 的子类
    B. DataInputStream 是 DataInput 接口的实现类
    C. DataInputStream 和 FilterInputStream 都是 InputStream 的子类
    D. DataInputStream 使用缓冲区来提高读取效率
11. 下列关于序列化和反序列化的说法中正确的是_____。

A. 只有实现 Serializable 接口的对象才可以利用序列化工具保存和复原

B. 对象的序列化是指将对象数据写到一个输出流中的过程

C. 如果一个类是可序列化的，则该类必须实现 java.lang 包下的 Serializable 接口或 Externalizable 接口

D. 对象的反序列化是指从一个输入流中读取一个对象

12. 下列关于 NIO 的说法中错误的是_____。

A. NIO 和传统的 I/O 有相同的目的，都是用于数据的输入/输出

B. NIO 新增的类都放在 java.nio 包及子包下

C. 传统的 I/O 是面向流的处理，而 NIO 则是面向块的处理

D. Buffer 和 Channel 是 NIO 中的核心，两者都是抽象类，使用时需要通过子类来实现具体的功能

13. 阅读下面的程序：

```
package com;
import java.io.*;
public class Test {
    public static void main(String args[]) {
        int[] myArray = { 10, 20, 30, 40 };
        try {
            DataOutputStream dos = new DataOutputStream(
                new _____("this.dat"));
            for (int i = 0; i < myArray.length; i++)
                dos.write(myArray[i]);
            dos.close();
            System.out.println("Have written binary file ints.dat");
        } catch (IOException ioe) {
            System.out.println("IOException");
        }
    }
}
```

为了保证程序正确运行，在程序的下划线处应该填入代码_____。

A. FileOutputStream   B. BytesArrayOutputStream

C. BufferedOutputStream   D. FileWriter

14. 下面程序从键盘读入一个字符串，并将该字符串存入 String 类的对象 str 中，选择正确的一项填入横线处，使程序编译通过并正确运行_____。

```
package com;
import java.io.*;
public class Test {
    public static void main(String args[]) {
        String str = "";
```

```
            InputStreamReader isr = _____
            BufferedReader br = new BufferedReader(isr);
            try {
                str = br.readLine();
            } catch (IOException ioe) {
                ioe.printStackTrace();
            }
        }
    }
```
   A. new InputStreamReader(System.out);
   B. InputStreamReader(System.in);
   C. new InputStreamReader();
   D. new InputStreamReader(System.in);
15. 能对读入字节数据进行 Java 基本数据类型判断过滤的类是_____。
   A. PrinterStream   B. DataOutputStream
   C. DataInputStream   D. BufferedInputStream

参考答案：
1. C   2. B   3. A   4. BD   5. CE   6. D   7. C   8. B   9. BD
10. AC   11. ABCD   12. D   13. A   14. D   15. C

第12章 多线程

本章学习目标：

- 掌握线程创建的过程
- 掌握线程的生命周期
- 了解线程同步机制以及线程通信
- 了解线程的优先级
- 掌握线程的同步与死锁

12.1 线程概述

线程(Thread)在多任务处理应用程序中起着至关重要的作用。之前所接触的应用程序都是采用单线程处理模式。单线程在某些功能方面会受到限制，无法同时处理多个互不干扰的任务，只有一个顺序执行流；而多线程是同时有多个线程并发执行，同时完成多个任务，具有多个顺序执行流，且执行流之间互不干扰。

Java语言对多线程提供了非常优秀的支持，在程序中可以通过简便的方式创建多线程。

12.1.1 线程和进程

1. 进程

在操作系统中，每个独立运行的程序就是一个进程(Process)，当一个程序进入内存运行时，即变成一个进程。进程是操作系统进行资源分配和调度的一个独立单位，是具有独立功能且处于运行过程中的程序。

在Windows操作系统中，右击任务栏，选择"启动任务管理器"菜单命令，可以打开"Windows任务管理器"窗口，该窗口中的"进程"选项卡中显示系统当前正在运行的进程，如图12.1所示。

进程具有如下三个特征：

(1) 独立性。进程是操作系统中独立存在的实体，拥有自己独立的资源，每个进程都拥有自

图 12.1 Windows 任务管理器

己私有的地址空间,其他进程不可以直接访问该地址空间,除非进程本身允许的情况下才能进行访问。

(2) 动态性。程序只是一个静态的指令集合,只有当程序进入内存运行时,才变成一个进程。进程是一个正在内存中运行的、动态的指令集合,进程具有自己的生命周期和各种不同的状态。

(3) 并发性。多个进程可以在单个处理器上并发执行,多个进程之间互不影响。

目前的操作系统都支持多线程的并发,但在具体的实现细节上会采用不同的策略。对于一个 CPU 而言,在某一时间点只能执行一个进程,CPU 会不断在多个进程之间轮换执行。并发性(Concurrency)和并行性(Parallel)是两个相似但又不同的概念:并发是指多个事件在同一时间间隔内发生,其实质是在一个 CPU 上同时运行多个进程,CPU 要在多个进程之间切换。并发不是真正的同时发生,而是对有限物理资源进行共享,以便提高效率。并行是指多个事件在同一时刻发生,其实质是多个进程在同一时刻可在不同的 CPU 上同时执行,每个 CPU 运行一个进程。并发和并行之间的区别如图 12.2 所示。

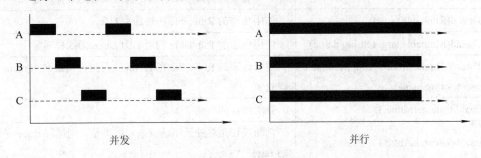

图 12.2　并发与并行的区别

2. 线程

线程是进程的组成部分,一个线程必须在一个进程之内,而一个进程可以拥有多个线程,一个进程中至少有一个线程。线程是最小的处理单位,线程可以拥有自己的堆栈、计数器和局部变量,但不能拥有系统资源,多个线程共享其所在进程的系统资源。

线程可以完成一定的任务,使用多线程可以在一个程序中同时完成多个任务,在更低的层次中引入多任务处理。

多线程在多 CPU 的计算机中可以实现真正物理上的同时执行;而对于单 CPU 的计算机实现的只是逻辑上的同时执行,在每个时刻,真正执行的只有一个线程,由操作系统进行线程管理调度,但由于 CPU 的速度很快,让人感到像是多个线程在同时执行。

多线程扩展了多进程的概念,使得同一个进程可以并行处理多个任务。因此,线程也被称做轻量级进程。多进程与多线程是多任务的两种类型,两者之间的主要区别如下:

(1) 进程之间的数据块是相互独立的,彼此互不影响,进程之间需要通过信号、管道等进行交互。

(2) 多线程之间的数据块可以共享,一个进程中的多个线程可以共享程序段、数据段等资源。多线程比多进程更便于资源共享,同时 Java 提供的同步机制还可以解决线程之间的数据完整性问题,使得多线程设计更易发挥作用。

多线程编程的优点如下:

(1) 多线程之间共享内存,节约系统资源成本;
(2) 充分利用 CPU,执行并发任务效率高;
(3) Java 内置多线程功能支持,简化编程模型;
(4) GUI 应用通过启动单独线程收集用户界面事件,简化异步事件处理,使 GUI 界面的交互性更好。

12.1.2 Java 线程模型

Java 线程模型提供线程所必需的功能支持,基本的 Java 线程模型有 Thread 类、Runnable 接口、Callable 接口和 Future 接口等,这些线程模型都是面向对象的。

Thread 类将线程所必需的功能进行封装,其常用的方法及功能如表 12-1 所示。

表 12-1 Thread 类的常用方法及功能

方　　法	功　能　描　述
Thread()	不带参数的构造方法,用于构造缺省的线程对象
Thread(Runnable target)	使用传递的 Runnable 构造线程对象
Thread(Runnable target,String name)	使用传递的 Runnable 构造名为 name 的线程对象
Thread(ThreadGroup group,Runnable target,String name)	使用传递的 Runnable 在 group 线程组内构造名为 name 的线程对象
final String getName()	获取线程的名称
final boolean isAlive()	判断线程是否处于激活状态,如果是,则返回 true;否则返回 false
final void setName(String name)	设置线程的名称为指定的 name 名
long getId()	获取线程
setPriority(int newPriority)	设置线程的优先级
getPriority()	获取线程的优先级
final void join()	等待线程死亡
static void sleep(long millis)	线程休眠,即将线程挂起一段时间,参数以毫秒为基本单位
void run()	线程的执行方法
void start()	启动线程的方法,启动线程后会自动执行 run()方法
void stop()	线程停止,该方法已过期,可以使用但不推荐用
void interrput()	中断线程
static int activeCount()	返回激活的线程数
static void yield()	暂停正在执行的线程,并允许执行其他线程

Thread 类的 run()方法是线程中最重要的方法,该方法用于执行线程要完成的任务。当创建一个线程时,若要完成自己的任务,则需要重写 run()方法。此外,Thread 类还提供了 start()方法,该方法用于负责线程的启动;当调用 start()方法成功地启动线程后,系统会自动调用 Thread 类的 run()方法来执行线程。因此,任何继承 Thread 类的线程都可以通过 start()

方法来启动。

Runnable 接口用于标识某个 Java 类可否作为线程类，该接口只有一个抽象方法 run()，即线程中最重要的执行体，用于执行线程中所要完成的任务。Runnable 接口定义在 java.lang 包中，定义代码如下：

```
package java.lang;
public interface Runnable {
    public abstract void run();
}
```

Callable 接口是 Java 5 新增的接口，该接口中提供一个 call() 方法作为线程的执行体。call() 方法比 run() 方法功能更强大，call() 方法可以有返回值，也可以声明抛出异常。Callable 接口定义在 java.util.concurrent 包中，定义代码如下：

```
package java.util.concurrent;
public interface Callable<V> {
    V call() throws Exception;
}
```

Future 接口用来接收 Callable 接口中 call() 方法的返回值。Future 接口提供一些方法用于控制与其关联的 Callable 任务。Future 接口提供的方法及功能如表 12-2 所示。

表 12-2 Future 接口的方法及功能

方 法	功 能 描 述
boolean cancel(boolean mayInterruptIfRunning)	取消与 Future 关联的 Callable 任务
boolean isCancelled()	判断 Callable 任务是否被取消，如果在任务正常完成之前被取消，则返回 true
boolean isDone()	判断 Callable 任务是否完成，如果任务完成，则返回 true
V get() throws InterruptedException, ExecutionException	返回 Callable 任务中 call() 方法的返回值
V get(long timeout, TimeUnit unit) throws InterruptedException, ExecutionException, TimeoutException	在指定时间内返回 Callable 任务中的 call() 方法的返回值，如果没有返回，则抛出异常

Callable 接口有泛型限制，该接口中的泛型形参类型与 call() 方法返回值的类型相同，而且 Callable 接口是函数式接口，因此从 Java 8 开始可以使用 Lambda 表达式创建 Callable 对象。

12.1.3 主线程

每个能够独立运行的程序就是一个进程，每个进程至少包含一个线程，即主线程。在 Java 语言中，每个能够独立运行的 Java 程序都至少有一个主线程，且在程序启动时，JVM 会自动创建一个主线程来执行该程序中的 main() 方法。因此，主线程有以下两个特点：

(1) 一个进程肯定包含一个主线程。

(2) 主线程用来执行 main() 方法。

下述程序在 main()方法中，调用 Thread 类的静态方法 currentThread()来获取主线程，代码如下：

【代码 12.1】 MainThreadExample.java

```
package com;
public class MainThreadExample {
    public static void main(String[] args) {
        // 调用 Thread 类的 currentThread()获取当前线程
        Thread t=Thread.currentThread();
        // 设置线程名
        t.setName("My Thread");
        System.out.println("主线程是："+t);
        System.out.println("线程名："+t.getName());
        System.out.println("线程 ID："+t.getId());
    }
}
```

上述代码中，通过 Thread.currentThread()静态方法来获取当前线程对象。由于是在 main()方法中，所以获取的线程是主线程。调用 setName()方法可以设置线程名，调用 getId()方法可以获取线程的 ID 号，调用 getName()方法可以获取线程的名字。

程序运行结果如下：

主线程是：Thread[My Thread,5,main]
线程名：My Thread
线程 ID：1

12.2 线程的创建和启动

基于 Java 线程模型，创建线程的方式有三种：
(1) 继承 Thread 类，重写 Thread 类中的 run()方法，直接创建线程。
(2) 实现 Runnable 接口，再通过 Thread 类和 Runnable 的实现类间接创建一个线程。
(3) 使用 Callable 和 Future 接口间接创建线程。

上述三种方式本质上是一致的，最终都是通过 Thread 类来建立线程。提供 Runnable、Callable 和 Future 接口模型是由于 Java 不支持多继承，如果一个线程类继承了 Thread 类，则不能再继承其他的类，因此可以通过实现接口的方式间接创建线程。

采用 Runnable、Callable 和 Future 接口的方式创建线程时，线程类还可以继承其他类，且多个线程之间可以共享一个 target 目标对象，适合多个相同线程处理同一个资源的情况，从而可以将 CPU、代码和数据分开，形成清晰的数据模型。

1. 继承 Thread 类

通过继承 Thread 类来创建并启动线程的步骤如下：
(1) 定义一个子类继承 Thread 类，并重写 run()方法。

(2) 创建子类的实例，即实例化线程对象。
(3) 调用线程对象的 start()方法启动该线程。

Thread 类的 start()方法将调用 run()方法，该方法用于启动线程并运行，因此 start()方法不能多次调用，当多次调用 td.start()方法时会抛出一个 IllegalThreadStateException 异常。

下述案例示例了通过继承 Thread 类来创建并启动线程的步骤，代码如下：

【代码 12.2】ThreadExample.java

```java
package com;
    // 继承 Thread 类
public class ThreadExample extends Thread {
    // 重写 run()方法
    public void run() {
        for (int i = 0; i < 10; i++) {
            // 继承 Thread 类时，直接使用 this 即可获取当前线程对象
            // 调用 getName()方法返回当前线程的名字
            System.out.println(this.getName() + ":" + i);
        }
    }

    public static void main(String[] args) {
        // 创建线程对象
        ThreadExample td = new ThreadExample();
        // 调用 start()方法启动线程
        td.start();
        // 主线程任务
        for (int i = 1100; i < 1110; i++) {
            // 使用 Thread.currentThread().getName()获取主线程名字
            System.out.println(Thread.currentThread().getName() + ":" + i);
        }
    }
}
```

因为线程在 CPU 中的执行是由操作系统所控制的，执行次序是不确定的，除非使用同步机制强制按特定的顺序执行，所以程序代码运行的结果会因调度次序不同而不同。程序执行结果可能如下：

    main:1101
    Thread-0:1
    main:1102
    Thread-0:2
    main:1103
    ……..

在创建 td 线程对象时并未指定该线程的名字，因此所输出的线程名是系统的默认值

"Thread-0"。对于输出结果,不同机器所执行的结果可能不同,在同一机器上多次运行同一个程序也可能生成不同结果。

2. 实现 Runnable 接口

创建线程的第二种方式是实现 Runnable 接口。Runnable 接口中只有一个 run()方法,一个类实现 Runnable 接口后,并不代表该类是个"线程"类,不能直接启动线程,必须通过 Thread 类的实例来创建并启动线程。

通过 Runnable 接口创建并启动线程的步骤如下:

(1) 定义一个类实现 Runnable 接口,并实现该接口中的 run()方法;

(2) 创建一个 Thread 类的实例,将 Runnable 接口的实现类所创建的对象作为参数传入 Thread 类的构造方法中;

(3) 调用 Thread 对象的 start()方法启动该线程。

下述案例示例了通过实现 Runnable 接口创建并启动线程的步骤,代码如下:

【代码 12.3】RunnableExamble.java

```java
package com;
// 实现 Runnable 接口
public class RunnableExamble implements Runnable {
    // 重写 run()方法
    public void run() {
        // 获取当前线程的名字
        for (int i = 0; i < 10; i++) {
            // 实现 Runnable 接口时,只能使用 Thread.currentThread()获取当前线程对象
            // 再调用 getName()方法返回当前线程的名字
            System.out.println(Thread.currentThread().getName() + ":" + i);
        }
    }

    public static void main(String[] args) {
        // 创建一个 Thread 类的实例,其参数是 RunnableExamble 类的对象
        Thread td = new Thread(new RunnableExamble());
        // 调用 start()方法启动线程
        td.start();
        // 主线程任务
        for (int i = 1100; i < 1110; i++) {
            // 使用 Thread.currentThread().getName()获取主线程名字
            System.out.println(Thread.currentThread().getName() + ":" + i);
        }
    }
}
```

上述代码定义了一个 RunnableExamble 类,该类实现了 Runnable 接口,并实现 run()方法,这样的类可以称为线程任务类。直接调用 Thread 类或 Runnable 接口所创建的对象

的 run()方法是无法启动线程的,必须通过 Thread 的 start()方法才能启动线程。程序执行的结果可能如下:

  main:1100

  Thread-0:0

  Thread-0:1

  Thread-0:2

  ……..

  3. 使用 Callable 和 Future 接口

创建线程的第三种方式是使用 Callable 和 Future 接口。Callable 接口提供一个 call()方法作为线程的执行体,该方法的返回值使用 Future 接口来代表。从 Java 5 开始,为 Future 接口提供一个 FutureTask 实现类,该类同时实现了 Future 和 Runnable 两个接口,因此可以作为 Thread 类的 target 参数。使用 Callable 和 Future 接口的最大优势在于可以在线程执行完成之后获得执行结果。

使用 Callable 和 Future 接口创建并启动线程的步骤如下:

(1) 创建 Callable 接口的实现类,并实现 call()方法,该方法将作为线程的执行体,并具有返回值,然后创建 Callable 实现类的实例。

(2) 使用 FutureTask 类来包装 Callable 对象,在 FutureTask 对象中封装 Callable 对象的 call()方法的返回值。

(3) 使用 FutureTask 对象作为 Thread 对象的 target,创建并启动新线程。

(4) 调用 FutureTask 对象的 get()方法来获得子线程执行结束后的返回值。

下述案例示例了通过 Callable 和 Future 接口创建并启动线程的步骤,代码如下:

【代码 12.4】 CallableFutureExample.java

```java
package com;
import java.util.concurrent.Callable;
import java.util.concurrent.FutureTask;
// 创建 Callable 接口的实现类
class Task implements Callable<Integer> {
    // 实现 call()方法,作为线程执行体
    public Integer call() throws Exception {
        int i = 0;
        for (; i < 10; i++)
            System.out.println(Thread.currentThread().getName() + ":" + i);
        // call()方法可以有返回值
        return i;
    }
}

public class CallableFutureExample {
```

```java
public static void main(String[] args) {
    // 使用 FutureTask 类包装 Callable 实现类的实例
    FutureTask<Integer> task = new FutureTask<>(new Task());
    // 创建线程，使用 FutureTask 对象 task 作为 Thread 对象的 target，
    // 并调用 start()方法启动线程
    Thread td = new Thread(task, "子线程");
    td.start();
    // 调用 FutureTask 对象 task 的 get()方法获取子线程执行结束后的返回值
    try {
        System.out.println("子线程返回值： " + task.get());
    } catch (Exception e) {
        e.printStackTrace();
    }
    // 主线程任务
    for (int i = 1100; i < 1110; i++)
        // 使用 Thread.currentThread().getName()获取主线程名字
        System.out.println(Thread.currentThread().getName() + ":" + i);
}
}
```

上述代码先定义一个 Task 类，该类实现 Callable 接口并重写 call()方法，call()的返回值为整型，因此 Callable 接口中对应的泛型限制为 Integer，即 Callable<Integer>。在 main()方法中，先创建 FutureTask<Integer>类的对象 task，该对象包装 Task 类，然后创建 Thread 对象并启动线程，最后调用 FutureTask 对象 task 的 get()方法获取子线程执行结束后的返回值。整个程序所实现的功能与前两种方式一样，只是增加了子线程返回值。

程序运行结果如下：

子线程:0
子线程:1
子线程:2
……..
子线程返回值：10
main:1100
main:1101
……..

从 Java 8 开始，可以直接使用 Lambda 表达式创建 Callable 对象，下述案例示例了通过 Lambda 表达式创建 Callable 对象，代码如下：

【代码 12.5】 LambdaCallableExample.java

```java
package com;
import java.util.concurrent.Callable;
import java.util.concurrent.FutureTask;
```

```java
public class LambdaCallableExample {
    public static void main(String[] args) {
        // 使用 Lambda 表达式创建 Callable<Integer>对象
        // 使用 FutureTask 类包装 Callable 对象
        FutureTask<Integer> task=new FutureTask<>(
            (Callable<Integer>)()->{
                int i = 0;
                for (; i < 10; i++)
                    System.out.println(Thread.currentThread().getName() + ":" + i);
                // call()方法可以有返回值
                return i;
            });
        // 创建线程，使用 FutureTask 对象 task 作为 Thread 对象的 target,
        // 并调用 start()方法启动线程
        Thread td = new Thread(task, "子线程");
        td.start();
        // 调用 FutureTask 对象 task 的 get()方法获取子线程执行结束后的返回值
        try {
            System.out.println("子线程返回值：" + task.get());
        } catch (Exception e) {
            e.printStackTrace();
        }
        // 主线程任务
        for (int i = 1100; i < 1110; i++)
            // 使用 Thread.currentThread().getName()获取主线程名字
            System.out.println(Thread.currentThread().getName() + ":" + i);
    }
}
```

上述代码加粗部分就是 Lambda 表达式，可以直接使用 Lambda 表达式创建 Callable 对象，而无须先创建 Callable 实现类，但 Lambda 表达式必须在 jdk 1.8 版本后才可以运行。

在 Java API 中，定义的 FutureTask 类实际上直接实现 RunnableFuture 接口，而 RunnableFuture 接口继承 Runnable 和 Future 两个接口，因此 FutureTask 类既实现了 Runnable 接口，又实现了 Future 接口。

12.3 线程的生命周期

线程具有生命周期，当线程被创建并启动后，不会立即进入执行状态，也不会一直处于执行状态。在线程的生命周期中，要经过 5 种状态：新建(New)、就绪(Runnable)、运行(Running)、阻塞(Blocked)和死亡(Dead)。线程状态之间的转换如图 12.3 所示。

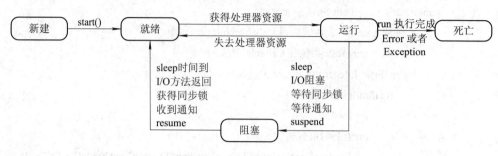

图 12.3 线程状态转换图

12.3.1 新建和就绪状态

当程序使用 new 关键字创建一个线程之后,该线程就处于新建状态,此时与其他 Java 对象一样,仅由 JVM 为其分配内存并初始化。新建状态的线程没有表现出任何动态特征,程序也不会执行线程的执行体。

当线程对象调用 start()方法之后,线程就处于就绪状态,相当于"等待执行"。此时,调度程序就可以把 CPU 分配给该线程,JVM 会为线程创建方法调用栈和程序计数器。处于就绪状态的线程并没有开始运行,只是表示该线程准备就绪等待执行。

注意:只能对新建状态的线程调用 start()方法,即 new 完一个线程后,只能调用一次 start()方法,否则将引发 IllegalThreadStateException 异常。

下述案例示例了新建线程重复调用 start()方法引发异常,代码如下:

【代码 12.6】 IllegalThreadExample.java

```
package com;
public class IllegalThreadExample {
    public static void main(String[] args) {
        // 创建线程
        Thread t = new Thread(new Runnable() {
            public void run() {
                for(int i=0;i<10;i++)
                    System.out.print(i+" ");
            }
        });
        t.start();
        t.start();
    }
}
```

上述代码三次调用 start()方法,多次启动线程,因此会引发 IllegalThreadStateException 异常。运行结果可能如下:

Exception in thread "main" java.lang.IllegalThreadStateException

0 1 2 3 4 5 6 7 8 9   at java.lang.Thread.start(Unknown Source)
                at com.IllegalThreadExample.main(IllegalThreadExample.java:12)

12.3.2 运行和阻塞状态

处于就绪状态的线程获得 CPU 后，开始执行 run()方法的线程执行体，此时该线程处于运行状态。如果计算机的 CPU 是单核的，则在任何时刻只有一个线程处于运行状态。一个线程开始运行后，不可能一直处于运行状态。线程在运行过程中需要被中断，目的是使其他线程获得执行的机会，线程调度的细节取决于底层平台所采用的策略。

目前 UNIX 系统采用的是时间片算法策略，Windows 系统采用的则是抢占式策略，另外一种小型设备(手机)则可能采用协作式调度策略。对于采用抢占式策略的系统而言，系统会给每个可执行的线程一小段时间来处理任务。当该时间段用完后，系统就会剥夺该线程所占用的资源，让其他线程获得执行的机会。在选择下一个线程时，系统会考虑线程的优先级。

当线程出现以下情况时，会进入阻塞状态：
(1) 调用 sleep()方法，主动放弃所占用的处理器资源；
(2) 调用了一个阻塞式 I/O 方法，在该方法返回之前，该线程被阻塞；
(3) 线程试图获得一个同步监视器，但该同步监视器正被其他线程所持有；
(4) 执行条件还未满足，调用 wait()方法使线程进入等待状态，等待其他线程的通知；
(5) 程序调用了线程的 suspend()方法将该线程挂起，但该方法容易导致死锁，因此应该尽量避免使用。

正在执行的线程被阻塞之后，其他线程就可以获得执行的机会，被阻塞的线程会在合适的时机重新进入就绪状态，等待线程调度器再次调度。

当线程出现如下几种情况时，线程可以解除阻塞进入就绪状态：
(1) 调用 sleep()方法的线程已经过了指定的时间；
(2) 线程调用的阻塞式 I/O 方法已经返回；
(3) 线程成功地获得了同步监视器；
(4) 线程处于等待状态，其他线程调用 notify()或 notifyAll()方法发出一个通知时，线程回到就绪状态；
(5) 处于挂起状态的线程被调用了 resume()恢复方法。

在线程运行的过程中，可以通过 sleep()方法使线程暂时停止运行，进入休眠状态。在使用 sleep()方法时需要注意以下两点：
(1) sleep()方法的参数以毫秒为基本单位，例如 sleep(2000)则休眠 2 秒钟；
(2) sleep()方法声明了 InterruptedException 异常，因此调用 sleep()方法时要么放在 try…catch 语句中捕获该异常并处理，要么在方法后使用 throws 显式声明抛出该异常。

可以通过 Thread 类的 isAlive()方法来判断线程是否处于运行状态。当线程处于就绪、运行和阻塞三种状态时，isAlive()方法的返回值为 true；当线程处于新建、死亡两种状态时，isAlive()方法的返回值为 false。

下述案例示例了线程的创建、运行和死亡三个状态，代码如下：

【代码 12.7】 ThreadLifeExample.java

```
package com;
public class ThreadLifeExample extends Thread{
    public void run(){
        int sum=0;
        for(int i=0; i<=100; i++)
            sum+=i;
        System.out.println("sum="+sum);
    }
    public static void main(String[] args) throws InterruptedException {
        ThreadLifeExample tle=new ThreadLifeExample();
        System.out.println("新建状态 isAlive():"+tle.isAlive());
        tle.start();
        System.out.println("运行状态 isAlive():"+tle.isAlive());
        Thread.sleep(2000);
        System.out.println("线程结束 isAlive():"+tle.isAlive());
    }
}
```

程序运行结果如下：

新建状态 isAlive():false

运行状态 isAlive():true

sum=5050

线程结束 isAlive():false

注意：线程调用 wait()方法进入等待状态后，需其他线程调用 notify()或 notifyAll()方法发出通知才能进入就绪状态。使用 suspend()和 resume()方法可以挂起和唤醒线程，但这两个方法可能会导致不安全因素。如果对某个线程调用 interrupt()方法发出中断请求，则该线程会根据线程状态抛出 InterruptedException 异常，对异常进行处理时可以再次调度该线程。

12.3.3 死亡状态

线程结束后就处于死亡状态，结束线程有以下三种方式：

(1) 线程执行完成 run()或 call()方法，线程正常结束；

(2) 线程抛出一个未捕获的 Exception 或 Error；

(3) 调用 stop()方法直接停止线程，该方法容易导致死锁，通常不推荐使用。

主线程结束时，其他子线程不受任何影响，并不会随主线程的结束而结束。一旦子线程启动，子线程就拥有和主线程相同的地位，子线程不会受主线程的影响。

为了测试某个线程是否死亡，可以通过线程对象的 isAlive()方法来获得线程状态，当方法返回值为 false 时，线程处于死亡或新建状态。不要试图对一个已经死亡的线程调用 start()方法使其重新启动，线程死亡就是死亡，该线程不可再次作为线程执行。

Thread 类中的 join()方法可以让一个线程等待另一个线程完成后,继续执行原线程中的任务。当在某个程序执行流中调用其他线程的 join()方法时，当前线程将被阻塞，直到另一

第 12 章 多 线 程

个线程执行完为止。join()方法通常由使用线程的程序调用,当其他线程都执行结束后,再调用主线程进一步操作。

下述案例示例了 join()方法的使用,代码如下:

【代码 12.8】 JoinExample.java

```java
package com;
class JoinThread extends Thread{
    public JoinThread(){
        super();
    }
    public JoinThread(String str){
        super(str);
    }
    public void run(){
        for(int i=0;i<10;i++)
            System.out.println(this.getName()+":"+i);
    }
}
public class JoinExample {
    public static void main(String[] args) {
        // 创建子线程
        JoinThread t1=new JoinThread("被 Join 的子线程");
        // 启动子线程
        t1.start();
        // 等待子线程执行完毕
        try {
            t1.join();
        } catch (InterruptedException e) {
            // TODO Auto-generated catch block
            e.printStackTrace();
        }
        // 输出主线程名
        System.out.println("主线程名为: "+Thread.currentThread().getName());
        // 子线程已经处于死亡状态,其 isAlive()方法返回值为 false
        System.out.println("子线程死亡状态 isAlive():"+t1.isAlive());
        // 再次启动子线程,抛出异常
        t1.start();
    }
}
```

上述代码中开始调用了线程的 join()方法,最后又对死亡状态的线程再次调用 start()方法，运行结果如下：

　　……
　　被 Join 的子线程:8
　　被 Join 的子线程:9
　　主线程名为：main
　　子线程死亡状态 isAlive():false
　　Exception in thread "main" java.lang.IllegalThreadStateException
　　　　at java.lang.Thread.start(Unknown Source)
　　　　at com.JoinExample.main(JoinExample.java:33)

在上述代码中，通过注销 join()方法的调用和对死亡状态线程的 start()方法的再次调用，运行结果可能如下：

　　主线程名为：main
　　被 Join 的子线程:0
　　被 Join 的子线程:1
　　子线程死亡状态 isAlive():true
　　被 Join 的子线程:2
　　被 Join 的子线程:3
　　……

12.4　线程的优先级

每个线程执行时都具有一定的优先级，线程的优先级代表该线程的重要程度。当有多个线程同时处于可执行状态并等待获得 CPU 处理器时，系统将根据各个线程的优先级来调度各线程，优先级越高的线程获得 CPU 执行的机会越多，而优先级低的线程则获得较少的执行机会。

每个线程都有默认的优先级，其优先级都与创建该线程的父线程的优先级相同。在默认情况下，主线程具有普通优先级，由主线程创建的子线程也具有普通优先级。

Thread 类提供三个静态常量来标识线程的优先级：

(1) MAX_PRIORITY：最高优先级，其值为 10；
(2) NORM_PRIORITY：普通优先级，其值为 5；
(3) MIN_PRIORITY：最低优先级，其值为 1。

Thread 类提供了 setPriority()方法来对线程的优先级进行设置，而用 getPriority()方法来获取线程的优先级。setPriority()方法的参数是一个整数(1～10)，也可以使用 Thread 类提供的三个优先级静态常量。

线程的优先级高度依赖于操作系统，并不是所有的操作系统都支持 Java 的 10 个优先级，例如，Windows 2000 仅提供 7 个优先级。因此，尽量避免直接使用整数给线程指定优先级，而提倡使用 MAX_PRIORITY、NORM_PRIORITY 和 MIN_PRIORITY 三个优先级静态常量。另外，优先级并不能保证线程的执行次序，因此应避免使用线程优先级作为构建任务执行顺序的标准。

下述案例示例了线程优先级的设置及使用，代码如下：

【代码12.9】 PriorityExample.java

```java
package com;
class MyPriorityThread extends Thread {
    public MyPriorityThread() {
        super();
    }
    public MyPriorityThread(String name) {
        super(name);
    }
    public void run() {
        for (int i = 0; i < 10; i++) {
            System.out.println(this.getName() + ",其优先级是： " + this.getPriority()
                    + ",循环变量的值为:" + i);
        }
    }
}
public class PriorityExample {
    public static void main(String[] args) {
        // 输出主线程的优先级
        System.out.println("主线程的优先级:"+Thread.currentThread().getPriority());
        // 创建子线程，并设置不同优先级
        MyPriorityThread t1 = new MyPriorityThread("高级");
        t1.setPriority(Thread.MAX_PRIORITY);
        MyPriorityThread t2 = new MyPriorityThread("普通");
        t2.setPriority(Thread.NORM_PRIORITY);
        MyPriorityThread t3 = new MyPriorityThread("低级");
        t3.setPriority(Thread.MIN_PRIORITY);
        MyPriorityThread t4 = new MyPriorityThread("指定值级");
        t4.setPriority(4);
        // 启动所有子线程
        t1.start();
        t2.start();
        t3.start();
        t4.start();
    }
}
```

程序运行结果可能如下：

主线程的优先级:5
普通,其优先级是：5,循环变量的值为:0
高级,其优先级是：10,循环变量的值为:0
高级,其优先级是：10,循环变量的值为:1
高级,其优先级是：10,循环变量的值为:2
高级,其优先级是：10,循环变量的值为:3
普通,其优先级是：5,循环变量的值为:1
高级,其优先级是：10,循环变量的值为:4
指定值,其优先级是：4,循环变量的值为:0
……

通过运行结果可以看出，优先级越高的线程提前获得执行的机会就越多。

12.5 线程的同步

多线程访问同一资源数据时，很容易出现线程安全问题。以多窗口出售车票为例，一旦多线程并发访问，就可能出现问题，造成一票多售的现象。在 Java 中，提供了线程同步的概念以保证某个资源在某一时刻只能由一个线程访问，以此保证共享数据的一致性。

Java 使用监控器(也称对象锁)实现同步。每个对象都有一个监控器，使用监控器可以保证一次只允许一个线程执行对象的同步语句，即在对象的同步语句执行完毕前，其他试图执行当前对象的同步语句的线程都将处于阻塞状态，只有线程在当前对象的同步语句执行完毕后，监控器才会释放对象锁，并让优先级最高的阻塞线程处理同步语句。

线程同步通常采用三种方式：同步代码块、同步方法和同步锁。

12.5.1 同步代码块

使用同步代码块实现同步功能，只需将对实例的访问语句放入一个同步块中即可，其语法格式如下：

```
synchronized ( object ) {
    // 需要同步的代码块
}
```

其中：synchronized 是同步关键字；object 是同步监视器，其数据类型不能是基本数据类型。线程开始执行同步代码之前，必须先获得同步监视器的锁定，并且，任何时刻只能有一个线程获得对同步监视器的锁定，当同步代码块执行完成后，该线程会释放对该同步监视器的锁定。

下述案例示例了同步代码块的声明和使用，代码如下：

【代码 12.10】 SynBlockExample.java

```
package com;
    // 银行账户类
class BankAccount {
```

```java
    // 银行账号
    private String bankNo;
    // 银行余额
    private double balance;
    // 构造方法
    public BankAccount(String bankNo, double balance) {
        this.bankNo = bankNo;
        this.balance = balance;
    }
    public String getBankNo() {
        return bankNo;
    }
    public void setBankNo(String bankNo) {
        this.bankNo = bankNo;
    }
    public double getBalance() {
        return balance;
    }
    public void setBalance(double balance) {
        this.balance = balance;
    }
}

public class SynBlockExample extends Thread {
    // 银行账户
    private BankAccount account;
    // 操作金额,正数为存钱,负数为取钱
    private double money;
    public SynBlockExample(String name, BankAccount account, double money) {
        super(name);
        this.account = account;
        this.money = money;
    }
    // 线程任务
    public void run() {
        synchronized (this.account) {
            // 获取账户的金额
            double d = this.account.getBalance();
            // 如果操作的金额 money<0,则代表取钱操作,
```

```java
            // 同时判断账户金额是否低于取钱金额
            if (money < 0 && d < -money) {
                System.out.println(this.getName() + "操作失败，余额不足！");
                return;
            } else {
                // 对账户金额进行操作
                d += money;
                System.out.println(this.getName() + "操作成功，目前账户余额为：" + d);
                try {
                    // 休眠10毫秒
                    Thread.sleep(10);
                } catch (InterruptedException e) {
                    e.printStackTrace();
                }
                // 修改账户金额
                this.account.setBalance(d);

            }
        }
    }

    public static void main(String[] args) {
        // 创建一个银行账户实例
        BankAccount myAccount = new BankAccount("101", 5000);
        // 创建多个线程，对账户进行存取钱操作
        SynBlockExample t1 = new SynBlockExample("T1", myAccount, -3000);
        SynBlockExample t2 = new SynBlockExample("T2", myAccount, -3000);
        SynBlockExample t3 = new SynBlockExample("T3", myAccount, 1000);
        // 启动线程
        t1.start();
        t2.start();
        t3.start();
        // 等待所有子线程完成
        try {
            t1.join();
            t2.join();
            t3.join();
        } catch (InterruptedException e) {
            e.printStackTrace();
```

            }
            // 输出账户信息
            System.out.println("账号："+ myAccount.getBankNo() + "，余额："
                    + myAccount.getBalance());
        }
    }

上述代码在 run()方法中，使用"synchronized (this.account) {}"对银行账户的操作代码进行同步，保证某一时刻只能有一个线程访问该账户，只有{}里面的代码执行完毕，才能释放对该账户的锁定。

程序运行结果如下：

T1 操作成功，目前账户余额为：2000.0
T2 操作失败，余额不足！
T3 操作成功，目前账户余额为：3000.0
账号：101，余额：3000.0

12.5.2 同步方法

同步方法是使用 synchronized 关键字修饰的方法，其声明的语法格式如下：

    [访问修饰符] synchronized 返回类型 方法名([参数列表]) {
        // 方法体
    }

其中：synchronized 关键字修饰的实例方法无须显式地指定同步监视器，同步方法的同步监视器是 this，即该方法所属的对象。一旦一个线程进入一个实例的任何同步方法，其他线程将不能进入该实例的所有同步方法，但该实例的非同步方法仍然能够被调用。

使用同步方法可以非常方便地实现线程安全，一个具有同步方法的类被称为"线程安全的类"，该类的对象可以被多个线程安全地访问，且每个线程调用该对象的方法后都将得到正确的结果。

下述案例示例了同步方法的声明和使用，代码如下：

【代码 12.11】 SynMethodExample.java

```
package com;
    // 增加有同步方法的银行账户类
    class SynMethod {
        // 银行账号
        private String bankNo;
        // 银行余额
        private double balance;
        // 构造方法
        public SynMethod(String bankNo, double balance) {
            this.bankNo = bankNo;
```

```java
        this.balance = balance;
    }
    // 同步方法,存取钱操作
    public synchronized void access(double money) {
        // 如果操作的金额 money<0,则代表取钱操作,
        // 同时判断账户金额是否低于取钱金额
        if (money < 0 && balance < -money) {
            System.out.println(Thread.currentThread().getName()
                    + "操作失败,余额不足! ");
            return;   // 返回
        } else {
            // 对账户金额进行操作
            balance += money;
            System.out.println(Thread.currentThread().getName()
                    + "操作成功,目前账户余额为:" + balance);
            try {
                // 休眠1毫秒
                Thread.sleep(1);
            } catch (InterruptedException e) {
                e.printStackTrace();
            }
        }
    }
    public String getBankNo() {
        return bankNo;
    }
    public double getBalance() {
        return balance;
    }
}

public class SynMethodExample extends Thread {
    // 银行账户
    private SynMethod account;
    // 操作金额,正数为存钱,负数为取钱
    private double money;
    public SynMethodExample(String name, SynMethod account, double money) {
        super(name);
        this.account = account;
```

```java
        this.money = money;
    }
    // 线程任务
    public void run() {
        // 调用 account 对象的同步方法
        this.account.access(money);
    }
    public static void main(String[] args) {
        // 创建一个银行账户实例
        SynMethod myAccount = new SynMethod("1001", 5000);
        // 创建多个线程，对账户进行存取钱操作
        SynMethodExample t1 = new SynMethodExample("T1", myAccount, -3000);
        SynMethodExample t2 = new SynMethodExample("T2", myAccount, -3000);
        SynMethodExample t3 = new SynMethodExample("T3", myAccount, 1000);
        // 启动线程
        t1.start();
        t2.start();
        t3.start();

        // 等待所有子线程完成
        try {
            t1.join();
            t2.join();
            t3.join();
        } catch (InterruptedException e) {
            e.printStackTrace();
        }
        // 输出账户信息
        System.out.println("账号： " + myAccount.getBankNo() + ", 余额： "
                + myAccount.getBalance());
    }
}
```

程序运行结果如下：

T1 操作成功，目前账户余额为：2000.0

T2 操作失败，余额不足！

T3 操作成功，目前账户余额为：3000.0

账号：1001，余额：3000.0

注意：synchronized 锁定的是对象，而不是方法或代码块；synchronized 也可以修饰类，当用 synchronized 修饰类时，表示这个类的所有方法都是 synchronized 的。

12.5.3 同步锁

同步锁 Lock 是一种更强大的线程同步机制,通过显式定义同步锁对象来实现线程同步。同步锁提供了比同步代码块、同步方法更广泛的锁定操作,实现更灵活。

Lock 是控制多个线程对共享资源进行访问的工具,能够对共享资源进行独占访问。每次只能有一个线程对 Lock 对象加锁,线程访问共享资源之前需要先获得 Lock 对象。某些锁可能允许对共享资源并发访问,如 ReadWriteLock(读写锁)。Lock 和 ReadWriteLock 是 Java 5 提供的关于锁的两个根接口,并为 Lock 提供了 ReentrantLock(可重入锁)实现类,为 ReadWriteLock 提供了 ReentrantReadWriteLock 实现类。从 Java 8 开始,又新增了 StampedeLock 类,可以替代传统的 ReentrantReadWriteLock 类。

ReentrantLock 类是常用的可重入同步锁,该类对象可以显式地加锁、释放锁。使用 ReentrantLock 类的步骤如下:

(1) 定义一个 ReentrantLock 锁对象,该对象是 final 常量:

```
private final ReentrantLock lock = new ReentrantLock();
```

(2) 在需要保证线程安全的代码之前增加"加锁"操作:

```
lock.lock();
```

(3) 在执行完线程安全的代码后"释放锁"。

```
lock.unlock();
```

下述代码示例了使用 ReentrantLock 锁的基本步骤:

```java
// 1. 定义锁对象
private final ReentrantLock lock = new ReentrantLock();
...
// 定义需要保证线程安全的方法
public void myMethod() {
    // 2. 加锁
    lock.lock();
    try {
        // 需要保证线程安全的代码
        ...
    } finally {
        // 3. 释放锁
        lock.unlock();
    }
}
```

其中:加锁和释放锁都需要放在线程安全的方法中;lock.unlock()放在 finally 语句中,不管发生异常与否,都需要释放锁。

下述案例示例了 ReentrantLock 同步锁的使用,代码如下:

【代码 12.12】 SynLockExample.java

```java
package com;
```

第12章 多线程

```java
import java.util.concurrent.locks.ReentrantLock;
class SynLock {
    private String bankNo;        // 银行账号
    private double balance;       // 银行余额
    // 定义锁对象
    private final ReentrantLock lock = new ReentrantLock();
    // 构造方法
    public SynLock(String bankNo, double balance) {
        this.bankNo = bankNo;
        this.balance = balance;
    }
    // 存取钱操作
    public void access(double money) {
        // 加锁
        lock.lock();
        try {
            // 如果操作的金额 money<0，则代表取钱操作，
            // 同时判断账户金额是否低于取钱金额
            if (money < 0 && balance < -money) {
                System.out.println(Thread.currentThread().getName()
                        + "操作失败，余额不足！ ");
                // 返回
                return;
            } else {
                // 对账户金额进行操作
                balance += money;
                System.out.println(Thread.currentThread().getName()
                        + "操作成功，目前账户余额为： " + balance);
                try {
                    // 休眠1毫秒
                    Thread.sleep(1);
                } catch (InterruptedException e) {
                    e.printStackTrace();
                }
            }
        } finally {
            // 释放锁
            lock.unlock();
        }
```

```java
    }
    public String getBankNo() {
        return bankNo;
    }
    public double getBalance() {
        return balance;
    }
}
// 使用同步锁的类
public class SynLockExample extends Thread {
    // 银行账户
    private SynLock account;
    // 操作金额,正数为存钱,负数为取钱
    private double money;
    public SynLockExample(String name, SynLock account, double money) {
        super(name);
        this.account = account;
        this.money = money;
    }
    // 线程任务
    public void run() {
        // 调用 account 对象的 access()方法
        this.account.access(money);
    }
    public static void main(String[] args) {
        // 创建一个银行账户实例
        SynLock myAccount = new SynLock("1001", 5000);
        // 创建多个线程,对账户进行存取钱操作
        SynLockExample t1 = new SynLockExample("T1", myAccount, -3000);
        SynLockExample t2 = new SynLockExample("T2", myAccount, -3000);
        SynLockExample t3 = new SynLockExample("T3", myAccount, 1000);
        // 启动线程
        t1.start();
        t2.start();
        t3.start();
        // 等待所有子线程完成
        try {
            t1.join();
            t2.join();
```

```
            t3.join();
        } catch (InterruptedException e) {
            e.printStackTrace();
        }
        // 输出账户信息
        System.out.println("账号：" + myAccount.getBankNo() + ",余额："
                + myAccount.getBalance());
    }
}
```

程序运行结果如下：

```
T1 操作成功，目前账户余额为：2000.0
T2 操作失败，余额不足！
T3 操作成功，目前账户余额为：3000.0
账号：1001, 余额：3000.0
```

12.6 线程通信

　　线程在系统内运行时，其调度具有一定的透明性，程序通常无法准确控制线程的轮换执行。在 Java 中提供了一些机制来保证线程之间的协调运行，这就是所谓的线程通信。

　　线程通信可以使用 Object 类中定义的 wait()、notify()和 notifyAll()方法，使线程之间相互进行事件通知。在执行这些方法时，必须同时拥有相关对象的锁。

　　(1) wait()方法：让当前线程等待，并释放对象锁，直到其他线程调用该监视器的 notify()或 notifyAll()方法来唤醒该线程。wait()方法也可以带一个参数，用于指明等待的时间，使用这种方式不需要 notify()或 notifyAll()方法来唤醒。wait()方法只能在同步方法中调用。

　　(2) notify()方法：唤醒在此同步监视器上等待的单个线程，解除该线程的阻塞状态。

　　(3) notifyAll()方法：唤醒在此同步监视器上等待的所有线程，唤醒次序完全由系统来控制。

　　notify()方法和 notifyAll()方法，只能在同步方法或同步块中使用。wait()方法区别于 sleep()方法的是：wait()方法调用时会释放对象锁，而 sleep()方法不会。

　　下述案例通过生产/消费模型示例了线程通信机制的使用，代码如下：

【代码 12.13】 WaitNotifyExample.java

```
package com;
// 产品类
class Product {
    int n;
    // 为 true 时表示有值可取，为 false 时表示需要放入新值
    boolean valueSet = false;
    // 生产方法
```

```java
        synchronized void put(int n) {
            // 如果没有值，则等待线程取值
            if (valueSet) {
                try {
                    wait();
                } catch (Exception e) {
                }
            }
            this.n = n;
            // 将 valueSet 设置为 true，表示值已放入
            valueSet = true;
            System.out.println(Thread.currentThread().getName() + "-生产:" + n);
            // 通知等待线程，进行取值操作
            notify();
        }

        // 消费方法
        synchronized void get() {
            // 如果没有值，则等待新值放入
            if (!valueSet) {
                try {
                    wait();
                } catch (Exception e) {
                }
            }
            System.out.println(Thread.currentThread().getName() + "-消费:" + n);
            // 将 valueSet 设置为 false，表示值已取
            valueSet = false;
            // 通知等待线程，放入新值
            notify();
        }
    }

    // 生产者类
    class Producer implements Runnable {
        Product product;

        Producer(Product product) {
            this.product = product;
            new Thread(this, "Producer").start();
```

```java
        }

        public void run() {
            int k = 0;
            // 生产 10 次
            for (int i = 0; i < 10; i++) {
                product.put(k++);
            }
        }
    }

    // 消费者类
    class Consumer implements Runnable {
        Product product;

        Consumer(Product product) {
            this.product = product;
            new Thread(this, "Consumer").start();
        }

        public void run() {
            // 消费 10 次
            for (int i = 0; i < 10; i++) {
                product.get();
            }
        }
    }

    public class WaitNotifyExample {
        public static void main(String args[]) {
            // 实例化一个产品对象，生产者和消费者共享该实例
            Product product = new Product();
            // 指定生产线程
            Producer producer = new Producer(product);
            // 指定消费线程
            Consumer consumer = new Consumer(product);
        }
    }
```

上述代码描述了典型的生产/消费模型，其中 Product 类是资源类，用于为生产者和消

费者提供资源；Producer 类是生产者，产生队列输入；Consumer 类是消费者，从队列中取值。在定义 Product 类时，使用 synchronized 修饰 put()和 get()方法，确保当前实例在某一时刻只有一种状态：要么生产，要么消费；在 put()和 get()方法内部，通过信号量 valueSet 的取值，利用 wait()和 notify()方法的配合实现线程间的通信，确保生产和消费的相互依赖关系。在 main()方法中，创建一个 Product 类型的实例，并将该实例传入生产线程和消费线程中，使两个线程在产生"资源竞争"的情况下，保证良好的生产消费关系。

程序执行结果如下：

Producer-生产:0

Consumer-消费:0

Producer-生产:1

Consumer-消费:1

……

Producer-生产:9

Consumer-消费:9

12.7　Timer 定时器

Java 提供了 Timer 定时器类，用于执行规划好的任务或循环任务，即每隔一定的时间执行特定的任务。

使用 java.util.Timer 类非常容易，具体步骤如下：

(1) 定义一个类继承 TimerTask。TimerTask 类中有一个 run()方法，用于定义 Timer 所要执行的任务代码。

(2) 创建 Timer 对象，通常使用不带参数的构造方法 Timer()直接实例化。

(3) 调用 Timer 对象的 schedule()方法安排任务，传递一个 TimerTask 对象作为参数，即第(1)步中定义类的实例。

(4) 如果为了取消一个规划好的任务，则调用 Timer 对象的 cancel()方法。

Timer 类的 schedule()方法常用以下几种重载方式：

(1) schedule(TimerTask task, Date time)，在指定的时间执行特定任务；

(2) schedule(TimerTask task, Date firstTime, long period)，第一次到达指定时间 firstTime 时执行特定任务，并且每隔 period 参数指定的时间(毫秒)重复执行该任务；

(3) schedule(TimerTask task, long delay, long period)，延迟 delay 参数所指定的时间(毫秒)后，第一次执行特定任务，并且每隔 period 参数指定的时间(毫秒)重复执行该任务。

下面案例示例了 Timer 定时器类的使用，代码如下：

【代码 12.14】　TimerExample.java

```
package com;
import java.util.Timer;
import java.util.TimerTask;
public class TimerExample {
```

```
        // 1. 声明一个 Timer
        Timer t;
        public TimerExample() {
            // 2. 实例化 Timer 对象
            t = new Timer();
            // 3. 调用 schedule()方法，执行任务
            t.schedule(new MyTask(), 0, 1000);
        }
        // 定义一个内部类，继承 TimerTask
        class MyTask extends TimerTask {
            // 任务方法
            public void run() {
                System.out.println("Timer 定时器的使用");
            }
        }
        public static void main(String[] args) {
            TimerExample f = new TimerExample();
        }
    }
```

程序运行每一秒钟打印一句"Timer 定时器的使用"，结果如下：

    Timer 定时器的使用
    Timer 定时器的使用
    ……

练 习 题

1. 下面_____是线程类。
   A. Runnable　　　B. Thread　　　C. ThreadGroup　　　D. Throwable
2. 要建立一个线程，可以从下面_____接口实现。
   A. Runnable　　　B. Thread　　　C. Run　　　D. Throwable
3. 下面让线程休眠 1 分钟正确的方法是_____。
   A. sleep(1)　　　B. sleep(60)　　　C. sleep(1000)　　　D. sleep(60000)
4. 下列关于线程的说法中，错误的是_____。
   A. 通过继承 Thread 类并重写 run()方法来实现一个线程类
   B. 通过实现 Runnable 接口并重写 run()方法来实现一个线程类
   C. 在 Java 中，线程的优先级 1～10，与操作系统无关
   D. 从 Java 8 开始，可以使用 Lambda 表达式来创建一个 Runnable 对象
5. 下列选项中，_____属于线程的生命周期。

A. 死亡　　B. 就绪　　C. 阻塞　　D. 运行
6. 下列关于 Thread 类提供的线程优先级的说法，错误的是_____。
   A. MAX_PRIORITY 表示线程的优先级最高
   B. NORM_PRIORITY 表示线程的普通优先级，也是默认优先级
   C. MIN_PRIORITY 表示线程的优先级最低
   D. NORMAL_PRIORITY 表示线程的普通优先级，也是默认优先级
7. 下列关于线程同步的说法中错误的是_____。
   A. 线程同步用于保证某个资源在某一时刻只能由一个线程访问，保证共享数据及操作的完整性
   B. 线程的同步分为同步代码块、同步方法和同步锁三种形式
   C. 同步代码块、同步方法和同步锁均是使用 synchronized 关键字来实现的
   D. 同步锁提供了比同步代码块、同步方法更广泛的锁定操作，实现更加灵活
8. 下列不是 java.util.Timar 类的方法是_____。
   A. start()　　B. schedule(TimerTask task, Date time)　　C. stop()　　D. cancel()
9. 如果使用 Thread　t=new Test()语句创建一个线程，则下列叙述中正确的是_____。
   A. Test 类一定要实现 Runnable 接口
   B. Test 类一定是 Thread 类的子类
   C. Test 类一定是 Runnable 类的子类
   D. Test 类一定继承 Thread 类并实现 Runnable 接口
10. Thread 类中能运行线程体的方法是_____。
    A. start()　　B. resume()　　C. init()　　D. run()
11. 下列方法中，声明抛出 InterruptException 异常的方法是_____。
    A. resume()　　B. suspend()　　C. sleep()　　D. start()
12. 可以使当前同级线程重新获得运行机会的方法是_____。
    A. sleep()　　B. join()　　C. yield()　　D. interrupt()
13. 下列关于 Thread 类的线程控制方法的说法中错误的是_____。
    A. 线程可以通过调用 sleep()方法使比当前线程低优先级的线程运行
    B. 线程可以通过调用 yield()方法使和当前线程优先级一样的线程运行
    C. 线程的 sleep()方法调用结束后，该线程进入运行状态
    D. 若没有相同优先级的线程处于可运行状态，则线程调用 yield()方法时，当前线程将继续执行
14. 下列关于 Thread 类提供的线程控制方法，错误的一项是_____。
    A. 在线程 a 中执行线程 b 的 join()方法，则线程 a 等待，直到 b 执行完成
    B. 线程 a 通过调用 interrupt()方法来中断其阻塞状态
    C. 若线程 a 调用方法 isAlive()返回值为 true，则说明 a 正在执行
    D. currentThread()方法返回当前线程的引用
15. 方法 resume()负责恢复下列哪一个线程的执行？_____。
    A. 通过调用 stop()方法而停止运行的线程
    B. 通过调用 sleep()方法而停止运行的线程

C. 通过调用 wait() 方法而停止运行的线程

D. 通过调用 suspend() 方法而停止运行的线程

16. 如果线程处于运行状态，则可使此线程进入阻塞状态的方法是_____。

   A. yield()   B. start()   C. wait()   D. notify()

17. 下列叙述中，错误的是_____。

   A. Java 中没有检测和避免死锁的专门机制

   B. 程序中的多个线程相互等待对方所持有的锁，这可能形成死锁

   C. 为了避免死锁，Java 程序中可先定义获得所得顺序，解锁按加锁的反序释放

   D. 为了避免死锁，Java 程序中可先定义获得所得顺序，解锁按加锁的正序释放

18. 下列关于 Java 多线程并发控制的说法中，错误的是_____。

   A. Java 中对共享数据操作的并发控制采用的是加锁技术

   B. 线程之间的交互，提倡采用 suspend()/resume() 方法

   C. 共享数据的访问权限都必须定义为 private

   D. Java 未提供检测和避免死锁的专门机制，但应用程序员可以采用某些策略防治死锁的发生

19. 下列关于 Java 语言线程的叙述中，正确的是_____。

   A. 线程是由代码、数据、内核状态和一组寄存器组成

   B. 线程间的数据不能共享

   C. 用户只能通过创建 Thread 类的实例或定义、创建 Thread 子类的实例并控制自己的线程

   D. 因多线程并发执行而引起的执行顺序的不稳定性，可能导致执行结果的不稳定

20. 下列说法中错误的一项是_____。

   A. 线程一旦创建，则立即自动执行

   B. 线程创建后需要调用 start() 方法，将线程置于可运行状态

   C. 调用线程的 start() 方法后，线程也不一定能立即执行

   D. 线程处于可运行状态，意味着它可以被调度

参考答案：
1. B   2. A   3. D   4. C   5. ABCD   6. C   7. C   8. AB   9. B   10. D
11. C   12. C   13. C   14. C   15. D   16. D   17. D   18. B   19. D   20. A

第 13 章 Swing UI 设计

本章学习目标：

- 掌握 Java 容器类 JFrame 和 JPanel 的使用
- 掌握 AWT 和 Swing 常用布局的使用
- 了解 Java 事件处理机制
- 掌握常用可视化组件的使用

13.1 WindowBuilder 插件

WindowBuilder 是一款基于 Eclipse 平台的插件，具备 SWT/JFACE、Swing 和 GWT 三大功能，可以对 Java GUI 进行双向设计。WindowBuilder 是一款不可多得的 Java 体系中"所见即所得"的开发工具。

13.1.1 WindowBuilder 插件安装

WindowBuilder 插件是基于 Eclipse 的，安装前需要 JDK 开发环境和 Eclipse 开发工具。在 Eclipse 官方网站提供了 WindowBuilder 插件的下载及安装说明，地址如下：

    http://www.eclipse.org/WindowBuilder/download.php

目前 WindowBuilder 插件支持 Eclipse 的 Juno、Kepler、Luna 和 Mars 版本，如图 13.1 所示，每个版本又分为发行版(Release Version)和整合版(Integration Version)。在 Eclipse 中安装 WindowBuilder 插件有以下两种方式进行安装。

(1) 在线安装：在图 13.1 中，单击表格中的 Release Version→Update Site→4.4(Luna)所对应的 link，进入在线安装界面，浏览器地址栏中的地址即为在线安装地址。

Update Sites				
Eclipse Version	Release Version		Integration Version	
	Update Site	Zipped Update Site	Update Site	Zipped Update Site
4.8 (Photon)			link	
4.7 (Oxygen)			link	
4.6 (Neon)	link		link	
4.5 (Mars)	link	link (MD5 Hash)	link	link (MD5 Hash)
4.4 (Luna)	link	link (MD5 Hash)	link	link (MD5 Hash)
4.3 (Kepler)	link	link (MD5 Hash)		
4.2 (Juno)	link	link (MD5 Hash)		
3.8 (Juno)	link	link (MD5 Hash)		

图 13.1 WindowBuilder 插件版本

第 13 章 Swing UI 设计

(2) 离线安装：单击 Release Version→Zipped Update Site→4.4(Luna)所对应的 link(MD5 Hash)，下载 WindowBuilder 插件的离线安装包。

1. 在线安装方式

通过在线方式安装 Eclipse 的 WindowBuilder 插件的步骤如下：

(1) 打开 Eclipse 集成开发工具，在 Help 菜单中选择 Install New Software 命令，如图 13.2 所示。进入安装界面，如图 13.3 所示。

图 13.2 插件安装入口

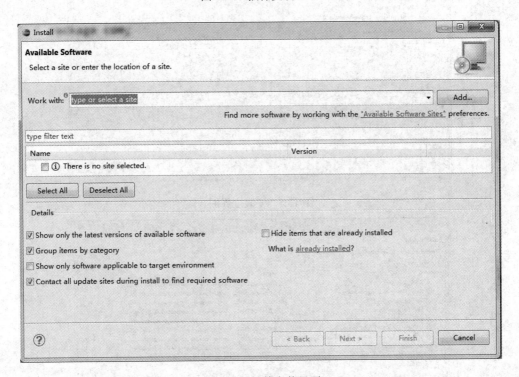

图 13.3 插件安装界面

(2) 单击 Add 按钮，打开站点添加界面，如图 13.4 所示，添加 WindowBuilder 插件的在线安装地址为：

http://download.eclipse.org/windowbuilder/WB/release/R201506241200-1/4.4/

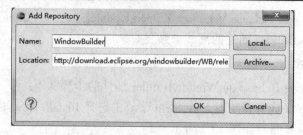

图 13.4　站点添加界面

(3) 单击 OK 按钮，返回安装主界面，如图 13.5 所示。选择 Swing Designer、SWT Designer 和 WindowBuilder Engine(Required)选项后，单击 Next 按钮，进入安装细节界面，如图 13.6 所示。

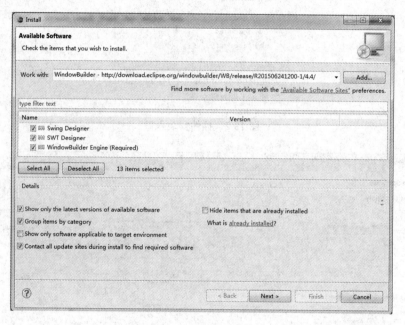

图 13.5　安装主界面

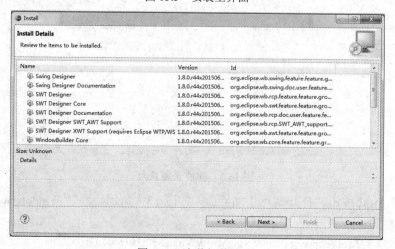

图 13.6　安装细节界面

第 13 章 Swing UI 设计

(4) 单击 Next 按钮，进入协议许可界面，如图 13.7 所示。单击 Finish 按钮，进入 WindowBuilder 插件安装界面，如图 13.8 所示。安装完成后，重新启动 Eclipse 开发工具即可。

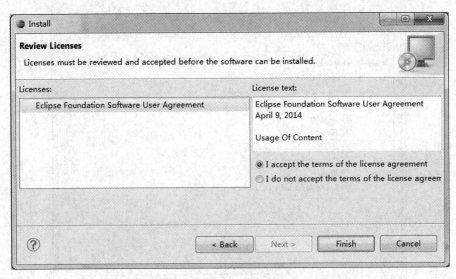

图 13.7 协议许可界面

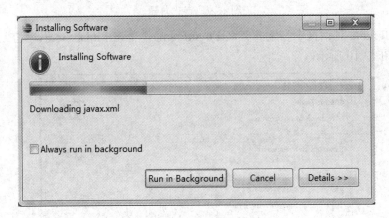

图 13.8 插件安装界面

2. 离线安装方式

下载 WindowBuilder 插件的离线安装包后，可以通过离线方式进行安装，具体步骤与在线安装相同，只是在步骤(1)单击 Add 按钮后，进入本地资源界面，与步骤(2)界面相同。其中 Local 按钮用于选取本地文件夹，Archive 按钮用于选取本地 jar 或 zip 类型的压缩文件。输入本地资源名称，选取下载本地的离线包后，单击 OK 按钮返回安装主界面。

13.1.2 WindowBuilder 插件的使用过程

在 Eclipse 中的 Java 项目中，单击 File→New→Other 菜单命令，通过向导方式创建一个 JFrame 窗体，如图 13.9 所示。选择 JFrame 选项，单击 Next 按钮进入创建 JFrame 对话框。

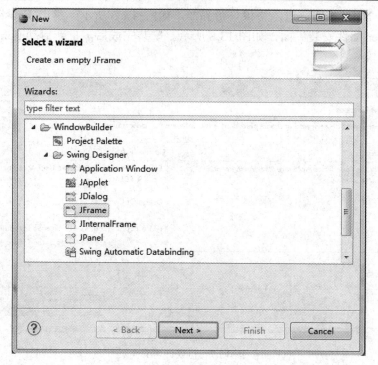

图 13.9 新建向导

在创建 JFrame 对话框中,输入类名 LoginFrame,单击 Finish 按钮即完成 JFrame 窗体的创建,如图 13.10 所示。

图 13.10 创建 JFrame 对话框

在代码编辑窗口,如图 13.11 所示,单击左下角的 Source 和 Design 选项卡(或按 F12 快捷键),可以在源代码和设计界面之间进行切换。

第 13 章 Swing UI 设计

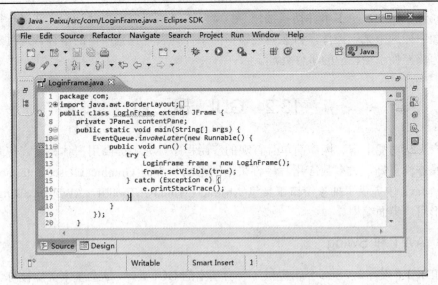

图 13.11 代码编辑窗口

源代码窗口可以直接编写 Java 代码，而界面设计窗口可以通过拖拽控件实现窗体的设计。界面设计窗口主要由结构窗口、属性窗口、工具窗口、控件窗口和设计窗口五部分组成，分别如图 13.12 圆圈①至圆圈⑤所示。

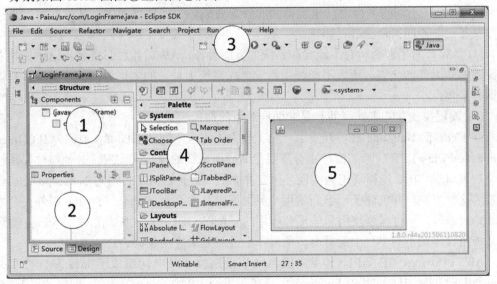

图 13.12 界面设计窗口

在结构窗口中，可以将当前 JFrame 窗体中的控件以树状结构显示出来；当选取某一控件时，设计窗口中相应的元素处于被选中状态。

控件窗口中包含 System、Containers、Layouts、Strust&Sping、Components、Swing Actions、Menu、AWT Components 和 JGoodies 等组件，通过拖拽的方式可以快速添加到设计窗口中。

当在设计窗口中选取某一控件时，属性窗口相应地发生改变，通过可视化界面可以快速设置该控件的相关属性。

在属性窗口中，单击事件切换按钮 可以在属性列表和事件列表之间进行切换。在设计界面中先选中某一控件，再在属性窗口的事件列表中找到所需的事件，通过双击的方式可以为该控件添加相应的事件处理。

13.2　GUI　概　述

用户喜欢功能丰富、操作简单且直观的应用程序。为了提高用户体验度，使系统的交互性和操作性更好，大多数应用程序都采用图形用户界面(Graphical User Interface，GUI)的形式。Java 中提供了抽象窗口工具包(Abstract Window Toolkit，AWT)和 Swing 来实现 GUI 图形用户界面编程。

13.2.1　AWT 和 Swing

在 JDK 1.0 发布时，Sun 公司提供了一套基本的 GUI 类库，这套基本类库被称为 AWT。AWT 为 Java 程序提供了基本的图形组件，实现一些基本的功能，并希望在所有平台上都能运行。

使用 AWT 提供的组件所构建的 GUI 应用程序具有以下几个问题：

(1) 使用 AWT 做出的图形用户界面在所有的平台上都显得很丑陋，功能也非常有限；

(2) 运行在不同的平台上，呈现不同的外观效果。为保证界面的一致性和可预见性，程序员需要在不同平台上进行测试；

(3) AWT 为了迎合所有主流操作系统的界面设计，AWT 组件只能使用这些操作系统上图形界面组件的交集，所以不能使用特定操作系统上复杂的图形界面组件，最多只能使用四种字体；

(4) 编程模式非常笨拙，并且是非面向对象的编程模式。

在 1996 年，Netscape 公司开发了一套工作方式完全不同的 GUI 库，被称为 IFC(Internet Foundation Class)。IFC 除了窗口本身需要借助操作系统的窗口来实现，其他组件都是绘制在空白窗口中。IFC 能够真正地实现各平台界面的一致性，Sun 公司与 Netscape 公司合作完善了这种方案，并创建了一套新的用户界面库，并命名为 Swing。Swing 组件完全采用 Java 语言编程，不再需要使用那些平台所用的复杂的 GUI 功能，因此，使用 Swing 构建的 GUI 应用程序在不同平台上运行时，所显示的外观效果完全相同。

AWT、Swing、2D API、辅助功能 API 以及拖放 API 共同组成了 Java 基础类库(Java Foundation Class，JFC)，其中 Swing 全面替代了 Java 1.0 中的 AWT 组件，但保留了 Java 1.1 中的 AWT 事件模型。总体上，Swing 替代了绝大部分 AWT 组件，但并没有完全替代 AWT，而是在 AWT 的基础之上，对其进行了有力的补充和加强。

使用 Swing 组件进行 GUI 编程的优势有以下几点：

(1) Swing 用户界面组件丰富，使用便捷；

(2) Swing 组件对底层平台的依赖少，与平台相关的 Bug 也很少；

(3) 能够保证不同平台上用户一致的感观效果；

(4) Swing 组件采用模型-视图-控制器(Model-View-Controller，MVC)设计模式，其中

模型用于维护组件的各种状态，视图是组件的可视化表现。控制器用于控制组件对于各种事件做出的响应。

13.2.2 Swing 组件层次

大部分 Swing 组件都是 JComponent 抽象类的直接或间接子类，在 JComponent 抽象类中定义了所有子类组件的通用方法。JComponent 类位于 javax.swing 包中，javax 包是一个 Java 扩展包。要有效地使用 GUI 组件，必须理解 javax.swing 和 java.awt 包中组件之间的继承层次，尤其是理解 Component 类、Container 类和 JComponent 类，其中声明了大多数 Swing 组件的通用特性。Swing 中的 JComponent 类是 AWT 中 java.awt.Container 类的子类，也是 Swing 和 AWT 的联系之一。JComponent 类的继承层次如图 13.13 所示：JComponent 类是 Container 的子类；Container 类是 Component 类的子类；而 Component 类又是 Object 类的子类。

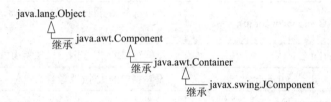

图 13.13　JComponent 类的继承层次

绝大部分的 Swing 组件位于 javax.swing 包中，且继承 Container 类。Swing 组件按功能进行划分，可以分为以下几类：

(1) 顶层容器：JFrame、JApplet、JDialog 和 JWindow。

(2) 中间容器：JPanel、JScrollPane、JsplitPane、JToolBar 等。

(3) 特殊容器：在用户界面上具有特殊作用的中间容器，如 JInternalFrame、JRootPane、JlayeredPane、JDestopPane 等。

(4) 基本组件：实现人机交互的组件，如 JButton、JComboBox、JList、Jmenu、JSlider 等。

(5) 特殊对话框组件：直接产生特殊对话框的组件，如 JColorChooser、JFileChooser 等。

(6) 不可编辑信息的显示组件：向用户显示不可编辑信息的组件，如 JLable、JprogressBar、JToolTip 等。

(7) 可编辑信息的显示组件：向用户显示能被编辑的格式化信息的组件，如 JTextField、JtextArea、JTable 等。

13.3　容器与布局

容器用来存放其他组件，而容器本身也是一个组件，属于 Component 的子类。布局管理器用来管理组件在容器中的布局格式。当容器中容纳多个组件时，可以使用布局管理器对这些组件进行排列和分布。

13.3.1 JFrame 顶级容器

JFrame(窗口框架)是可以独立存在的顶级窗口容器,能够包含其他子容器,但不能被其他容器所包含。

JFrame 类常用的构造方法有以下两种:

(1) JFrame():不带参数的构造方法,该方法用于创建一个初始不可见的新窗体。

(2) JFrame(String title):带一个字符串参数的构造方法,该方法用于创建一个初始不可见的新窗体,且窗口的标题由字符串参数指定。

JFrame 类常用的方法及功能如表 13-1 所示。

表 13-1 JFrame 类的常用方法及功能

方 法	功 能 描 述
protected void frameInit()	在构造方法中调用该方法用来初始化窗体
public Component add(Component comp)	该方法从 Container 类中继承而来,用来向窗口中添加组件
public void setLocation(int x, int y)	设置窗口的位置坐标(以像素为单位)
public void setSize(int width, int height)	设置窗口的大小(以像素为单位)
public void setVisible(boolean b)	设置是否可视,当参数为 true,可视,false 则隐藏
public void setContentPane(Container contentPane)	设置容器面板
public void setIconImage(Image image)	设置窗体左上角的图标
public void setJMenuBar(JMenuBar menubar)	设置窗体的菜单栏
public void setTitle(String title)	设置窗口的标题
public void setDefaultCloseOperation(int operation)	设置用户在此窗体上发起关闭时默认执行的操作。必须指定以下选项之一: DO_NOTHING_ON_CLOSE:不执行任何操作。 HIDE_ON_CLOSE:自动隐藏该窗体。 DISPOSE_ON_CLOSE:自动隐藏并释放该窗体。 EXIT_ON_CLOSE:退出应用程序

13.3.2 JPanel 中间容器

JPanel(面板)是一种中间容器。中间容器与顶级容器不同,不能独立存在,必须放在其他容器中。JPanel 中间容器的意义在于为其他组件提供空间。在使用 JPanel 时,通常先将其他组件添加到 JPanel 中间容器中,再将 JPanel 中间容器添加到 JFrame 顶级容器中。

JPanel 类常用的构造方法有以下两种:

(1) JPanel ():不带参数的构造方法,该方法用于创建一个默认为流布局(FlowLayout)的面板。

(2) JPanel (LayoutManager layout):带参数的构造方法,参数是一个布局管理器,用于创建一个指定布局的面板。

JPanel 类的常用方法及功能如表 13-2 所示。

表 13-2　JPanel 类的常用方法及功能

方　　法	功　能　描　述
public Component add(Component comp)	该方法从 Container 类中继承而来，用于向面板容器中添加其他组件
public void setLayout(LayoutManager mgr)	该方法从 Container 类中继承而来，用于设置面板的布局方式

13.3.3　BorderLayout 边界布局

BorderLayout 边界布局允许将组件有选择地放置到容器的东部、南部、西部、北部、中部这五个区域，如图 13.14 所示。

BorderLayout 类的构造方法如下：

(1) BorderLayout()：不带参数的构造方法，用于创建一个无间距的边界布局管理器对象。

(2) BorderLayout (int hgap, int vgap)：带参数的构造方法，用于创建一个指定水平、垂直间距的边界布局管理器。

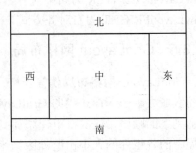

图 13.14　边界布局的五个区域

BorderLayout 类提供了五个静态常量，用于指定边界布局管理中的五个区域：BorderLayout.EAST 指定东部位置；BorderLayout.WEST 指定西部位置；BorderLayout.SOUTH 指定南部位置；BorderLayout.NORTH 指定北部位置；BorderLayout.CENTER 指定中部位置，该位置属于默认位置。

一个容器使用 BorderLayout 边界布局后，向容器中添加组件时，需要使用带两个参数的 add()方法，将指定组件添加到此容器的给定位置上。基本语法如下：

　　public Component add(Component comp,int index);

例如：

　　p.add(new JButton("西部") , BorderLayout.WEST);

当使用 BorderLayout 布局时，需要注意以下两点：

(1) 当向使用 BorderLayout 布局的容器中添加组件时，需要指定组件所放置的区域位置，如果没有指定，则默认放置到布局的中央位置。

(2) 通常一个区域位置只能添加一个组件，如果同一个区域中添加多个组件，则后放入的组件将会覆盖先放入的组件。

BorderLayout 边界布局是窗体(JFrame)的默认布局。当容器采用边界布局时，改变窗体的大小，可以发现东西南北四个位置上的组件长度进行了拉伸，而中间位置的组件进行了扩展。

13.3.4　FlowLayout 流布局

FlowLayout 流布局是将容器中的组件按照从中间到两边的顺序，流动地排列和分布，直到上方的空间被占满，才移到下一行，继续从中间到两边流动排列。

FlowLayout 类的构造方法有如下三个。

(1) FlowLayout()：不带参数的构造方法，使用默认对齐方式(中间对齐)和默认间距(水平、垂直间距都为 5 像素)创建一个新的流布局管理器。

(2) FlowLayout (int align)：带有对齐方式参数的构造方法，用于创建一个指定对齐、默认间距为 5 像素的流布局管理器。

(3) FlowLayout (int align, int hgap, int vgap)：带有对齐方式、水平间距、垂直间距参数的构造方法，用于创建一个指定对齐方式、水平间距、垂直间距的流布局管理器。

FlowLayout 类提供了三个静态常量，用于指明布局的对齐方式，这三个常量分别是：FlowLayout.CENTER 为居中对齐，也是默认对齐方式；FlowLayout.LEFT 为左对齐方式；FlowLayout.RIGHT 为右对齐方式。

13.3.5　GridLayout 网格布局

GridLayout 网格布局就像表格一样，将容器按照行和列分割成单元格，每个单元格所占的区域大小都一样。当向 GridLayout 布局的容器中添加组件时，默认是按照从左到右、从上到下的顺序，依次将组件添加到每个网格中。与 FlowLayout 不同，放置在 GridLayout 布局中的各组件的大小由所处区域来决定，即每个组件将自动占满整个区域。

GridLayout 类提供了如下两个构造方法：

(1) GridLayout (int rows, int cols)：用于创建一个指定行数和列数的网格布局管理器。

(2) GridLayout (int rows, int cols, int hgap, int vgap)：用于创建一个指定行数、列数、水平间距和垂直间距的网格布局管理器。

13.3.6　CardLayout 卡片布局

CardLayout 卡片布局将加入到容器中的组件看成一叠卡片，每次只能看见最上面的组件。因此，CardLayout 卡片布局是以时间而非空间来管理容器中的组件的。

CardLayout 类提供了两个构造方法如下：

(1) CardLayout()：不带参数的构造方法，用于创建一个默认间距为 0 的新卡片布局管理器。

(2) CardLayout(int hgap, int vgap)：带参数的构造方法，用于创建一个指定水平和垂直间距的卡片布局管理器。

CardLayout 类中用于控制组件的 5 个常用方法如表 13-3 所示。

表 13-3　CardLayout 类中的显示方法

方　　法	功　能　描　述
first(Container parent)	显示容器中的第一张卡片
last(Container parent)	显示容器中的最后一张卡片
previous(Container parent)	显示容器中当前卡片的上一张卡片
next(Container parent)	显示容器中当前卡片的下一张卡片
show(Container parent,String name)	显示容器中指定名称的卡片

一个容器使用 CardLayout 卡片布局后，当向容器中添加组件时，需要使用带两个参数的 add()方法，给组件指定一个名称并将其添加到容器中。

13.3.7 NULL 空布局

在实际开发过程中，用户界面比较复杂，而且要求美观，单一使用一种布局管理器很难满足要求。此时，可以采用 NULL 空布局。空布局是指容器不采用任何布局，而是通过每个组件的绝对定位进行布局。

使用空布局的步骤如下：

(1) 将容器中的布局管理器设置为 null(空)，即容器中不采用任何布局。例如：

// 设置面板对象的布局为空
p.setLayout(null);

(2) 调用 setBounds()设置组件的绝对位置坐标及大小，或使用 setLocation()方法和 setSize()方法分别设置组件的坐标和大小。例如：

// 设置按钮 x 轴坐标为 30，y 轴坐标为 60，宽度 40(像素)，高度 25(像素)
btn.setBounds(30,60,40,25);

(3) 将组件添加到容器中。例如：

// 将按钮添加到面板中
p.add(b);

下述案例演示了 NULL 布局的使用，代码如下：

【代码 13.1】 NullLayoutExample.java

```java
package layout;
import java.awt.EventQueue;
import javax.swing.*;
import javax.swing.border.EmptyBorder;
public class NullLayoutExample extends JFrame {
    // 创建面板对象
    private JPanel contentPane;
    public static void main(String[] args) {
        EventQueue.invokeLater(new Runnable() {
            public void run() {
                try {
                    NullLayoutExample frame = new NullLayoutExample();
                    frame.setVisible(true);        // 设置窗口可见性
                } catch (Exception e) {
                    e.printStackTrace();
                }
            }
        });
    }
```

```
public    NullLayoutExample() {
    // 设定窗口默认关闭方式为退出应用程序
    setDefaultCloseOperation(JFrame.EXIT_ON_CLOSE);
    // 设置窗口坐标和大小
    setBounds(100, 100, 450, 300);
    contentPane = new JPanel();
    // 设置面板边界
    contentPane.setBorder(new EmptyBorder(5, 5, 5, 5));
    setContentPane(contentPane);
    // 设置面板布局
    contentPane.setLayout(null);
    JButton btn_OK = new JButton("确认");
    // 这种按钮的绝对位置
    btn_OK.setBounds(68, 119, 93, 23);
    // 添加按钮到面板中
    contentPane.add(btn_OK);
    JButton btn_Cancel = new JButton("取消");
    btn_Cancel.setBounds(214, 119, 93, 23);
    contentPane.add(btn_Cancel);
    }
}
```

程序运行结果如图 13.15 所示。

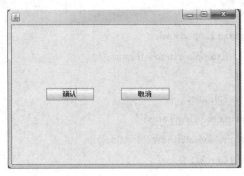

图 13.15　NULL 布局效果图

NULL 空布局一般用于组件之间位置相对固定，并且窗口不允许随便变换大小的情况，否则当窗口大小发生变化，因所有组件都使用绝对位置定位，从而产生组件整体"偏移"的情况。

13.4　基 本 组 件

GUI 图形界面是由一些基本的组件在布局管理器的统一控制下组合而成的，常用的基本组件包括图标、按钮、标签、文本组件、列表框、单选按钮、复选框和用户注册界面等。

13.4.1 Icon 图标

Icon 是一个图标接口，用于加载图片。ImageIcon 类是 Icon 接口的一个实现类，用于加载指定的图片文件，通常加载的图片文件为 gif、jpg、png 等格式。

ImageIcon 类常用的构造方法如下：

(1) ImageIcon()：创建一个未初始化的图标对象。

(2) ImageIcon(Image image)：根据图像创建图标对象。

(3) ImageIcon(String filename)：根据指定的图片文件创建图标对象。

ImageIcon 类常用的方法及功能如表 13-4 所示。

表 13-4 ImageIcon 类常用的方法及功能

方　　法	功　能　描　述
public int getIconWidth()	获得图标的宽度
public int getIconHeight()	获得图标的高度
public Image getImage()	返回此图标的 Image 图像对象
public void setImage(Image image)	设置图标所显示的 Image 图像
public void paintIcon(Component c, Graphics g, int x, int y)	绘制图标

在 Eclipse 项目中，当使用到图片文件时，通常先将图片文件复制到自定义的一个文件目录中，如图 13.16 所示，将图片复制到 images 目录下。

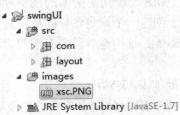

图 13.16 images 目录存放图片

下述案例示例了 ImageIcon 类的使用，代码如下：

【代码 13.2】 IconExample.java

```
    ……
    public void paint(Graphics g){
        // 创建 ImageIcon 图标
        ImageIcon xscIcon=new ImageIcon("images\\xsc.PNG");
        // 在窗体中画图标
        g.drawImage(xscIcon.getImage(), 20, 40, this);
        // 显示图标的宽度和高度
        g.drawString("图标宽："+xscIcon.getIconWidth()+"px，高："
            +xscIcon.getIconHeight()+"px", 20, 320);
    }
```

上述程序中对 JFrame 窗口的 paint()方法进行重写，实现在窗口中绘制图片和字符串。图片文件名中包含路径，其中"\\"是转义字符，代表"\"。程序运行结果如图 13.17 所示。

图 13.17　显示图标

13.4.2　JButton 按钮

JButton 类提供一个可接受单击操作的按钮功能，单击按钮会使其处于"下压"形状，松开后按钮又会恢复原状。在按钮中可以显示字符串、图标或两者同时显示。

JButton 类的构造方法如下：

(1) JButton(String str)：用于创建一个指定文本的按钮对象。

(2) JButton(Icon icon)：用于创建一个指定图标的按钮对象。

(3) JButton(String str, Icon icon)：该构造方法带有字符串和图标两个参数，用于创建一个指定文本和图标的按钮对象。

JButton 类常用的方法及功能如表 13-5 所示。

表 13-5　JButton 类的常用方法及功能

方　　法	功　能　描　述
String getText()	获取按钮上的文本内容
void setText(String str)	设置按钮上的文本内容
void setIcon(Icon icon)	设置按钮上的图标

13.4.3　JLabel 标签

JLabel 标签具有标识和提示的作用，可以显示文字或图标。标签没有边界，也不会响应用户操作，即单击标签是没有反应的。在 GUI 编程中，标签通常放在文本框、组合框等不带标签的组件前，对用户进行提示。

JLabel 类的构造方法如下：

(1) JLabel(String text)：用于创建一个指定文本的标签对象。

(2) JLabel(Icon icon)：用于创建一个指定图标的标签对象。

(3) JLabel(String text, Icon icon, int horizontalAlignment)：用于创建一个指定文本、图标

和对齐方式的标签对象。

JLabel 类的常用方法及功能如表 13-6 所示。

表 13-6　JLabel 类的常用方法及功能

方　　法	功 能 描 述
void setText(String txt)	设置标签中的文本内容
void setIcon(Icon icon)	设置标签中的图标
String getText()	获取标签中的文本内容

13.4.4　文本组件

文本组件可以接收用户输入的文本内容。

Swing 常用的文本组件有以下三种：

(1) JTextField：文本框，该组件只能接收单行的文本输入。

(2) JTextArea：文本域，该组件可以接收多行的文本输入。

(3) JPasswordField：密码框，不显示原始字符，用于接收用户输入的密码。

JTextField 类常用的构造方法及功能如表 13-7 所示。

表 13-7　JTextField 类的构造方法及功能

方　　法	功 能 描 述
JTextField(int cols)	构造方法，用于创建一个内容是空的、指定长度的文本框
JTextField(String str)	构造方法，用于创建一个指定文本内容的文本框
JTextField(String s, int cols)	构造方法，用于创建一个指定文本内容的、指定长度的文本框
String getText()	获取文本框中用户输入的文本内容
void setText(String str)	设置文本框中的文本内容为指定字符串内容

JTextArea 文本域组件可以编辑多行多列文本，且具有换行能力。JTextArea 类常用的构造方法及功能如表 13-8 所示。

表 13-8　JTextArea 类的构造方法及功能

方　　法	功 能 描 述
JTextArea(int rows,int columns)	构造方法，用于创建一个内容是空的、指定行数及列数的文本域
JTextArea(String text)	构造方法，用于创建一个指定文本内容的文本域
JTextArea(String text,int rows,int columns)	构造方法，用于添加组件创建一个指定文本内容的、指定行数及列数的文本域
String getText()	获取文本域中用户输入的文本内容
void setText(String str)	设置文本域中的文本内容为指定字符串内容

JPasswordField 是 JTextField 类的子类，允许编辑单行文本，密码框用于接收用户输入

的密码,但不显示原始字符,而是以特殊符号(掩码)形式显示。JPasswordField 类常用的构造方法及功能如表 13-9 所示。

表 13-9 JPasswordField 类的构造方法及功能

方　　法	功　能　描　述
JPasswordField (int cols)	构造方法,用于创建一个内容是空的、指定长度的密码框
JPasswordField (String str)	构造方法,用于创建一个指定密码信息的密码框
JPasswordField (String s, int cols)	构造方法,用于创建一个指定密码信息的、指定长度的密码框
char[]　getPassword()	获取密码框中用户输入的密码,以字符型数组形式返回
void　setEchoChar(char c)	设置密码框中显示的字符为指定的字符

13.4.5　JComboBox 组合框

JComboBox 组合框是一个文本框和下拉列表的组合,用户可以从下拉列表选项中选择一个选项。JComboBox 类常用的构造方法如下:

(1) JComboBox():不带参数的构造方法,用于创建一个没有选项的组合框。

(2) JComboBox(Object[]　listData):构造方法的参数是对象数组,用于创建一个选项列表为对象数组中的元素的组合框。

(3) JComboBox(Vector<?>　listData):构造方法的参数是泛型向量,用于创建一个选项列表为向量集合中的元素的组合框。

JComboBox 类常用的构造方法及功能如表 13-10 所示。

表 13-10　JComboBox 类的常用方法及功能

方　　法	功　能　描　述
int getSelectedIndex()	获取用户选中的选项的下标
Object getSelectedValue()	获得用户选中的选项值
void addItem(Object obj)	添加一个新的选项内容
void removeAllItems()	从选项列表中移除所有项

13.4.6　JList 列表框

JList 列表框中的选项以列表的形式都显示出来,用户在列表框中可以选择一个或多个选项(按住 Ctrl 键才能实现多选)。JList 类常用的构造方法如下:

(1) JList():不带参数的构造方法,用于创建一个没有选项的列表框。

(2) JList(Object[]　listData):参数是对象数组的构造方法,用于创建一个选项列表为对象数组中的元素的列表框。

(3) JList(Vector<?>　listData):参数是泛型向量的构造方法,用于创建一个选项列表为向量集合中的元素的列表框。

JList 类常用方法及功能如表 13-11 所示。

第13章 Swing UI 设计

表 13-11 JList 类的常用方法及功能

方　法	功　能　描　述
int getSelectedIndex()	获得选中选项的下标，此时用户选择一个选项
Object getSelectedValue()	获得列表中用户选中的选项的值
Object[] getSelectedValues()	以对象数组的形式返回所有被选中选项的值
void setModel(ListModel m)	设置表示列表内容或列表"值"的模型
void setSelectionMode(int selectionMode)	设置列表的选择模式为三种选择模式： (1) ListSelectionModel.SINGLE_SELECTION 单选 (2) ListSelectionModel.SINGLE_INTERVAL_SELECTION 一次只能选择一个连续间隔 (3) ListSelectionModel.MULTIPLE_INTERVAL_SELECTION 多选(默认)

13.4.7 JRadioButton 单选按钮

JRadioButton 单选按钮可被选择或被取消选择。JRadioButton 类常用的构造方法如下：

(1) JRadioButton(String str)：用于创建一个具有指定文本的单选按钮。

(2) JRadioButton(String str , boolean state)：创建一个具有指定文本和选择状态的单选按钮，当选择状态为 true 时，表示单选按钮被选中，状态为 false 时表示未被选中。

JRadioButton 类常用方法及功能如表 13-12 所示。

表 13-12 JRadioButton 类的常用方法及功能

方　法	功　能　描　述
void setSelected(boolean state)	设置单选按钮的选中状态
boolean isSelected()	判断单选按钮是否被选中，返回一个布尔值

单选按钮一般成组出现，且需与 ButtonGroup 按钮组配合使用后，才能实现单选规则，即一次只能选择按钮组中的一个按钮。因此，使用单选按钮要经过以下两个步骤：

(1) 实例化所有的 JRadioButton 单选按钮对象；

(2) 创建一个 ButtonGroup 按钮组对象，并用 add()方法将所有的单选按钮对象添加到该组中，实现单选规则。例如：

```
// 创建单选按钮
JRadioButton rbMale = new JRadioButton("男", true);
JRadioButton rbFemale = new JRadioButton("女");
// 创建按钮组
ButtonGroup bg = new ButtonGroup();
// 将 rb1 和 rb2 两个单选按钮添加到按钮组中，这两个单选按钮只能选中其一
bg.add(rbMale);
bg.add(rbFemale);
```

13.4.8 JCheckBox 复选框

JCheckBox 复选框可以控制选项的开启或关闭,单击复选框可改变复选框的状态,复选框可以被单独使用或作为一组使用。JCheckBox 类常用的构造方法如下:

(1) JCheckBox(String str):创建一个带文本的、最初未被选定的复选框。

(2) JCheckBox(String str, boolean state):创建一个带文本的复选框,并指定其最初是否处于选定状态。

JCheckBox 类常用的方法及功能如表 13-13 所示。

表 13-13　JCheckBox 类的常用方法及功能

方　　法	功　能　描　述
void setSelected(boolean state)	设置复选框的选中状态
boolean isSelected()	获得复选框是否被选中

13.4.9 用户注册界面

下述案例实现了用户注册界面的设计和信息的获取,代码如下:

【代码 13.3】　RegisterFrame.java

```
package com;

import java.awt.EventQueue;
import javax.swing.*;
import javax.swing.ButtonGroup;
import javax.swing.border.EmptyBorder;
import java.awt.event.ActionListener;
import java.awt.event.ActionEvent;
import java.awt.Color;
import java.awt.Font;

public class RegisterFrame extends JFrame {
    private JPanel contentPane;
    private JTextField nameText;
    private JPasswordField passTest;
    private JPasswordField rePassText;
    private JTextField idText;

    public static void main(String[] args) {
        EventQueue.invokeLater(new Runnable() {
            public void run() {
                try {
```

```java
                RegisterFrame frame = new RegisterFrame();
                frame.setVisible(true);

            } catch (Exception e) {
                e.printStackTrace();
            }
        }
    });
}

public RegisterFrame() {
    setDefaultCloseOperation(JFrame.EXIT_ON_CLOSE);
    setBounds(100, 100, 510, 475);
    contentPane = new JPanel();
    contentPane.setBorder(new EmptyBorder(5, 5, 5, 5));
    setContentPane(contentPane);
    contentPane.setLayout(null);

    JLabel label_8 = new JLabel("用户注册界面设计");
    label_8.setHorizontalAlignment(SwingConstants.CENTER);
    label_8.setForeground(Color.RED);
    label_8.setFont(new Font("宋体", Font.PLAIN, 18));
    label_8.setBounds(146, 10, 177, 23);
    contentPane.add(label_8);

    JLabel namelabel = new JLabel("用户名：");
    namelabel.setBounds(40, 57, 54, 15);
    contentPane.add(namelabel);

    nameText = new JTextField();
    nameText.setBounds(100, 54, 100, 21);
    contentPane.add(nameText);
    nameText.setColumns(10);

    JLabel idlabel = new JLabel("学号：");
    idlabel.setBounds(242, 57, 54, 15);
    contentPane.add(idlabel);

    idText = new JTextField();
```

```java
idText.setBounds(311, 54, 114, 21);
contentPane.add(idText);
idText.setColumns(10);

JLabel label_6 = new JLabel("密码：");
label_6.setBounds(40, 96, 54, 15);
contentPane.add(label_6);

passTest = new JPasswordField();
passTest.setBounds(100, 93, 100, 21);
contentPane.add(passTest);

JLabel label_7 = new JLabel("确认密码：");
label_7.setBounds(230, 99, 64, 15);
contentPane.add(label_7);

rePassText = new JPasswordField();
rePassText.setBounds(311, 93, 114, 21);
contentPane.add(rePassText);

JLabel sexlabel = new JLabel("性别：");
sexlabel.setBounds(40, 124, 54, 15);
contentPane.add(sexlabel);

final JRadioButton manbtn = new JRadioButton("男");
manbtn.setBounds(140, 120, 45, 23);
contentPane.add(manbtn);

JRadioButton womanbtn = new JRadioButton("女");
womanbtn.setSelected(true);
womanbtn.setBounds(230, 124, 60, 23);
contentPane.add(womanbtn);

ButtonGroup bg = new ButtonGroup();
bg.add(womanbtn);
bg.add(manbtn);

JLabel label_3 = new JLabel("爱好：");
label_3.setBounds(40, 164, 54, 15);
```

第 13 章　Swing UI 设计　· 313 ·

```java
contentPane.add(label_3);

final JCheckBox checkBox = new JCheckBox("篮球");
checkBox.setBounds(140, 160, 60, 23);
contentPane.add(checkBox);

final JCheckBox checkBox_1 = new JCheckBox("足球");
checkBox_1.setSelected(true);
checkBox_1.setBounds(202, 160, 60, 23);
contentPane.add(checkBox_1);

final JCheckBox netcheckBox = new JCheckBox("上网");
netcheckBox.setBounds(276, 160, 60, 23);
contentPane.add(netcheckBox);

final JCheckBox lvcheckBox = new JCheckBox("旅游");
lvcheckBox.setBounds(342, 160, 60, 23);
contentPane.add(lvcheckBox);

JLabel label_4 = new JLabel("个人简历：");
label_4.setBounds(40, 215, 66, 15);
contentPane.add(label_4);

final JTextArea textArea = new JTextArea();
textArea.setBounds(129, 199, 292, 53);
contentPane.add(textArea);

JLabel label_1 = new JLabel("喜欢的职业：");
label_1.setBounds(41, 268, 84, 38);
contentPane.add(label_1);

final JList list = new JList();
list.setModel(new AbstractListModel() {
    String[] values = new String[] { "公务员", "教师", "医生", "律师" };
    public int getSize() {
        return values.length;
    }
    public Object getElementAt(int index) {
        return values[index];
```

```
            }
        });
        list.setSelectedIndex(0);
        list.setBounds(140, 268, 110, 75);
        contentPane.add(list);

        JLabel label = new JLabel("学历：");
        label.setBounds(40, 365, 54, 15);
        contentPane.add(label);

        final JComboBox comboBox = new JComboBox();
        comboBox.setModel(new DefaultComboBoxModel(new String[] { "博士", "硕士",
                "学士" }));
        comboBox.setSelectedIndex(0);
        comboBox.setBounds(140, 362, 96, 21);
        contentPane.add(comboBox);

        JButton button = new JButton("注册");
        button.addActionListener(new ActionListener() {
            public void actionPerformed(ActionEvent arg0) {
                // 获取用户名和学号
                String name = nameText.getText().trim();
                String id = idText.getText().trim();
                if (name.equals("") || id.equals("")) {
                    JOptionPane.showMessageDialog(null, "用户名和学号不能为空");
                    return;
                }
                System.out.println("姓名：" + name + "\n 学号：" + id);
                // 获取密码
                String pass = new String(passTest.getPassword());

                String pass1 = new String(rePassText.getPassword());
                if (!pass.equals(pass1)) {
                    JOptionPane.showMessageDialog(null, "两次密码不一致");
                    return;
                }
                System.out.println("密码：" + pass);
                // 获取性别和爱好
                String sex = manbtn.isSelected() ? "男" : "女";
```

```
        String like = checkBox.isSelected()？"篮球    "：""；
        like += checkBox_1.isSelected()？"足球    "：""；
        like += netcheckBox.isSelected()？"上网    "：""；
        like += lvcheckBox.isSelected()？"旅游 "：""；
        System.out.println("性别："+ sex + "\n 爱好：" + like);
        // 获取个人简历
        String jianli = textArea.getText().trim();
        System.out.println("个人简历：" + jianli);
        // 获取喜欢的职业
        String job = "";
        Object[] zhiye = list.getSelectedValues();
        for (Object str : zhiye)
            job += str + " ";
        System.out.println("喜欢的职业：" + job);
        // 获取学历
        String xueli = (String) comboBox.getSelectedItem();
        System.out.println("学历：" + xueli);
    }
});
button.setBounds(75, 404, 93, 23);
contentPane.add(button);

JButton btnNewButton = new JButton("重置  ");
btnNewButton.addActionListener(new ActionListener() {
    public void actionPerformed(ActionEvent arg0) {
        // 对文本组件进行清空
        nameText.setText("");
        idText.setText("");
        passTest.setText("");
        rePassText.setText("");
        textArea.setText("");
    }
});
btnNewButton.setBounds(261, 404, 93, 23);
contentPane.add(btnNewButton);
    }
  }
```

上述代码既验证了用户名和学号不能为空，也验证了密码和确认密码的一致性。用户注册界面如图 13.18 所示。

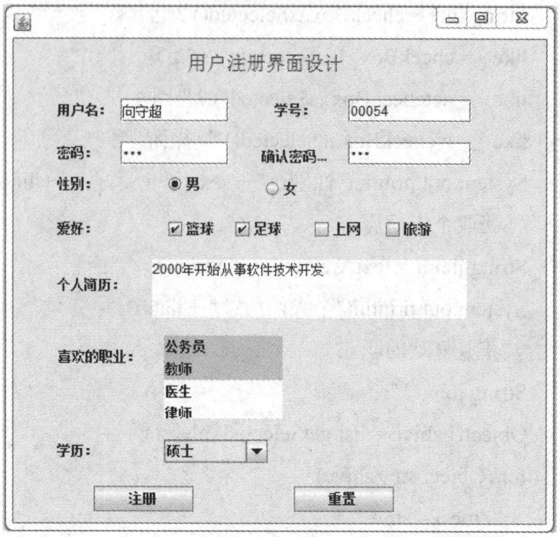

图 13.18　用户注册界面

在注册界面中输入信息，点击"注册"按钮，获取用户信息如下：

　　姓名：向守超
　　学号：00054
　　密码：111
　　性别：男
　　爱好：篮球　　足球
　　个人简历：2000年开始从事软件技术开发
　　喜欢的职业：公务员　教师
　　学历：硕士

13.5　事 件 处 理

前面介绍了布局和基本组件，从而可以得到不同的图形界面，但这些界面还不能响应用户的任何操作。如果要实现用户界面的交互，则必须通过事件处理。事件处理是指在事件驱动机制中，应用程序为响应事件而执行的一系列操作。

13.5.1　Java事件处理机制

在图形用户界面中，当用户使用鼠标单击按钮、在列表框进行选择或者单击窗口右上角的"×"关闭按钮时，都会触发一个相应的事件。

在Java事件处理体系结构中，主要涉及三种对象。

(1) 事件(Event)：在Event对象中封装了GUI组件所发生的特定事情，通常由用户的一次操作产生，而不是通过new运算符创建。事件包括键盘事件、鼠标事件等。Event对象一般作为事件处理方法的参数，以便事件处理程序从中获取GUI组件上所发生的事件相关信息。

(2) 事件源(Event Source)：事件发生的场所，通常就是各个 GUI 组件，例如窗口、按钮、菜单等。

(3) 事件监听器(Event Listener)：负责监听事件源所产生的事件，并对事件做出相应处理。事件监听器对象需要实现监听接口 Listener 中所定义的事件处理方法；当事件触发时，直接调用该事件对应的处理方法对此事件进行响应和处理。

Java 的事件处理机制如图 13.19 所示。

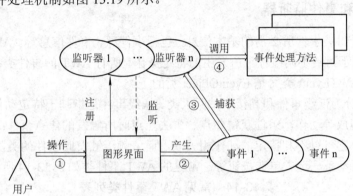

图 13.19　Java 事件处理机制

在 Java 程序中，实现事件处理需要以下三个步骤：
(1) 创建监听类，实现监听接口并重写监听接口中的事件处理方法；
(2) 创建监听对象，即实例化上一步中所创建的监听类的对象；
(3) 注册监听对象，调用组件的 add×××Listener()方法，将监听对象注册到相应组件上，以便监听对事件源所触发的事件。

此处需要注意监听类、事件处理方法和监听对象之间的区别与联系。

(1) 监听类：监听类是一个自定义的实现监听接口的类，监听类可以实现一个或多个监听接口。

```
class MyListener implements ActionListener{
    ......
}
```

(2) 事件处理方法：事件处理方法即监听接口中已经定义好的相应的事件的处理方法，该方法是抽象方法，需要在创建监听类时重写接口中的事件处理方法，并将处理事件的业务代码放入到方法中。

```
class MyListener implements ActionListener {
    // 重写 ActionListener 接口中的事件处理方法 actionPerformed()
    public void actionPerformed(ActionEvent e) {
        ......
    }
}
```

(3) 监听对象：监听对象就是监听类的一个实例对象，该对象具有监听功能，但前提是先将监听对象注册到事件源组件上，当操作该组件产生事件时，该事件将会被此监听对象捕获并调用相应的事件方法进行处理。

// 创建一个监听对象

MyListener listener = new MyListener();

// 注册监听

button.addActionListener(listener);

13.5.2 事件和事件监听器

事件指用于封装事件所必需的基本信息，包括事件源、事件信息等。AWT 中提供了丰富的事件类，用于封装不同组件上所发生的特定操作。所有 AWT 的事件类都是 AWTEvent 类的子类，而 AWTEvent 类又是 EventObject 类的子类。

AWT 事件分为低级事件和高级事件两大类。低级事件是指基于特定动作的事件，比如鼠标的单击、拖放等动作，组件获得焦点、失去焦点时所触发的焦点事件；高级事件是基于语义的事件，它可以不和特定的动作相关联，而依赖于触发此事件的类，比如单击按钮和菜单、滑动滑动条、选中单选按钮等。常见的 AWT 事件类如表 13-14 所示。

表 13-14 常见 AWT 事件类列表

分类	事件类	描述	事件源
低级事件	ComponentEvent	组件事件，当组件尺寸发生变化、位置发生移动、显示和隐藏状态发生改变时会触发该事件	所有组件
	ContainerEvent	容器事件，当往容器中添加组件、删除组件时会触发该事件	容器
	WindowEvent	窗口事件，当窗口状态发生改变，如打开、关闭、最大化、最小化窗口时会触发该事件	窗体
	FocusEvent	焦点事件，当组件获得或失去焦点时会触发该事件	能接受焦点的组件
	KeyEvent	键盘事件，当键盘被按下、松开、单击时会触发该事件	能接受焦点的组件
	MouseEvent	鼠标事件，当单击、按下、松开、移动鼠标时会触发该事件	所有组件
	PaintEvent	绘制事件，当 GUI 组件调用 update()/paint()方法来呈现自身时会触发该事件，该事件是一个特殊的事件类型，并非专用于事件处理模型	所有组件
高级事件	ActionEvent	动作事件，最常用的一个事件，当单击按钮、菜单时会触发该事件	按钮、列表、菜单项等
	AdjustmentEvent	调节事件，当调节滚动条时会触发该事件	滚动条
	ItemEvent	选项事件，当选择不同的选项时会触发该事件	列表、组合框等
	TextEvent	文本事件，当文本框或文本域中的文本发生变化时会触发该事件	文本框、文本域等

对不同的事件需要使用不同的监听器进行监听，不同的监听器需要实现不同的监听接口。监听接口中定义了抽象的事件处理方法，这些方法能够针对不同的操作进行不同的处理。在程序中，通常使用监听类来实现监听接口中的事件处理方法。AWT 提供了大量的监听接口，用于实现不同类型的事件监听器，常用的监听接口及说明如表 13-15 所示。

表 13-15　常用的监听接口及说明列表

监 听 接 口	接口中声明的事件处理方法	功 能 描 述
ActionListener	actionPerformed(ActionEvent e)	行为处理
AdjustmentListener	adjustmentValueChanged(AdjustmentEvent e)	调节值改变
ItemListener	itemStateChanged(ItemEvent e)	选项值状态改变
FocusListener	focusGained(FocusEvent e)	获得聚焦
	focusLost(FocusEvent e)	失去聚焦
KeyListener	keyPressed(KeyEvent e)	按下键盘
	keyReleased(KeyEvent e)	松开键盘
	keyTyped(KeyEvent e)	敲击键盘
MouseListener	mouseClicked(MouseEvent e)	鼠标点击
	mouseEntered(MouseEvent e)	鼠标进入
	mouseExited(MouseEvent e)	鼠标退出
	mousePressed(MouseEvent e)	鼠标按下
	mouseReleased(MouseEvent e)	鼠标松开
MouseMotionListener	mouseDragged(MouseEvent e)	鼠标拖动
	mouseMoved(MouseEvent e)	鼠标移动
WindowListener	windowActivated(WindowEvent e)	窗体激活
	windowClosed(WindowEvent e)	窗体关闭以后
	windowClosing(WindowEvent e)	窗体正在关闭
	windowDeactivated(WindowEvent e)	窗体失去激活
	windowDeiconified(WindowEvent e)	窗体非最小化

监听接口与事件一样，通常都定义在 java.awt.event 包中，该包提供了不同类型的事件类和监听接口。

13.6　标准对话框

对话框属于特殊组件，与窗口一样是一种可以独立存在的顶级容器。对话框通常依赖于其他窗口，即有一个父窗口。

Swing 提供了 JOptionPane 标准对话框组件，用于显示消息或获取信息。JOptionPane 类主要提供了四个静态方法用于显示不同类型的对话框，如表 13-16 所示。

表 13-16　JOptionPane 中的四个静态方法及功能

静 态 方 法	功 能 描 述
showConfirmDialog()	显示确认对话框，等待用户确认（OK/Cancel）
showInputDialog()	显示输入对话框，等待用户输入信息，并以字符串形式返回用户输入的信息
showMessageDialog()	显示消息对话框，等待用户点击 OK 按钮
showOptionDialog()	显示选择对话框，等待用户在一组选项中选择，并返回用户选择的选项下标值

13.6.1　消息对话框

JOptionPane.showMessageDialog()静态方法用于显示消息对话框，该方法有以下几种常用的重载方法：

（1）void showMessageDialog(Component parentComponent, Object message)：显示一个指定信息的消息对话框，该对话框的标题为"message"。

（2）void showMessageDialog(Component parentComponent, Object message, String title, int messageType)：显示一个指定信息、标题和消息类型的消息对话框。

（3）void showMessageDialog(Component parentComponent, Object message, String title, int messageType, Icon icon)：显示一个指定信息、标题、消息类型和图标的消息对话框。

关于 showMessageDialog()方法所使用到的参数说明如下：

（1）parentComponent 参数：用于指定对话框的父组件，如果为 null，则对话框将显示在屏幕中央，否则根据父组件所在窗体来确定位置。

（2）message 参数：用于指定对话框中所显示的信息内容。

（3）title 参数：用于指定对话框的标题。

（4）messageType 参数：用于指定对话框的消息类型。对话框左边显示的图标取决于对话框的消息类型，不同的消息类型显示不同的图标。在 JOptionPane 中提供了五种消息类型：ERROR_MESSAGE(错误)、INFORMATION_MESSAGE(通知)、WARNING_MESSAGE(警告)、QUESTION_MESSAGE(疑问)、PLAIN_MESSAGE(普通)。

（5）icon 参数：用于指定对话框所显示的图标。

例如：

　　　　JOptionPane.showMessageDialog(null,"您输入的数据不正确，请重新输入！",
　　　　　　"错误提示",JOptionPane.ERROR_MESSAGE);

运行结果如图 13.20 所示。

图 13.20　消息对话框

13.6.2 输入对话框

JOptionPane.showInputDialog()静态方法用于显示输入对话框，该方法有以下几种常用的重载方法：

(1) String showInputDialog(Object message)：显示一个指定提示信息的输入对话框。

(2) String showInputDialog(Component parentComponent, Object message)：显示一个指定父组件、提示信息的输入对话框。

(3) String showInputDialog(Component parentComponent, Object message, String title, int messageType)：显示一个指定父组件、提示信息、标题以及消息类型的输入对话框。

例如：

JOptionPane.showInputDialog(null, "请输入一个数字：");

运行结果如图 13.21 所示。

图 13.21　输入对话框

13.6.3 确认对话框

JOptionPane.showConfirmDialog()静态方法用于显示确认对话框，该方法有以下几种常用的重载方法：

(1) int showConfirmDialog(Component component, Object message)：显示一个指定父组件、提示信息、选项类型为 YES_NO_CANCEL_OPTION、标题为"选择一个选项"的确认对话框。

(2) int showConfirmDialog(Component component, Object message, String title, int optionType)：显示一个指定父组件、提示信息、标题和选项类型的确认对话框。

(3) int showConfirmDialog(Component component, Object message, String title, int optionType, int messageType)：显示一个指定父组件、提示信息、标题、选项类型和消息图标类型的确认对话框。

其中，optionType 参数代表选项类型，用于设置对话框中所提供的按钮选项。在 JOptionPane 类中提供了四种选项类型的静态变量：

① DEFAULT_OPTION：默认选项。
② YES_NO_OPTION：Yes 和 No 选项。
③ YES_NO_CANCEL_OPTION：Yes、No 和 Cancel 选项。
④ OK_CANCEL_OPTION：Ok 和 Cancel 选项。

例如：

JOptionPane.showConfirmDialog(null,
    "您确定要删除吗？",

```
"删除",
JOptionPane.YES_NO_OPTION,
JOptionPane.QUESTION_MESSAGE);
```

运行结果如图 13.22 所示。

13.6.4 选项对话框

图 13.22 确认对话框

JOptionPane.showOptionDialog()静态方法用于显示选项对话框，该方法的参数是固定的，具体如下：

int showOptionDialog(Component parentComponent, Object message, String title, int optionType, int messageType, Icon icon, Object[ ] options, Object initialValue)：其功能是创建一个指定各参数的选项对话框，其中选项数由 optionType 参数确定，初始选择由 initialValue 参数确定。例如：

```
Object[] options = { "红", "橙", "黄", "绿" };
JOptionPane.showOptionDialog(null,
        "请选择一种你喜欢的颜色：",
        "选择颜色",
        JOptionPane.DEFAULT_OPTION,
        JOptionPane.QUESTION_MESSAGE,
        null,
        options,
        options[0]);
```

图 13.23 选项对话框

运行结果如图 13.23 所示。

13.7 菜　　单

菜单是常见的 GUI 组件，且占用空间少、使用方便。创建菜单组件时只需要将菜单栏、菜单和菜单项组合在一起即可。

Swing 中的菜单由如下几个类组合而成：

(1) JMenuBar：菜单栏，菜单容器；

(2) JMenu：菜单，菜单项的容器；

(3) JPopupMenu：弹出式菜单，单击鼠标右键可以弹出的上下文菜单；

(4) JMenuItem：菜单项，菜单系统中最基本的组件。

常用的菜单有两种样式：

(1) 下拉式菜单：由 JMenuBar、JMenu 和 JMenuItem 组合而成的下拉式菜单；

(2) 弹出式菜单：由 JPopupMenu 和 JMenuItem 组合而成的右键弹出式菜单。

13.7.1 下拉式菜单

下拉式菜单是常用的菜单样式，由 JMenuBar 菜单栏、JMenu 菜单和 JMenuItem 菜单项组合而成，先将 JMenuItem 添加到 JMenu 中，再将 JMenu 添加到 JMenuBar 中。菜单允许嵌套，即一个菜单中不仅可以添加菜单项，还可以添加另外一个菜单对象，从而形成多级菜单。

1. JMenuBar 菜单栏

菜单栏是一个水平栏，用来管理菜单，可以位于 GUI 容器的任何位置，但通常放置在顶级窗口的顶部。

Swing 中的菜单栏是通过使用 JMenuBar 类来创建的，创建一个 JMenuBar 对象后，再通过 JFrame 类的 setJMenuBar( )方法将菜单栏对象添加到窗口的顶部。例如：

// 创建菜单栏对象
JMenuBar menuBar = new JMenuBar();
// 添加菜单栏对象到窗口
frame.setJMenuBar(menuBar);

2. JMenu 菜单

菜单用来整合管理菜单项，组成一个下拉列表形式的菜单，使用 JMenu 类可以创建一个菜单对象，其常用的构造方法如下：

(1) JMenu()：创建一个新的、无文本的菜单对象。

(2) JMenu(String str)：创建一个新的、指定文本的菜单对象，是常用的构造方法。

(3) JMenu(String str, boolean bool)：创建一个新的、指定文本的、是否分离式的菜单对象。

例如：

// 菜单的文本为"新建"
JMenu menuFile = new JMenu("新建");

JMenu 类常用的方法如表 13-17 所示。

表 13-17　JMenu 类常用方法列表

方　　法	功 能 描 述
Component add(Component c)	在菜单末尾添加组件
void addSeparator()	在菜单末尾添加分隔线
void addMenuListener(MenuListener l)	添加菜单监听
JMenuItem getItem(int pos)	返回指定索引处的菜单项
int getItemCount()	返回菜单项的数目
JMenuItem insert(JMenuItem mi, int pos)	在指定索引处插入菜单项
void insertSeparator(int pos)	在指定索引处插入分割线
void remove(int pos)	从菜单中移除指定索引处的菜单项
void remove(Component c)	从菜单中移除指定组件
void removeAll()	移除菜单中的所有组件

3. JMenuItem 菜单项

菜单项是菜单系统中最基本的组件，其实质是位于菜单列表中的按钮。当用户选择菜单项时，执行与菜单项所关联的操作。使用 JMenuItem 类可以创建一个菜单选项对象，菜单项对象可以添加到菜单中。

JMenuItem 类常用的构造方法如下：

(1) JMenuItem ()：创建一个新的、无文本和图标的菜单项；

(2) JMenuItem(Icon icon)：创建一个新的、指定图标的菜单项；

(3) JMenuItem(String text)：创建一个新的、指定文本的菜单项；

(4) JMenuItem(String text, Icon icon)：创建一个新的、指定文本和图标的菜单项。

例如：

// 菜单项的文本为"退出"

JMenuItem menuFile = new JMenuItem("退出");

JMenuItem 类常用的方法如表 13-18 所示。

表 13-18　JMenuItem 类常用方法列表

方　　法	功 能 描 述
void addActionListener(ActionListenerr l)	从 AbstractButton 类中继承的方法，将监听对象添加到菜单项中
void setIcon(Icon icon)	设置图标
void setText(String text)	设置文本

使用 JMenuBar、JMenu 和 JMenuItem 实现下拉式菜单的步骤：

(1) 创建一个 JMenuBar 菜单栏对象，调用顶级窗口的 setJMenuBar()方法将其添加到窗体顶部；

(2) 创建若干 JMenu 菜单对象，调用 JMenuBar 的 add()方法将菜单添加到菜单栏中；

(3) 创建若干个 JMenuItem 菜单项，调用 JMenu 的 add()方法将菜单项添加到菜单中。

下述案例示例了使用 JMenuBar、JMenu 和 JMenuItem 实现下拉式菜单，代码如下：

【代码 13.4】　JMenuExample.java

```
package com;
import javax.swing.*;
public class JMenuExample extends JFrame {
    private JPanel p;
    // 声明菜单栏
    private JMenuBar menuBar;
    // 声明菜单
    private JMenu menuFile, menuEdit, menuHelp, menuNew;
    // 声明菜单项
    private JMenuItem miSave, miExit, miCopy, miC, miJava, miOther;
    public JMenuExample() {
        super("下拉菜单");
        p = new JPanel();
```

```java
// 创建菜单栏对象
menuBar = new JMenuBar();
// 将菜单栏设置到窗体中
this.setJMenuBar(menuBar);
// 创建菜单
menuFile = new JMenu("文件");
menuEdit = new JMenu("编辑");
menuHelp = new JMenu("帮助");
menuNew = new JMenu("新建");
// 将菜单添加到菜单栏
menuBar.add(menuFile);
menuBar.add(menuEdit);
menuBar.add(menuHelp);
// 将新建菜单添加到文件菜单中
menuFile.add(menuNew);
// 在菜单中添加分隔线
menuFile.addSeparator();
// 创建菜单选项
miSave = new JMenuItem("保存");
miExit = new JMenuItem("退出");
miCopy = new JMenuItem("复制");
miC = new JMenuItem("类");
miJava = new JMenuItem("Java 项目");
miOther = new JMenuItem("其他...");
// 将菜单项添加到菜单中
menuFile.add(miSave);
menuFile.add(miExit);
menuEdit.add(miCopy);
menuNew.add(miC);
menuNew.add(miJava);
menuNew.add(miOther);
// 将面板添加到窗体
this.add(p);
// 设定窗口大小
this.setSize(400, 200);
// 设定窗口左上角坐标(X 轴 200 像素，Y 轴 100 像素)
this.setLocation(200, 100);
// 设定窗口默认关闭方式为退出应用程序
this.setDefaultCloseOperation(JFrame.EXIT_ON_CLOSE);
```

```
            // 设置窗口可视(显示)
            this.setVisible(true);
        }
        public static void main(String[] args) {
            new JMenuExample();
        }
    }
```
程序运行结果如图 13.24 所示。

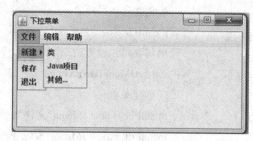

图 13.24 下拉式菜单

13.7.2 弹出式菜单

弹出式菜单不是固定在菜单栏中,而是在 GUI 界面的任意位置点击鼠标右键时所弹出的一种菜单。JPopupMenu 类常用的构造方法如下:

(1) JPopupMenu ():创建一个默认无文本的菜单对象。
(2) JPopupMenu(String label):创建一个指定文本的菜单对象。

JPopupMenu 类常用的方法及功能如表 13-19 所示。

表 13-19 JPopupMenu 类常用方法及功能

方 法	功 能 描 述
Component add(Component c)	在菜单末尾添加组件
void addSeparator()	在菜单末尾添加分隔线
void show(Component invoker,int x,int y)	在组件调用者中的指定位置显示弹出菜单

下述案例示例了弹出式菜单的创建,代码如下:

【代码 13.5】 JPopupMenuExample.java

```java
package com;
import java.awt.event.*;
import javax.swing.*;
public class JPopupMenuExample extends JFrame {
    private JPanel p;
    // 声明弹出菜单
    private JPopupMenu popMenu;
    // 声明菜单选项
    private JMenuItem miSave, miCopy, miCut;
    public JPopupMenuExample() {
        super("弹出式菜单");
        p = new JPanel();
        // 创建弹出菜单对象
        popMenu = new JPopupMenu();
        // 创建菜单选项
        miSave = new JMenuItem("保存");
```

```
            miCopy = new JMenuItem("复制");
            miCut = new JMenuItem("剪切");
            // 将菜单选项添加到菜单中
            popMenu.add(miSave);
            popMenu.addSeparator();
            popMenu.add(miCopy);
            popMenu.add(miCut);
            // 注册鼠标监听
            p.addMouseListener(new MouseAdapter() {
                // 重写鼠标点击事件处理方法
                public void mouseClicked(MouseEvent e) {
                    // 如果点击鼠标右键
                    if (e.getButton() == MouseEvent.BUTTON3)
                    {
                        int x = e.getX();
                        int y = e.getY();
                        // 在面板鼠标所在位置显示弹出菜单
                        popMenu.show(p, x, y);
                    }
                }
            });
            this.add(p);
            this.setBounds(200, 100, 400, 200);
            this.setDefaultCloseOperation(JFrame.EXIT_ON_CLOSE);
            this.setVisible(true);
        }
        public static void main(String[] args) {
            new JPopupMenuExample();
        }
    }
```

运行结果如图 13.25 所示。

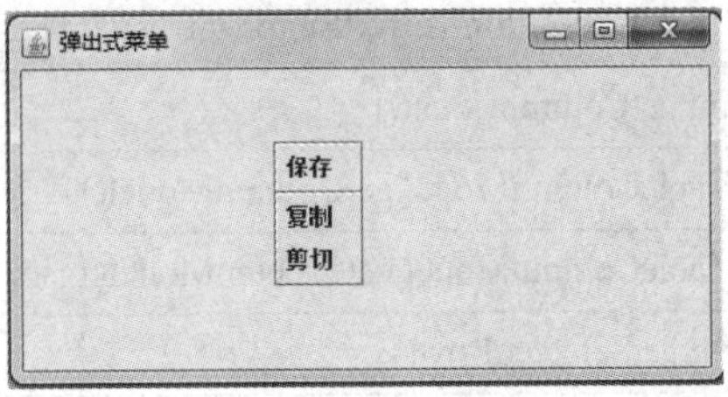

图 13.25　弹出式菜单

13.8　表格与树

表格和树是 GUI 程序中常见的组件。表格是由多行和多列组成的一个二维显示区。树是由一系列具有父子关系的节点组成的,每个节点既可以是上一级节点的子节点,也可以是下一级节点的父节点。

13.8.1 表格

Swing 中对表格提供了支持，使用 JTable 类及其相关类可以轻松创建一个二维表格，还可以对表格定制外观和编辑特性。

下面对 JTable 类及其相关接口进行详细介绍。

1. JTable 类

JTable 类用于创建一个表格对象，显示和编辑常规二维单元表。JTable 类的构造方法如下：

(1) JTable()：创建一个默认模型的表格对象。

(2) JTable(int numRows, int numColumns)：创建一个指定行数和列数的默认表格。

(3) JTable(Object[][] rowData, Object[] columnNames)：创建一个具有指定列名和二维数组数据的默认表格。

(4) JTable(TableModel dm)：创建一个指定表格模型的表格对象。

(5) JTable(TableModel dm, TableColumnModel cm)：创建一个指定表格模型和列模型的表格对象。

(6) JTable(Vector rowData, Vector columnNames)：创建一个指定列名并以 Vector 为输入来源的数据表格。

JTable 类的常用方法及功能如表 13-20 所示。

表 13-20 JTable 类的常用方法及功能

方 法	功 能 描 述
void addColumn(TableColumn aColumn)	添加列
void removeColumn(TableColumn aColumn)	移除列
TableCellEditor getCellEditor()	返回活动单元格的编辑器
TableCellEditor getCellEditor(int row,int column)	返回指定单元格的编辑器
int getColumnCount()	返回表格的列数
TableColumnModel getColumnModel()	返回该表的列模型对象
TableColumnModel getColumnModel()	返回表格的行数
int getSelectedRow()	返回第一个选定行的索引
int[] getSelectedRows()	返回所有选定行的索引
int getSelectedColumn()	返回第一个选定列的索引
int[] getSelectedColumns()	返回所有选定列的索引
int getSelectedRowCount()	返回选定行数
getSelectedColumnCount()	返回选定列数

2. TableModel 接口

在创建一个指定表格模型的 JTable 对象时，需要使用 TableModel 类型的参数来指定表格模型。TableModel 表格模型是一个接口,此接口定义在 javax.swing.table 包中。TableModel 接口中定义许多表格操作的方法及功能如表 13-21 所示。

表 13-21　TableModel 接口中的方法及功能

方　　法	功　能　描　述
void addTableModelListener(TableModelListener l)	注册 TableModelEvent 监听
Class getColumnClass(int columnIndex)	返回列数据类型的类名称
int getColumnCount()	返回列的数量
String getColumnName(int columnIndex)	返回指定下标列的名称
int getRowCount()	返回行数
Object getValueAt(int rowIndex, int columnIndex)	返回指定单元格(cell)的值
boolean isCellEditable(int row, int column)	返回单元格是否可编辑
void removeTableModelListener(TableModelListener l)	移除一个监听
void setValueAt(Object aValue, int row, int column)	设置指定单元格的值

通过直接实现 TableModel 接口来创建表格是非常繁琐的,因此 Java 提供了实现 TableModel 接口的两个类:

(1) AbstractTableModel 类是一个抽象类,其中实现 TableModel 接口中的大部分方法,通过 AbstractTableModel 类可以灵活地构造出自己所需的表格模式。

(2) DefaultTableModel 类是一个默认的表格模式类,该类继承 AbstractTableModel 抽象类。

3. TableColumnModel 接口

在创建一个指定表格列模型的 JTable 对象时,需要使用 TableColumnModel 类型的参数来指定表格的列模型。TableColumnModel 接口中提供了有关表格列模型的方法及功能,如表 13-22 所示。

表 13-22　TableColumnModel 接口中的方法及功能

方　　法	功　能　描　述
void addColumn(TableColumn aColumn)	添加一列
void moveColumn(int columnIndex, int newIndex)	将指定列移动到其他位置
void moveColumn(int columnIndex, int newIndex)	删除指定的列
TableColumn getColumn(int columnIndex)	获取指定下标的列
int getColumnCount()	获得表格的列数
int getSelectedColumnCount()	获取选中的列数

TableColumnModel 接口通常不需要直接实现,而是通过调用 JTable 对象中的 getColumnModel()方法来获取 TableColumnModel 对象,再使用该对象对表格的列进行设置。例如,使用表格列模型获取选中的列代码如下:

```
// 获取表格列模型
TableColumnModel columnModel = table.getColumnModel();
// 获取选中的表格列
TableColumn column = columnModel.getColumn(table.getSelectedColumn());
```

4. ListSelectionModel 接口

Jtable 使用 ListSelectionModel 来表示表格的选择状态，程序可以通过 ListSelectionModel 来控制表格的选择模式。ListSelectionModel 接口提供了以下三种不同的选择模式：

(1) ListSelectionModel.SINGLE_SELECTION：单一选择模式，只能选择单个表格单元。

(2) ListSelectionModel.SINGLE_INTERVAL_SELECTION：连续区间选择模式，用于选择单个连续区域，在选择多个单元格时，单元格之间必须是连续的(通过 SHIFT 辅助键的帮助来选择连续区域)。

(3) ListSelectionModel.MULTIPLE_INTERVAL_SELECTION：多重选择模式，没有任何限制，可以选择任意表格单元(通过 SHIFT 辅助键的帮助来选择多个单元格)，该模式是默认的选择模式。

ListSelectionModel 接口通常不需要直接实现，而是通过调用 Jtable 对象的 getSelectionModel( )方法来获取 ListSelectionModel 对象，然后通过调用 setSelectionModel( )方法来设置表格的选择模式。

当用户选择表格内的数据时，会产生 ListSelectionEvent 事件，要处理此类事件就必须实现 ListSelectionListener 监听接口。该接口中定义了一个事件处理方法：

```
void   valueChanged(ListSelectionEvent   e)
```

其功能是当所选取的单元格数据发生改变时，将自动调用该方法来处理 ListSelectionListener 事件。

下述案例示例了 Jtable 类的简单应用，代码如下：

【代码 13.6】 JtableExample.java

```
package com;
import java.awt.BorderLayout;
import javax.swing.*;
public class JtableExample extends Jframe {
    // 声明滚动面板
    private JscrollPane spTable;
    // 声明表格
    private Jtable table;
    String[] columnName = { "姓名", "学号", "课程名称" };
    String[][] tableValues = { { "张三", "001", "计算机应用" },
            { "李四", "002", "Java 程序设计" }, { "王五", "003", "WEB 程序设计" } };
    public JtableExample() {
        super("使用数组创建表格");
```

```
        // 设定窗口性质
        this.setSize(400, 200);
        this.setLocation(200, 100);
        this.setDefaultCloseOperation(Jframe.EXIT_ON_CLOSE);
        this.setVisible(true);
        // 创建表格
        table = new Jtable(tableValues, columnName);
        // 设置表格选择模式为单一选择
        table.setSelectionMode(ListSelectionModel.SINGLE_SELECTION);
        // 创建一个滚动面板,包含表格
        spTable = new JscrollPane(table);
        // 将滚动面板添加到窗体中央
        this.add(spTable, BorderLayout.CENTER);
    }
    public static void main(String[] args) {
        new JtableExample();
    }
}
```

运行结果如图 13.26 所示。

图 13.26　表格显示

13.8.2　树

Swing 中对树的节点提供了支持,使用 Jtree 类及其相关类可以轻松创建一个树及其节点。根据节点中是否包含子节点,可以将树的节点分为普通节点和叶子节点两类。下面对 Jtree 类及其相关接口进行详细介绍。

1. Jtree 类

Jtree 类用来创建树目录组件,是一个将分层数据集显示为轮廓的组件。树中的节点可以展开,也可以折叠。当展开普通节点时,将显示其子节点;当折叠节点时,将其子节点隐藏。JTree 类常用构造方法及功能如表 13-23 所示。

表 13-23　JTree 类常用构造方法及功能

方　法	功　能　描　述
JTree()	构造方法，创建一个缺省模型的 Swing 树对象
JTree(Object[] value)	构造方法，根据指定的数组创建一棵不显示根节点的树对象
JTree(Vector value)	构造方法，根据指定的向量创建一棵不显示根节点的树对象
TreePath getSelectionPath()	返回首选节点的路径
void setModel(TreeMode mdl)	用于设置树的模型
void updateUI()	更新 UI

2. TreeModel 树模型

TreeModel 是树的模型接口，可以触发相关的树事件，处理树可能产生的一些变动。TreeModel 接口中常用的方法及功能如表 13-24 所示。

表 13-24　TreeModel 接口常用方法及功能

方　法	功　能　描　述
void addTreeModelListener(TreeModelListener l)	注册树监听
Object getChild(Object parent, int index)	返回子节点
int getChildCount(Object parent)	返回子节点数量
int getIndexOfChild(Object parent, Object child)	返回子节点的索引值
Object getRoot()	返回根节点
boolean isLeaf(Object node)	判断是否为树叶节点
void removeTreeModelListener(TreeModelListener l)	删除 TreeModelListener
void valueForPathChanged(TreePath path, Object newValue)	改变 Tree 上指定节点的值

通过 TreeModel 接口中的 8 种方法，可以构造出用户所需 JTree 树，但这种方式相对比较繁琐。Java 提供了一个 DefaultTreeModel 默认模式类，该类实现了 TreeModel 接口，并提供了许多实用的方法，能够方便快捷地构造出 JTree 树。

DefaultTreeModel 类的构造方法如下：

(1) DefaultTreeModel(TreeNode root)：创建一个 DefaultTreeModel 对象，并指定根节点。

(2) DefaultTreeModel(TreeNode root, Boolean asksAllowsChildren)：创建一个指定根节点的，是否具有子节点的 DefaultTreeModel 对象。

3. TreeNode 树节点

TreeNode 接口用于表示树节点，该接口提供树的相关节点的操作方法及功能如表 13-25 所示。

表 13-25　TreeNode 接口中常用方法及功能

方　法	功　能　描　述
Enumeration children()	获取子节点
TreeNode getChildAt(int childIndex)	返回指定下标的子节点对象

续表

方 法	功 能 描 述
int getChildCount()	返回子节点数量
TreeNode getParent()	返回父节点对象
int getIndex(TreeNode node)	返回指定节点的下标
boolean getAllowsChildren()	获取是否有子节点
boolean isLeaf()	获取是否为叶节点

DefaultMutableTreeNode 类是一个实现 TreeNode 和 MutableTreeNode 接口的类，该类中提供了许多实用的方法，并增加了一些关于节点的处理方式。DefaultMutableTreeNode 类的常用方法及功能如表 13-26 所示。

表 13-26 DefaultMutableTreeNode 类的常用方法及功能

方 法	功 能 描 述
DefaultMutableTreeNode()	构造方法，用于创建一个空的树节点对象
DefaultMutableTreeNode(Object userObject)	构造方法，用于建立一个指定内容的树节点
DefaultMutableTreeNode(Object userObject, Boolean allows)	构造方法，用于建立一个指定内容的、是否有子节点的树节点
void add(MutableTreeNode child)	添加一个树节点
void insert(MutableTreeNode child, int childIndex)	插入一个树节点
void remove(MutableTreeNode aChild)	删除一个树节点
void setUserObject(Object userObject)	设置树节点的内容对象

4．树事件

树事件是指当对树进行操作时所触发的事件，其类型有两种：TreeModelEvent 事件和 TreeSelectionEvent 事件。当树的结构改变时，例如，改变节点值、新增节点、删除节点等，都会触发 TreeModelEvent 事件，处理 TreeModelEvent 事件的监听接口是 TreeModelListener；当在 JTree 树中选择任何一个节点时，都会触发 TreeSelectionEvent 事件，处理 TreeSelectionEvent 事件的监听接口是 TreeSelectionListener。处理 JTree 事件的处理方法及功能如表 13-27 所示。

表 13-27 处理 JTree 事件的方法及功能

方 法	功 能 描 述
void treeNodesChanged(TreeModelEvent e)	节点改变时，调用此事件处理方法
void treeNodesInserted(TreeModelEvent e)	插入节点时，调用此事件处理方法
void treeNodesRemoved(TreeModeEvent e)	删除节点时，调用此事件处理方法
void treeStructureChanged(TreeModelEvent e)	树结构改变时，调用此事件处理方法
void valueChanged(TreeSelectionEvent e)	当选择的节点改变时，自动调用此方法进行事件处理

下述案例示例了 JTree 的使用，代码如下：

【代码 13.7】 JTreeExample.java

```
package com;
import java.awt.GridLayout;
import javax.swing.*;
import javax.swing.event.*;
import javax.swing.tree.*;
public class JTreeExample extends JFrame {
    private DefaultMutableTreeNode root;
    private DefaultTreeModel model;
    private JTree tree;
    private JTextArea textArea;
    private JPanel p;
    public JTreeExample() {
        super("JTree 树示例");
        // 实例化树的根节点
        root = makeSampleTree();
        // 实例化的树模型
        model = new DefaultTreeModel(root);
        // 实例化一棵树
        tree = new JTree(model);
        // 设置树的选择模式是单一节点的选择模式(一次只能选中一个节点)
        tree.getSelectionModel().setSelectionMode(
                TreeSelectionModel.SINGLE_TREE_SELECTION);
        // 注册树的监听对象，监听选择不同的树节点
        tree.addTreeSelectionListener(new TreeSelectionListener() {
            // 重写树的选择事件处理方法
            public void valueChanged(TreeSelectionEvent event) {
                // 获取选中节点的路径
                TreePath path = tree.getSelectionPath();
                if (path == null)
                    return;
                // 获取选中的节点对象
                DefaultMutableTreeNode selectedNode = (DefaultMutableTreeNode) path
                        .getLastPathComponent();
                // 获取选中节点的内容，并显示到文本域中
                textArea.setText(selectedNode.getUserObject().toString());
            }
        });
```

```java
        // 实例化一个面板对象，布局是 1 行 2 列
        p = new JPanel(new GridLayout(1, 2));
        // 在面板的左侧放置树
        p.add(new JScrollPane(tree));
        textArea = new JTextArea();
        // 面板右侧放置文本域
        p.add(new JScrollPane(textArea));
        // 将面板添加到窗体
        this.add(p);
        // 设定窗口大小
        this.setSize(400, 200);
        // 设定窗口左上角坐标(X 轴 200 像素，Y 轴 100 像素)
        this.setLocation(200, 100);
        // 设定窗口默认关闭方式为退出应用程序
        this.setDefaultCloseOperation(JFrame.EXIT_ON_CLOSE);
        // 设置窗口可视(显示)
        this.setVisible(true);
    }
    // 创建一棵树对象的方法
    public DefaultMutableTreeNode makeSampleTree() {
        // 实例化树节点，并将节点添加到相应节点中
        DefaultMutableTreeNode root = new DefaultMutableTreeNode("重庆工程学院");
        DefaultMutableTreeNode comp = new DefaultMutableTreeNode("物联网学院");
        root.add(comp);
        DefaultMutableTreeNode dpart = new DefaultMutableTreeNode("物联网系");
        comp.add(dpart);
        DefaultMutableTreeNode emp = new DefaultMutableTreeNode("赵二");
        dpart.add(emp);
        emp = new DefaultMutableTreeNode("张三");
        dpart.add(emp);
        dpart = new DefaultMutableTreeNode("网络系");
        comp.add(dpart);
        emp = new DefaultMutableTreeNode("李四");
        dpart.add(emp);
        return root;
    }
    public static void main(String[] args) {
        new JTreeExample();
    }
```

}

运行结果如图 13.27 所示。

图 13.27 JTree 树

练 习 题

1. Panel 类的默认布局管理器是_____。
   A. BorderLayout   B. CardLayout   C. FlowLayout   D. GridLayout
2. 在 Java 中实现用户界面功能的包是_____。
   A. java.applet   B. java.transaciton   C. java.util   D. java.awt
3. 容器类 java.awt.container 的父类是_____。
   A. java.awt.Window   B. java.awt.Component
   C. java.awt.Frame   D. java.awt.Panel
4. Java 图形开发包支持 Java 语言的哪一项特性?_____。
   A. 安全性   B. 跨平台性   C. 健壮性   D. 多态性
5. 下列说法中错误的一项是_____。
   A. 构件是一个可视化的能与用户在屏幕上交互的对象
   B. 构件能够独立显示出来
   C. 构件必须放在某一容器中才能正确显示
   D. 一个按钮可以是一个构件
6. 下列_____方法不属于 JDialog 类。
   A. add()   B. addModelListener()   C. dialogInit()   D. setJMenuBar()
7. 在 JOptionPane 类中提供了四个方法，用于创建不同的对话框，以下_____方法不是 JOptionPane 类所提供的方法。
   A. showMessageDialog()   B. showInputDialog()
   C. showConfirmDialog()   D. showCancleDialog()
8. 下列关于 JFileChooser 类的说法中错误的是_____。
   A. showOpenDialog()方法用来显示一个文件打开对话框
   B. showSaveDialog()方法用来显示一个文件保存对话框
   C. getCurrentDirctory()方法用于获取所选中的文件对象

D. JFileChooser 类继承了 JComponent 类
9. 下列_____不属于下拉菜单的组成部分。
   A. JPopupMenu B. JMenu C. JMenuItem D. JMenuBar
10. 下列_____不属于弹出式菜单的组成部分。
    A. JPopupMenu B. JMenu C. JMenuItem D. JMenuBar
11. 下列适配器类中，不属于事件适配器类的是_____。
    A. MouseAdapter B. KeyAdapter
    C. ComponentAdapter D. FrameAdapter
12. 在下列事件监听器中，无法对 TextField 对象进行事件监听和处理的是_____。
    A. ActionListener B. FocusListener
    C. MouseMotionListener D. ChangeListener
13. 在下列方法中，不属于 WindowListener 接口的是_____。
    A. windowOpened() B. windowClosed()
    C. windowActivated() D. mouseDragged()
14. 关于工具类和菜单栏的说法中错误的是_____。
    A. 常见的菜单栏有两种方式：下拉式菜单和弹出式菜单
    B. 窗体中允许将工具栏拖拽到窗体的四个边上或从窗体中脱离出来
    C. 工具类和菜单栏对象都有 setMargin()方法，用于设置内部控件之间的边距
    D. 工具类和菜单栏对象都有 addSeparator()方法，用于添加分隔线
15. 下列关于 TableModel 的说法中，错误的是_____。
    A. DefaultTableModel 是 TableModel 接口的一个实现类
    B. TableModel 表格模型是一个接口
    C. 直接使用 TableModel 接口来创建表格是非常繁琐的
    D. AbstractTableModel 是 TableModel 接口的一个实现类，可以直接用来创建一个 TableModel 对象

参考答案：
1. C   2. D   3. B   4. B   5. B   6. B   7. D   8. C   9. A   10. D
11. D   12. D   13. D   14. C   15. D

第 14 章　JDBC 与 MySQL 编程

本章学习目标：

- 了解 JDBC 的概念以及驱动类型
- 掌握使用 JDBC 连接 MySQL 数据库的基本步骤
- 掌握数据库环境的搭建
- 掌握使用 JDBC 访问数据库的步骤
- 掌握使用 Java API 操作数据库
- 掌握数据库事务的使用

14.1　JDBC 基础

通过使用 JDBC、Java 程序可以轻松地操作各种主流数据库，例如 Oracle、MS SQL Server、MySQL 等。由于 Java 语言本身具有跨平台性，所以使用 JDBC 编写的程序不仅可以实现跨数据库，还具有跨平台性和可移植性。使用 JDBC 访问数据库具有操作简单、获取方便且安全可靠等优势。

14.1.1　JDBC 简介

Java 数据库连接(Java Database Connectivity，JDBC)是一种执行 SQL 语句的 Java API。程序可以通过 JDBC API 连接到关系数据库，并使用 SQL 结构化语言来完成对数据库的增、删、改、查等操作。与其他数据库编程语言相比，JDBC 为数据开发者提供了标准的 API，使用 JDBC 开发的数据库应用程序可以访问不同的数据库，并在不同平台上运行，既可以在 Windows 平台上运行，也可以在 UNIX 平台上运行。

JDBC 程序访问不同的数据库时，需要数据库厂商提供相应的驱动程序。通过 JDBC 驱动程序的转换，使得相同的代码在访问不同的数据库时运行良好。JDBC 驱动示意图如图 14.1 所示。

JDBC 应用程序可以对数据库进行访问和操作，JDBC 访问数据库时主要完成以下工作：

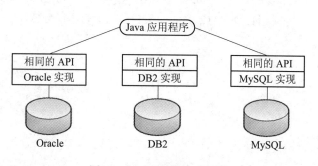

图 14.1　JDBC 驱动示意图

(1) 建立与数据库的连接；
(2) 执行 SQL 语句；
(3) 获取执行结果。

14.1.2 JDBC 驱动

数据库驱动程序是 JDBC 程序和数据库之间的转换层，数据库驱动程序负责将 JDBC 调用映射成特定的数据库调用，JDBC 访问示意图如图 14.2 所示。

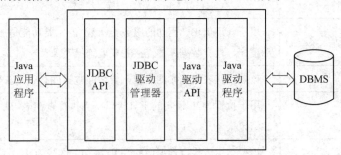

图 14.2　JDBC 访问示意图

当今市场上主流数据库都提供了 JDBC 驱动程序，甚至一些流行的数据库还提供了多种不同版本的 JDBC 驱动程序。

JDBC 驱动程序有以下 4 种类型：

(1) JDBC-ODBC 桥：JDBC-ODBC 桥是最早实现的 JDBC 驱动程序，其主要目的是快速推广 JDBC。开放数据库连接(Open Database Connectivity，ODBC)是通过一组通用的 API 访问不同的数据库管理系统(Database Management System，DBMS)，也需要各数据库厂商提供相应的驱动程序，而 ODBC 则对这些驱动程序进行管理。JDBC-ODBC 桥驱动是将 JDBC API 映射到 ODBC API，驱动速度很慢，只适用于访问没有其他 JDBC 驱动的数据库。由于 Java 语言的广泛应用，所有数据库厂商都提供了 JDBC 驱动，因此在 Java 8 中不再支持 JDBC-ODBC 数据访问方式。

(2) 本地 API 驱动：本地 API 驱动指直接将 JDBC API 映射成数据库特定的客户端 API，包含特定的数据库本地代码，用于访问特定数据库的客户端。本地 API 驱动比起 JDBC-ODBC 桥执行效率要高，但是仍然需要在客户端加载数据库厂商提供的代码库，不适合基于网络的应用。本地 API 驱动虽然速度有所提升，但相对后面两种 JDBC 驱动还是不够高。

(3) 网络协议驱动：网络协议驱动指将 JDBC 调用翻译成中间供应商的协议，然后再由中间服务器翻译成数据库访问协议。网络协议驱动是基于服务器的，不需要在客户端加载数据库厂商提供的代码库，且执行效率比较好，便于维护和升级。

(4) 本地协议驱动：本地协议驱动是纯 Java 编写的，可以直接连接到数据库。本地协议驱动不需要将 JDBC 的调用传给 ODBC，或本地数据库接口，或中间层服务器，因此执行效率非常高，而且根本不需要在客户端或服务器装载任何软件或驱动。本地协议驱动是智能的，能够知道数据库使用的底层协议，是目前最流行的 JDBC 驱动。

通常 JDBC 访问数据库时建议使用本地协议驱动，该驱动使用纯 Java 编写，且避开了本地代码,减少了应用开发的复杂性,降低了产生冲突和出错的可能。

14.1.3 JDBC API

JDBC API 提供了一组用于与数据库进行通信的接口和类,这些接口和类都定义在 java.sql 包中,常用的接口和类如表 14-1 所示。

表 14-1 java.sql 包中常用的接口和类

名 称	描 述
DriverManager	用于管理 JDBC 驱动的服务类,该类的主要功能是加载和卸载各种驱动程序,建立数据库的连接并获取连接对象
Connection	该接口代表数据库的连接,要访问数据库必须先获得数据库的连接
Statement	用于执行 SQL 语句的工具接口,当执行查询语句时返回一个查询到的结果集
PreparedStatement	该接口用于执行预编译的 SQL 语句,这些 SQL 语句带有参数,避免数据库每次都需要编译 SQL 语句,执行时只需传入参数即可
CallableStatement	该接口用于调用 SQL 存储过程
ResultSet	该接口表示结果集,包含访问查询结果的各种方法

注意:使用 JDBC API 中的类或接口访问数据库时,容易引发 SQLException 异常,SQLException 异常类是检查型异常,需要放在 try…catch 语句中进行异常处理,SQLException 是 JDBC 中其他异常类型的基础。

1. DriverManager 类

DriverManager 是数据库驱动管理类,用于管理一组 JDBC 驱动程序的基本服务。应用程序和数据库之间可以通过 DriverManager 建立连接,其常用的静态方法如表 14-2 所示。

表 14-2 DriverManager 类常用的静态方法

方 法	描 述
static connection getConnection(String url, String user, String password)	获取指定 URL 的数据库连接,其中 url 提供了一种标识数据库位置的方法,user 为用户名,password 为密码
static Driver getDriver(String url)	返回能够打开 url 所指定的数据库的驱动程序

2. Connection 接口

Connection 接口用于连接数据库,每个 Connection 对象代表一个数据库连接会话,要想访问数据库,必须先获得数据库连接。一个应用程序可与单个数据库建立一个或多个连接,也可以与多个数据库建立连接。通过 DriverManager 类的 getConnection()方法可以返回一个 Connection 对象,该对象中提供了创建 SQL 语句的方法,以完成基本的 SQL 操作,同时为数据库事务提供了提交和回滚的方法。Connection 接口中常用的方法如表 14-3 所示。

表 14-3 Connection 接口的常用方法

方 法	描 述
void close()	断开连接，释放此 Connection 对象的数据库和 JDBC 资源
Statement createStatement()	创建一个 Statement 对象，将 SQL 语句发送到数据库
void commit()	用于提交 SQL 语句，确认从上一次提交/回滚以来进行的所有更改
boolean isClosed()	用于判断 Connection 对象是否已经被关闭
CallableStatement prepareCall(String sql)	创建一个 CallableStatement 对象来调用数据库存储过程
PreparedStatement prepareStatement(String sql)	创建一个 PreparedStatement 对象来将参数化的 SQL 语句发送到数据库
void rollback()	用于取消 SQL 语句，取消在当前事务中进行的所有更改

3. Statement 接口

Statement 接口一般用于执行 SQL 语句。在 JDBC 中要执行 SQL 查询语句的方式有一般查询(Statement)、参数查询(PreparedStatement)和存储过程(CallableStatement)三种方式。Connection 接口中提供的 createStatement()、prepareStatement()和 prepareCall()方法分别返回一个 Statement 对象、PreparedStatement 对象和 CallableStatement 对象。

Statement、PreparedStatement 和 CallableStatement 三个接口具有继承关系，其中 PreparedStatement 是 Statement 的子接口，而 CallableStatement 又是 PreparedStatement 的子接口。Statement 接口的主要功能是将 SQL 语句传送给数据库，并返回 SQL 语句的执行结果。Statement 提交的 SQL 语句是静态的，不需要接收任何参数，SQL 语句可以包含以下三种类型的语句：

(1) SELECT 查询语句；
(2) DML 语句，如 INSERT、UPDATE 或 DELETE；
(3) DDL 语句，如 CREATE TABLE 和 DROP TABLE。

Statement 接口中常用的方法如表 14-4 所示。

表 14-4 Statement 接口中常用方法

方 法	描 述
void close()	关闭 Statement 对象
boolean execute(String sql)	执行给定的 SQL 语句，该语句可能返回多个结果
ResultSet executeQuery(String sql)	执行给定的 SQL 查询语句，该语句返回单个 ResultSet 对象
int executeUpdate(String sql)	执行给定的 SQL 语句，该语句可能为 INSERT、UPDATE 或 DELETE 语句，或者不返回任何内容的 SQL 语句(如 SQL DDL 语句)
Connection getConnection()	获取生成此 Statement 对象的 Connection 对象
int getFetchSize()	获取结果集合的行数，该数是根据此 Statement 对象生成的 ResultSet 对象的默认获取大小

续表

方　法	描　述
int getMaxRows()	获取由此 Statement 对象生成的 ResultSet 对象可以包含的最大行数
ResultSet getResultSet()	获取此 Statement 执行查询语句所返回的 ResultSet 对象
int getUpdateCount()	获取此 Statement 执行 DML 语句所影响的记录行数
void closeOnCompletion()	当所有依赖该 Statement 对象的 ResultSet 结果集关闭时，该 Statement 会自动关闭
boolean isCloseOnCompletion()	判断是否打开 closeOnCompletion()
long executeLargeUpdate(String sql)	增强版的 executeUpdate()方法，当 DML 语句影响的记录超过 Integer.MAX_VALUE 时，使用 executeLargeUpdate()方法，该方法的返回值为 long

注意：closeOnCompletion()和 isCloseOnCompletion()方法是从 Java 7 开始新增的方法，executeLargeUpdate()方法是从 Java 8 开始新增的方法，在开发过程中使用这几个方法时需要注意 JDK 的版本。考虑到目前应用程序所处理的数据量越来越大，使用 executeLargeUpdate()方法具有更好的适应性，但目前有的数据库驱动暂不支持该方法，例如 MySQL 驱动。

4. ResultSet 接口

ResultSet 接口用于封装结果集对象，该对象包含访问查询结果的方法。使用 Statement 中的 executeQuery()方法可以返回一个 ResultSet 结果集的对象，该对象封装了所有符合查询条件的记录。

ResultSet 具有指向当前数据行的游标，并提供了许多方法来操作结果集中的游标，同时还提供了一套 get×××()方法对结果集中的数据进行访问，这些方法可以通过列索引或列名获得数据。ResultSet 接口中常用的方法如表 14-5 所示。

表 14-5　ResultSet 接口中常用的方法

方　法	描　述
boolean absolute(int row)	将游标移动到第 row 条记录
boolean relative(int rows)	按相对行数(或正或负)移动游标
void beforeFirst()	将游标移动到结果集的开头(第一行之前)
boolean first()	将游标移动到结果集的第一行
boolean previous()	将游标移动到结果集的上一行
boolean next()	将游标从当前位置下移一行
boolean last()	将游标移动到结果集的最后一行
void afterLast()	将游标移动到结果集的末尾(最后一行之后)
boolean isAfterLast()	判断游标是否位于结果集的最后一行之后
boolean isBeforeFirst()	判断游标是否位于结果集的第一行之前
boolean isFirst()	判断游标是否位于结果集的第一行

第 14 章　JDBC 与 MySQL 编程

续表

方　　法	描　　述
boolean isLast()	判断游标是否位于结果集的最后一行
int getRow()	检索当前行编号
String getString(int x)	返回当前行第 x 列的值，类型为 String
int getInt(int x)	返回当前行第 x 列的值，类型为 int
Statement getStatement()	获取生成结果集的 Statement 对象
void close()	释放此 ResultSet 对象的数据库和 JDBC 资源
ResultSetMetaData getMetaData()	获取结果集列的编号、类型和属性

　　ResultSet 对象指向当前数据行的游标。最初游标位于第一行之前，每调用一次 next() 方法，游标会自动向下移一行，从而可以从上到下依次获取所有数据行。get×××()方法用于对游标所指向的行的数据进行访问。在使用 get×××()方法取值时，数据库的字段数据类型要与 Java 的数据类型相匹配，例如，数据库中的整数字段对应 Java 数据类型中的 int 类型，此时使用 getInt()方法来读取该字段中的数据。常用的 SQL 数据类型和 Java 数据类型之间的对应关系如表 14-6 所示。

表 14-6　SQL 数据类型和 Java 数据类型的对应关系

SQL 数据类型	Java 数据类型	对应的方法
integer/int	int	getInt()
smallint	short	getShort()
float	double	getDouble()
double	double	getDouble()
real	float	getFloat()
varchar/char/varchar2	java.lang.String	getString()
boolean	boolean	getBoolean()
date	java.sql.Date	getDate()
time	java.sql.Time	getTime()
blob	java.sql.Blob	getBlob()
clob	java.sql.Clob	getClob()

14.2　数据库环境搭建

14.2.1　创建数据库表

　　由于 JDBC 数据库访问基于 MySQL 数据库，因此所有的代码及环境都是基于 MySQL 数据库的。在进行数据库访问操作之前，需要先创建数据库和表并录入测试数据。在 root 用户下创建 student 数据库，并在该库下创建 t_user 表，再添加测试数据，其 SQL 代码

如下:

【代码 14.1】 student.sql

```sql
CREATE DATABASE 'student';
CREATE TABLE 't_user' (
  'Id' int(11) NOT NULL AUTO_INCREMENT,
  'sid' varchar(20) DEFAULT NULL,
  'name' varchar(20) DEFAULT NULL,
  'password' varchar(20) DEFAULT NULL,
  'sex' varchar(20) DEFAULT NULL,
  'major' varchar(20) DEFAULT NULL,
  'hobby' varchar(20) DEFAULT NULL,
  PRIMARY KEY ('Id')
);
# 添加测试数据
INSERT INTO 't_user' VALUES (19,'159110909','向守超','111','男','物联网工程','篮球  足球'),
(20,'159110901','张恒','123','男','物联网工程','篮球  足球 ');
```

创建完库 student、表 t_user 和添加完数据以后,在 MySQL-Front 图形化界面工具中打开,其表中的数据如图 14.3 所示。

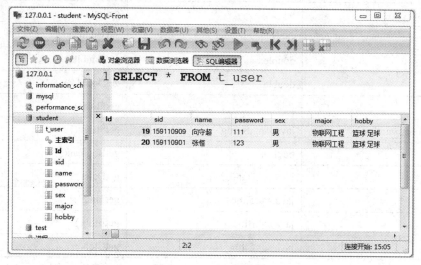

图 14.3 t_user 表数据

14.2.2 设置 MySQL 驱动类

Java 项目在访问 MySQL 数据库时,需要在项目中设置 MySQL 驱动类路径,即将 MySQL 数据库所提供的 JDBC 驱动程序(mysql-connector-java-5.1.12-bin0)导入到工程中。

mysql-connector-java-5.1.12-bin.jar 驱动文件可在网络上直接下载,也可以下载其他的版本。

配置 MySQL 数据库驱动程序有两种方法:一种方法是将驱动程序配置到 CLASSPATH

中，与配置 JDK 的环境变量类似，这种方法的配置将对本机中所有创建的项目起作用，但程序员一般不用这种方法；第二种方法是在基础开发工具 Eclipse 中选中项目，单击右键，在弹出的快捷菜单中选择"Properties→Java Build Path→libraries→Add External JARs…"命令，在弹出的对话框中，选择 mysql-connector-java-5.1.12-bin.jar 文件，如图 14.4 所示。

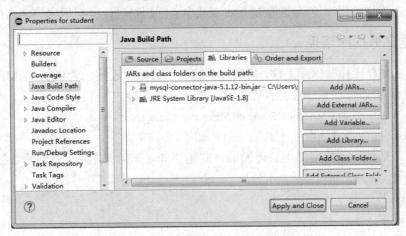

图 14.4　设置 MySQL 数据库驱动路径

设置完 MySQL 数据库驱动类路径之后，项目的目录如图 14.5 所示，Referenced Libraries 文件夹中的 mysql-connector-java-5.1.12-bin.jar 表示对该 jar 包的引用。

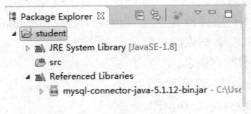

图 14.5　设置驱动路径后的项目结构

14.3　数据库访问

使用 JDBC 访问数据库的步骤：
(1) 加载数据库驱动；
(2) 建立数据库连接；
(3) 创建 Statement 对象；
(4) 执行 SQL 语句；
(5) 访问结果集。

14.3.1　加载数据库驱动

通常使用 Class 类的 forName()静态方法来加载数据库的驱动，其语法格式如下：
　　// 加载驱动
　　　　Class.forName(数据库驱动类名);

例如：
```
Class.forName("com.mysql.jdbc.Driver");        // 加载 MySQL 驱动
```
需要注意的是：不同的数据库其数据库驱动类是不同的，例如：Oracle 数据库的驱动类是 oracle.jdbc.driver.OracleDriver，而 MySQL 的数据库驱动类是 com.mysql.jdbc.Driver。数据库厂商在提供数据库驱动(通常是一个或几个 jar 文件)时，会有相应的文档说明。

14.3.2 建立数据库连接

在使用 JDBC 操作数据库之前，需要先创建一个数据库连接，使用 DriverManager 类的 getConnection()静态方法来获取数据库连接对象，其语法格式如下：
```
DriverManager.getConnection(String url,String user,String pass);
```
其中，getConnection()方法有三个参数，具体如下：

(1) url：数据库连接字符串，遵循的格式是"jdbc:驱动:其他"，不同的数据库连接的 URL 也有所不同。

(2) user：连接数据库的用户名。

(3) pass：密码。

例如：访问 MySQL 数据库的 URL 连接字符串
```
"jdbc:mysql://127.0.0.1:3306/student"
```
在上面的 URL 连接字符串中：

(1) jdbc:mysql 是协议名称。

(2) "127.0.0.1"是本机服务器 IP 地址，也可以使用"localhost"。

(3) "3306"是 MySQL 数据库的端口号。

(4) "student"是数据库实例名。

例如：获取 MySQL 数据库连接对象。
```
Class.forName("com.mysql.jdbc.Driver");
Connection conn = DriverManager.getConnection(
    "jdbc:mysql://127.0.0.1:3306/student",     // URL 连接字符串
    "root",                                     // 用户名
    "root");                                    // 密码
```

14.3.3 创建 Statement 对象

对数据库进行操作或访问时，需要使用 SQL 语句。在 Java 语言中，SQL 语句是通过 Statement 对象进行封装后，发送给数据库的。Statement 对象不是通过 Statement 类直接创建的，而是通过 Connection 对象所提供的方法来创建各种 Statement 对象。

通过 Connection 对象来获得 Statement 的方法有以下三种：

(1) createStatement()方法：创建一个基本的 Statement 对象；

(2) prepareStatement(String sql)方法：根据参数化的 SQL 语句创建一个预编译的 PreparedStatement 对象；

(3) prepareCall(String sql)方法：根据 SQL 语句来创建一个 CallableStatement 对象，用于调用数据库的存储过程。

例如：

// 创建 Statment 对象

Statement stmt = conn.createStatement();

14.3.4 执行 SQL 语句

获取 Statement 对象之后，就可以调用该对象的不同方法来执行 SQL 语句。所有的 Statement 都有三种执行 SQL 语句的方法，具体使用哪一种方法由 SQL 语句产生的结果来决定：

(1) executeQuery()方法：只能执行查询语句，例如 SELECT 语句，用于产生单个结果集；

(2) executeUpdate()方法和 executeLargeUpdate()方法：用于执行 DML 和 DDL 语句，执行 DML 语句(INSERT、UPDATE 或 DELETE)时返回受 SQL 语句所影响的行数(整数值)，而执行 DDL 语句(CREATE TABLE、DROP TABLE 等)时，返回值总为 0；

(3) execute()方法：可以执行任何 SQL 语句，此方法比较特殊，也比较麻烦，返回结果为多个结果集、多个更新计数或二者的组合。通常不建议使用该方法，只有在不知道执行 SQL 语句会产生什么结果或可能有多种类型结果的情况下才会使用。

如果 SQL 语句运行后能产生结果集，则 Statement 对象将结果集封装成 ResultSet 对象并返回。下述代码调用 Statement 对象的 executeQuery()方法来执行 SQL 查询语句，并返回一个 ResultSet 结果集对象。

例如：执行 SQL 查询语句并返回结果集。

ResultSet rs = smt.executeQuery("SELECT * FROM t_user");

14.3.5 访问结果集

SQL 的查询结果使用 ResultSet 封装，ResultSet 结果集包含满足 SQL 查询条件的所有的行，使用 get×××()方法对结果集中的数据进行访问。

当使用 get×××()方法访问结果集中的数据时，可通过列索引或列名来获取游标所指行中的列数据，其语法格式如下：

get×××(列索引)

或

get×××("列名")

例如：循环输出结果集中第三列数据。

while (rs.next()) {
    System.out.println(rs.getString(3));
}

或

while (rs.next()) {
    System.out.println(rs.getString("name"));
}

需要注意的是：在使用 get×××()方法来获得数据库表中的对应字段的数据时，尽可能使用序列号参数,这样可以提高效率。除 Blob 类型外,其他任意类型的字段都可以通过 getString()方法来获取,因为所有数据类型都可以自动转换成字符串。

当数据库操作执行完毕或退出应用前,需将数据库访问过程中建立的对象按顺序关闭,防止系统资源浪费。关闭的次序是:

① 关闭结果集:rs.close();
② 关闭 Statement 对象:stmt.close();
③ 关闭连接:conn.close();

下述案例用于示例访问数据库的一般步骤,代码如下:

【代码 14.2】 ConnectionExample.java

```java
package com;
import java.sql.Connection;
import java.sql.DriverManager;
import java.sql.ResultSet;
import java.sql.SQLException;
import java.sql.Statement;
public class ConnectionExample {
    public static void main(String[] args) {
        try {
            // 加载驱动
            Class.forName("com.mysql.jdbc.Driver");
            // 建立数据库连接
            Connection conn = DriverManager.getConnection(
                    "jdbc:mysql://127.0.0.1:3306/student", "root", "root");
            System.out.println("连接成功! ");
            // 创建 Statment 对象
            Statement stmt = conn.createStatement();
            // 获取查询结果集
            ResultSet rs = stmt.executeQuery("SELECT * FROM t_user");
            System.out.println("查询成功! ");
            // 访问结果集中的数据
            while (rs.next()) {
                System.out.println(rs.getString(1) + "   "
                        + rs.getString("name"));
            }
            // 关闭结果集
            rs.close();
            // 关闭载体
            stmt.close();
            // 关闭连接
```

```
                    conn.close();
            } catch (ClassNotFoundException e) {
                    e.printStackTrace();
            } catch (SQLException e) {
                    e.printStackTrace();
            }
        }
    }
```

上述代码按照访问数据库的一般步骤编写，步骤如下：

① 通过 Class.forName()方法加载 MySQL 数据库驱动；

② 调用 DriverManager.getConnection()方法来建立 MySQL 数据库连接，在获取连接时需要指明数据库连接的 URL、用户名和密码；

③ 通过连接对象的 createStatement()方法来获取 Statement 对象，调用 Statement 对象的 executeQuery()方法执行 SQL 语句；

④ 通过调用 ResultSet 结果集对象的 next()方法将游标移动到下一条记录，再通过 get×××()方法来获取指定列中的数据；

⑤ 调用 close()方法关闭所有创建的对象。

程序运行结果如下：

连接成功！

查询成功！

19　向守超

20　张恒

14.4　操作数据库

JDBC 不仅可以执行数据库查询，还可以执行 DDL、DML 等 SQL 语句，以便最大限度地操作数据库。

14.4.1　execute()方法

Statement 接口的 execute()方法几乎可以执行任何 SQL 语句，如果不清楚 SQL 语句的类型，则只能通过使用 execute()方法来执行 SQL 语句。

使用 execute()方法执行 SQL 语句的返回值是 boolean 值，表明执行该 SQL 语句是否返回了 ResultSet 对象：

(1) 当返回值为 true 时，可以使用 Statement 的 getResultSet()方法，来获取 execute()方法执行 SQL 查询语句所返回的 ResultSet 对象；

(2) 当返回值为 false 时，可以使用 getUpdateCount()方法，来获取 execute()方法执行 DML 语句所影响的行数。

下述案例示例了 Statement 对象的 execute()方法的使用，代码如下：

【代码 14.3】 ExecuteExample.java

```java
package com;
import java.sql.Connection;
import java.sql.DriverManager;
import java.sql.ResultSet;
import java.sql.Statement;
public class ExecuteExample {
    private String driver = "com.mysql.jdbc.Driver";
    private String url = "jdbc:mysql://127.0.0.1:3306/student";
    private String user = "root";
    private String pass = "root";
    public void executeSql(String sql) throws Exception {
        // 加载驱动
        Class.forName(driver);
        try (
            // 获取数据库连接
            Connection conn = DriverManager.getConnection(url, user, pass);
            // 使用 Connection 来创建一个 Statement 对象
            Statement stmt = conn.createStatement()) {
            // 执行 SQL，返回 boolean 值表示是否包含 ResultSet
            boolean hasResultSet = stmt.execute(sql);
            // 如果执行后有 ResultSet 结果集
            if (hasResultSet) {
                try (
                    // 获取结果集
                    ResultSet rs = stmt.getResultSet()) {
                    // 迭代输出 ResultSet 对象
                    while (rs.next()) {
                        // 依次输出第 1 列的值
                        System.out.print(rs.getString(1) + "\t");
                    }
                    System.out.println();
                }
            } else {
                System.out.println("该 SQL 语句影响的记录有"
                    + stmt.getUpdateCount() + "条");
            }
        }
    }
}
```

第 14 章 JDBC 与 MySQL 编程 ·351·

```java
        public static void main(String[] args) throws Exception {
            ExecuteExample executeObj = new ExecuteExample();
            System.out.println("------执行建表的 DDL 语句-----");
            executeObj.executeSql("create table my_test" +
            "(test_id int primary key, test_name varchar(25))");
            System.out.println("------执行插入数据的 DML 语句-----");
            executeObj.executeSql("insert into my_test(test_id,test_name) "
            + "select id,name from t_user");
            System.out.println("------执行查询数据的查询语句-----");
            executeObj.executeSql("select test_name from my_test");
            System.out.println("------执行删除表的 DDL 语句-----");
            executeObj.executeSql("drop table my_test");
        }
    }
```

上述代码先定义了一个 executeSql()方法,用于执行不同的 SQL 语句,当执行结果有 ResultSet 结果集时,则循环输出结果集中第 3 列的信息;否则输出该 SQL 语句所影响的记录条数。在 main()方法中,调用 executeSql()方法,分别执行建表、插入、查询和删除表四个 SQL 语句。程序运行结果如下:

```
    ------执行建表的 DDL 语句-----
    该 SQL 语句影响的记录有 0 条
    ------执行插入数据的 DML 语句-----
    该 SQL 语句影响的记录有 2 条
    ------执行查询数据的查询语句-----
    向守超    张恒
    ------执行删除表的 DDL 语句-----
    该 SQL 语句影响的记录有 0 条
```

需要注意的是:使用 Statement 执行 DDL 和 DML 语句的步骤与执行普通查询语句的步骤基本相似,二者的区别在于执行 DDL 语句后返回值为 0,而执行 DML 语句后返回值为受影响的行数。

14.4.2 executeUpdate()方法

executeUpdate()和 executeLargeUpdate()方法用于执行 DDL 和 DML 语句,其中, executeLargeUpdate()方法是 Java 8 新增的方法,是增强版的 executeUpdate()方法。 executeLargeUpdate()方法的返回值类型为 long,当 DML 语句影响的记录超过 Integer.MAX_VALUE 时,建议使用该方法。

下述案例示例了 Statement 对象的 executeUpdate()方法的使用,目前 MySQL 数据库驱动暂不支持 executeLargeUpdate()方法功能,代码如下:

【代码 14.4】 ExecuteUpdateExample.java

```java
    package com;
```

```java
import java.sql.Connection;
import java.sql.DriverManager;
import java.sql.Statement;
public class ExecuteUpdateExample {
    private String driver = "com.mysql.jdbc.Driver";
    private String url = "jdbc:mysql://127.0.0.1:3306/student";
    private String user = "root";
    private String pass = "root";
    public void createTable(String sql) throws Exception {
        // 加载驱动
        Class.forName(driver);
        try (
            // 获取数据库连接
            Connection conn = DriverManager.getConnection(url, user, pass);
            // 使用 Connection 来创建一个 Statment 对象
            Statement stmt = conn.createStatement()) {
            // 执行 DDL，创建数据表
            stmt.executeUpdate(sql);
        }
    }
    public long insertData(String sql) throws Exception {
        // 加载驱动
        Class.forName(driver);
        try (
            // 获取数据库连接
            Connection conn = DriverManager.getConnection(url, user, pass);
            // 使用 Connection 来创建一个 Statment 对象
            Statement stmt = conn.createStatement()) {
            // 执行 DML，返回受影响的记录条数
            return stmt.executeUpdate(sql);
        }
    }
    public static void main(String[] args) throws Exception {
        ExecuteUpdateExample elud = new ExecuteUpdateExample();
        elud.createTable("create table my_test1" +
        "(test_id int primary key, test_name varchar(25))");
         System.out.println("-----建表成功-----");
        long result = elud.insertData(
```

第 14 章 JDBC 与 MySQL 编程

```
                "insert into my_test1(test_id,test_name) select id,name from t_user");
            System.out.println("--系统中共有" + result + "条记录受影响--");
    }
}
```

上述代码定义了 createTable()方法来创建表，insertData()方法用于插入数据，不管是执行 DDL 语句还是 DML 语句，最终都是通过调用 Statement 对象的 executeUpdate()方法来实现的。运行该程序，结果如下：

-----建表成功-----

--系统中共有 2 条记录受影响--

14.4.3 PreparedStatement 接口

PreparedStatement 接口继承 Statement 接口，该接口具有以下两个特点：

(1) PreparedStatement 对象中所包含的 SQL 语句将进行预编译，当需要多次执行同一条 SQL 语句时，直接执行预先编译好的语句，其执行速度比 Statement 对象快。

(2) PreparedStatement 可用于执行动态的 SQL 语句，即在 SQL 语句中提供参数，大大提高了程序的灵活性和执行效率。

动态 SQL 语句使用"?"作为动态参数的占位符，例如：

参数化的动态 SQL 语句，创建 PreparedStatement 对象。

```
        String insertSql = "INSERT INTO userdetails(sid,name,password,sex)
                VALUES(?,?,?,?)";
        PreparedStatement pstmt = conn.prepareStatement(insertSql);
```

在执行带参数的 SQL 语句前，必须对"?"占位符参数进行赋值。PreparedStatement 接口中提供了大量的 set×××()方法，通过占位符的索引完成对输入参数的赋值，根据参数的类型来选择对应的 set×××()方法，PreparedStatement 接口中提供的常用 set×××()方法如表 14-7 所示。

表 14-7 PreparedStatement 接口中常用的 set×××()方法

方法	描述
void setArray(int parameterIndex, Array x)	将指定参数设置为给定的 java.sql.Array 对象
void setByte(int parameterIndex, byte x)	将指定参数设置为给定的 byte 值
void setShort(int parameterIndex, short x)	将指定参数设置为给定的 short 值
void setInt(int parameterIndex, int x)	将指定参数设置为给定的 int 值
void setLong(int parameterIndex, long x)	将指定参数设置为给定的 long 值
void setFloat(int parameterIndex, float x)	将指定参数设置为给定的 float 值
void setDouble(int parameterIndex, double x)	将指定参数设置为给定的 double 值
void setString(int parameterIndex, String x)	将指定参数设置为给定的 String 字符串
void setDate(int parameterIndex, Date x)	将指定参数设置为给定的 java.sql.Date 值
void setTime(int parameterIndex, Time x)	将指定参数设置为给定的 java.sql.Time 值

下述案例示例了 PreparedStatement 的使用，代码如下：

【代码 14.5】 PreparedStatementExample.java

```java
package com;
import java.sql.Connection;
import java.sql.DriverManager;
import java.sql.PreparedStatement;
import java.sql.SQLException;
public class PreparedStatementExample {
    public static void main(String[] args) {
        try {
            // 加载 oracle 驱动
            Class.forName("com.mysql.jdbc.Driver");
            // 建立数据库连接
            Connection conn = DriverManager.getConnection(
                    "jdbc:mysql://127.0.0.1:3306/student", "root", "root");
            // 定义带参数的 sql 语句
            String insertSql = "INSERT INTO t_user(sid,name,password,sex)"
                    + " VALUES(?,?,?,?)";
            // 创建 PreparedStatement 对象
            PreparedStatement pstmt = conn.prepareStatement(insertSql);
            // 使用 set×××()方法对参数赋值
            pstmt.setInt(1, 7);
            pstmt.setString(2, "Tom");
            pstmt.setString(3, "123456");
            pstmt.setByte(4, (byte) 1);
            // 执行
            int result = pstmt.executeUpdate();
            System.out.println("插入" + result + "行！");
            // 关闭载体
            pstmt.close();
            // 关闭连接
            conn.close();
        } catch (ClassNotFoundException e) {
            e.printStackTrace();
        } catch (SQLException e) {
            e.printStackTrace();
        }
    }
}
```

第 14 章 JDBC 与 MySQL 编程

上述代码先定义一个带参数的 SQL 语句,再使用该语句来创建一个 PreparedStatement 对象,然后调用 PreparedStatement 对象的 set×××()方法对参数进行赋值,并调用 PreparedStatement 对象的 executeUpdate()方法来执行 SQL 语句。运行该程序,结果如下:

插入 1 行!

14.5 事务处理

事务是保证底层数据完整的重要手段,对于任何数据库都是非常重要的。事务是由一步或几步数据库操作序列组成的逻辑执行单元,系列操作要么全部执行,要么全部放弃执行。

事务具有 ACID 四个特性:

(1) 原子性(Atomicity):事务是应用中的最小执行单位,就如原子是自然界的最小颗粒一样,具有不可再分的特性。事务中的全部操作要么全部完成,要么都不执行。

(2) 一致性(Consistency):事务执行之前和执行之后,数据库都必须处于一致性状态,即从执行前的一个一致性状态变为另一个一致性的状态。

(3) 隔离性(Isolation):各个事务的执行互不干扰,任意一个事务的内部操作对其他并发事务都是隔离的,即并发执行的事务之间不能看到对方的中间状态,并发事务之间是互不影响的。

(4) 持久性(Durability):事务一旦提交,对数据库所做的任何改变都永久地记录到存储器中,即保存到物理数据库中,不被丢失。

事务处理过程中会涉及事务的提交、中止和回滚三个概念。事务提交是指成功执行完毕事务,事务提交又分显示提交和自动提交两种;事务中止是指未能成功完成事务,执行中断;事务回滚对于中止事务所造成的变更需要进行撤销处理,即事务所做的修改全部失效,数据库返回到事务执行前的状态,事务回滚也有显示回滚和自动回滚两种。

JDBC 对事务操作提供了支持,其事务支持由 Connection 提供。JDBC 的事务操作步骤如下:

(1) 开启事务;

(2) 执行任意多条 DML 语句;

(3) 执行成功,则提交事务;

(4) 执行失败,则回滚事务;

Connection 在默认情况下会自动提交,即事务是关闭的。此种情况下,一条 SQL 语句更新成功后,系统会立即调用 commit()方法提交到数据库,而无法对其进行回滚操作。

使用 Connection 对象的 setAutoCommit()方法可开启或者关闭自动提交模式,其参数是一个布尔类型,如果参数为 false,则表示关闭自动提交;如果参数为 true(默认),则表示打开自动提交。因此,在 JDBC 中,开启事务时需要调用 Connection 对象的 setAutoCommit(false) 来关闭自动提交,示例代码如下:

conn.setAutoCommit(false);

需要了解的是:使用 Connection 对象的 getAutoCommit()方法能够获取该连接的自动提

交状态，可以使用该方法来检查自动提交方式是否打开。

当所有的 SQL 语句都执行成功后，调用 Connection 的 commit()方法来提交事务，代码如下：

  conn.commit();

如果任意一条 SQL 语句执行失败，则调用 Connection 的 rollback()方法来回滚事务，代码如下：

  conn.rollback();

需要注意的是：实际上，当程序遇到一个未处理的 SQLException 异常时，系统会非正常退出，事务也会自动回滚；但如果程序捕获该异常，则需要在异常处理块中显式地调用 Connection 的 rollback()方法进行事务回滚。

下述案例示例了 JDBC 的事务处理过程，代码如下：

【代码 14.6】 TransactionExample.java

```java
package com;
import java.sql.*;
public class TransactionExample {
    static Connection    conn ;
    public static void main(String args[]) {
        String driver = "com.mysql.jdbc.Driver";
        String url = "jdbc:mysql://127.0.0.1:3306/student";
        String user = "root";
        String pass = "root";
        try {
            Class.forName(driver);
            conn = DriverManager.getConnection(url, user, pass);
            // 使用 Connection 来创建一个 Statement 对象
            Statement stmt = conn.createStatement();
            boolean autoCommit = conn.getAutoCommit();
            System.out.println("事务自动提交状态：" + autoCommit);
            if (autoCommit) {
                // 关闭自动提交，开启事务
                conn.setAutoCommit(false);
            }
            // 多条 DML 批处理语句
            stmt.executeUpdate("INSERT INTO t_user(id,name,password,sex) "
                    + "VALUES(10,'张四','123456','男')");
            stmt.executeUpdate("INSERT INTO t_user(id,name,password,sex) "
                    + "VALUES(11,'刘牛','123456','女')");
            // 由于主键约束，因此下述语句将抛出异常
            stmt.executeUpdate("INSERT INTO t_user(id,name,password,sex)"
```

```
                + " VALUES(11,'杨八','123456','男')");
            // 如果顺利执行，则在此提交
            conn.commit();
            // 恢复原有事务提交状态
            conn.setAutoCommit(autoCommit);
        } catch (Exception e) {
            // 出现异常
            if (conn != null) {
                try {
                    // 回滚
                    conn.rollback();
                } catch (SQLException se) {
                    se.printStackTrace();
                }
            }
            e.printStackTrace();
        }
    }
}
```

上述代码在执行多条 DML 批量处理语句时，由于主键限制，因此将会在插入第三个用户时抛出主键约束异常，从而使程序转到 catch 语句中，通过调用 rollback()方法回滚事务，撤销前面所有的操作。如果将插入第三个用户的语句删除，则程序会正常执行，将两条数据插入到表中。

练 习 题

1. 在各种 JDBC 驱动方式中，使用最多驱动方式是_____。

　　A. JDBC-ODBC 桥　　B. 本地 API 驱动　　C. 本地协议驱动　　D. 网络协议驱动

2. JDBC API 提供了一组用于与数据库进行通信的接口和类，以下_____用于执行 SQL 语句。

　　A. DriverManager　　B. ResultSet　　C. Connection　　D. Statement

3. 下列方法中，_____不是 Statement 对象的方法。

　　A. execute()　　B. executeDelete()　　C. executeUpdate()　　D. executeQuery()

4. 下列关于 Statement 的说法中错误的是_____。

　　A. Statement 是一个接口，所以 Statement 对象不能通过 new 方式创建

　　B. 通过 Connection 对象的 createStatement()方法来获取 Statement 对象

　　C. PreparedStatement 是 Statement 的子接口，而 CallableStatement 是 PreparedStatement 的子接口

D. prepareStatement()方法可以调用数据库中的存储过程或函数
5. 下列关于 PreparedStatement 的说法中错误的是_____。
   A. PreparedStatement 可用于执行动态的 SQL 语句
   B. 动态 SQL 语句使用 "?" 作为动态参数的占位符
   C. Statement 执行 SQL 语句时容易产生 SQL 注入,而 PreparedStatement 可以有效避免 SQL 注入
   D. PreparedStatement 只提供了 get×××()和 set×××()方法,而没有提供 execute()、close()等方法
6. 下列方法中,_____用于事务提交。
   A. commit()   B. rollback()   C. setSavepoint()   D. setAutoCommit(true)
7. 下列_____方法不能获得一个 Statement 对象。
   A. createStatement()   B. getStatement()
   C. prepareCall()   D. prepareStatement()

参考答案:
1. C   2. D   3. B   4. D   5. D   6. A   7. B

第 15 章 网 络 编 程

✏ **本章学习目标：**

- 了解 Java 网络相关的 API
- 掌握 Socket 类及其方法的使用
- 掌握 ServerSocket 类的使用

15.1 Java 网络 API

最初，Java 就是作为网络编程语言而出现的，其本身就对网络通信提供了支持，允许使用网络上的各种资源和数据，与服务器建立各种传输通道，实现数据的传输，从而使网络编程实现起来变得简单。

Java 中有关网络方面的功能都定义在 java.net 包中，该包下的 URL 和 URLConnection 等类提供了以程序的方式来访问 Web 服务，而 URLDecoder 和 URLEncoder 则提供了普通字符串和 application/x-www-form-urlencode MIME 字符串相互转换的静态方法。

15.1.1 InetAddress 类

Java 提供 InetAddress 类来封装 IP 地址或域名，InetAddress 类有两个子类：Inet4Address 类和 Inet6Address 类，分别用于封装 4 个字节的 IP 地址和 6 个字节的 IP 地址。InetAddress 内部对地址数字进行隐藏，用户不需要了解实现地址的细节，只需了解如何调用相应的方法即可。

InetAddress 类无构造方法，因此不能直接创建其对象，而是通过该类的静态方法创建一个 InetAddress 对象或 InetAddress 数组。InetAddress 类常用方法如表 15-1 所示。

表 15-1 InetAddress 类常用方法

方 法	功 能 描 述
public static InetAddress getLocalHost()	获得本机对应的 InetAddress 对象
public static InetAddress getByName (String host)	根据主机获得对应的 InetAddress 对象，参数 host 可以是 IP 地址或域名
public static InetAddress[] getAllByName(String host)	根据主机获得具有相同名字的一组 InetAddress 对象
public static InetAddress getByAddress(byte[] addr)	获取 addr 所封装的 IP 地址对应的 InetAddress 对象
public String getCanonicalHostName()	获取此 IP 地址的全限定域名

方 法	功 能 描 述
public bytes[] getHostAddress()	获得该 InetAddress 对象对应的 IP 地址字符串
public String getHostName()	获得该 InetAddress 对象的主机名称
public boolean isReachable(int timeout)	判断是否可以到达该地址

下述案例示例了 InetAddress 类的使用，代码如下：

【代码 15.1】 InetAddressExample.java

```java
package com;
import java.io.IOException;
import java.net.InetAddress;
import java.net.UnknownHostException;
public class InetAddressExample {
    public static void main(String[] args) {
        try {
            // 获取本机地址信息
            InetAddress localIp = InetAddress.getLocalHost();
            System.out.println("localIp.getCanonicalHostName()= "
                    + localIp.getCanonicalHostName());
            System.out.println("localIp.getHostAddress()= "
                    + localIp.getHostAddress());
            System.out.println("localIp.getHostName()= "
                    + localIp.getHostName());
            System.out.println("localIp.toString()= "
                    + localIp.toString());
            System.out.println("localIp.isReachable(5000)= "
                    + localIp.isReachable(5000));
            System.out.println("--------------");
            // 获取指定域名地址信息
            InetAddress baiduIp = InetAddress.getByName("www.baidu.com");
            System.out.println("baiduIp.getCanonicalHostName()= "
                    + baiduIp.getCanonicalHostName());
            System.out.println("baiduIp.getHostAddress()= "
                    + baiduIp.getHostAddress());
            System.out.println("baiduIp.getHostName()= "
                    + baiduIp.getHostName());
            System.out.println("baiduIp.toString()= "
                    + baiduIp.toString());
            System.out.println("baiduIp.isReachable(5000)= "
```

```
                + baiduIp.isReachable(5000));
            System.out.println("-----------------");
            // 获取指定原始 IP 地址信息
            InetAddress ip = InetAddress
                    .getByAddress(new byte[] { 127, 0, 0, 1 });
            // InetAddress ip = InetAddress.getByName("127.0.0.1");
            System.out.println("ip.getCanonicalHostName()= "
                    + ip.getCanonicalHostName());
            System.out.println("ip.getHostAddress()= "
                    + ip.getHostAddress());
            System.out.println("ip.getHostName()= "
                    + ip.getHostName());
            System.out.println("ip.toString()= " +
                    ip.toString());
            System.out.println("ip.isReachable(5000)= "
                    + ip.isReachable(5000));
        } catch (UnknownHostException e) {
            e.printStackTrace();
        } catch (Exception e) {
            e.printStackTrace();
        }
    }
}
```

上述代码分别获取本机、指定域名以及指定 IP 地址的 InetAddress 对象。其中，调用 getLocalHost()可以获取本机 InetAddress 对象；调用 getByName()可以获取指定域名的 InetAddress 对象；调用 getByAddress()可以获取指定 IP 地址的 InetAddress 对象，该方法的参数可以使用字节数组存放 IP 地址，也可以直接通过 getByName()获取指定 IP 地址的 InetAddress 对象，此时，IP 地址作为字符串即可。

程序运行结果如下：

```
localIp.getCanonicalHostName()= 192.168.0.101
localIp.getHostAddress()= 192.168.0.101
localIp.getHostName()= shouchao-PC
localIp.toString()= shouchao-PC/192.168.0.101
localIp.isReachable(5000)= true
---------------
baiduIp.getCanonicalHostName()= 180.97.33.108
baiduIp.getHostAddress()= 180.97.33.108
baiduIp.getHostName()= www.baidu.com
baiduIp.toString()= www.baidu.com/180.97.33.108
```

baiduIp.isReachable(5000)= false

----

ip.getCanonicalHostName()= 127.0.0.1

ip.getHostAddress()= 127.0.0.1

ip.getHostName()= 127.0.0.1

ip.toString()= 127.0.0.1/127.0.0.1

ip.isReachable(5000)= true

注意：在获得 Internet 上的域名所对应的地址信息时，需保证运行环境能访问 Internet，否则将抛出 UnknownHostException 异常。

15.1.2 URL 类

统一资源定位器(Uniform Resource Locator，URL)表示互联网上某一资源的地址。资源可以是简单的文件或目录，也可以是对更为复杂对象的引用，例如，对数据库或搜索引擎的查询。URL 是最为直观的一种网络定位方法，符合人们的语言习惯，且容易记忆。在通常情况下，URL 可以由协议名、主机、端口和资源名四个部分组成，其语法格式如下：

protocol://host:port/resourceName

其中：

(1) protocol 是协议名，指明获取资源所使用的传输协议，例如 http、ftp 等，并使用冒号 ":" 与其他部分进行隔离；

(2) host 是主机名，指定获取资源的域名，此部分由左边的双斜线 "//" 和右边的单斜线 "/" 或可选冒号 ":" 限制；

(3) port 是端口，指定服务的端口号，是一个可选参数，由主机名左边的冒号 ":" 和右边的斜线 "/" 限制；

(4) resourceName 是资源名，指定访问的文件名或目录。

例如：URL 地址

http://127.0.0.1：8080/student/index.jsp

为了方便处理，Java 将 URL 封装成 URL 类，通过 URL 对象记录完整的 URL 信息。URL 类常用方法及功能如表 15-2 所示。

表 15-2 URL 类常用方法及功能

方 法	功 能 描 述
public URL(String spec)	构造方法，根据指定的字符串来创建一个 URL 对象
Public URL(String protocol, String host, int port, String file)	构造方法，根据指定的协议、主机名、端口号和文件资源来创建一个 URL 对象
public URL(String protocol, String host, String file)	构造方法，根据指定的协议、主机名和文件资源来创建 URL 对象
public String getProtocol()	返回协议名
public String getHost()	返回主机名

续表

方　法	功　能　描　述
public int getPort()	返回端口号，如果没有设置端口，则返回 –1
public String getFile()	返回文件名
public String getRef()	返回 URL 的锚
public String getQuery()	返回 URL 的查询信息
public String getPath()	返回 URL 的路径
public URLConnection openConnection()	返回一个 URLConnection 对象
public final InputStream openStream()	返回一个用于读取该 URL 资源的 InputStream 流

下述案例示例了根据指定的路径构造 URL 对象，并获取当前 URL 对象的相关属性。代码如下：

【代码 15.2】 URLExample.java

```java
package com;
import java.net.MalformedURLException;
import java.net.URL;
public class URLExample {
    public static void main(String[] args) {
        try {
            URL mybook = new URL("http://127.0.0.1：8080/student/index.jsp");
            System.out.println("协议 protocol=" + mybook.getProtocol());
            System.out.println("主机 host =" + mybook.getHost());
            System.out.println("端口 port=" + mybook.getPort());
            System.out.println("文件 filename=" + mybook.getFile());
            System.out.println("锚 ref=" + mybook.getRef());
            System.out.println("查询信息 query=" + mybook.getQuery());
            System.out.println("路径 path=" + mybook.getPath());
        } catch (MalformedURLException e) {
            e.printStackTrace();
        }
    }
}
```

程序运行结果如下：

协议 protocol=http

主机 host =127.0.0.1：8080

端口 port=-1

文件 filename=/student/index.jsp

锚 ref=null

查询信息 query=null

路径 path=/student/index.jsp

15.1.3 URLConnection 类

URLConnection 代表与 URL 指定的数据源的动态连接，该类提供了一些比 URL 类更强大的服务器交互控制的方法，允许使用 POST 或 PUT 和其他 HTTP 请求方法将数据送回服务器。URLConnection 是一个抽象类，其常用方法及功能如表 15-3 所示。

表 15-3 URLConnection 类的常用方法及功能

方　法	功 能 描 述
public int getContentLength()	获得文件的长度
public String getContentType()	获得文件的类型
public long getDate()	获得文件创建的时间
public long getLastModified()	获得文件最后修改的时间
public InputStream getInputStream()	获得输入流，以便读取文件的数据
public OutputStream getOutputStream()	获得输出流，以便输出数据
public void setRequestProperty(String key, String value)	设置请求属性值

下述案例示例了使用 URLConnection 类读取网络资源信息并打印，代码如下：

【代码 15.3】 URLConnectionExample.java

```
package com;
import java.io.BufferedReader;
import java.io.IOException;
import java.io.InputStreamReader;
import java.net.MalformedURLException;
import java.net.URL;
import java.net.URLConnection;
public class URLConnectionExample {
    public static void main(String[] args) {
        try {
            // 构建一 URL 对象
            URL mybook = new URL("https://www.baidu.com/");
            // 由 URL 对象获取 URLConnection 对象
            URLConnection urlConn = mybook.openConnection();
            // 设置请求属性，字符集是 UTF-8
            urlConn.setRequestProperty("Charset", "GBK");
```

```java
        // 由 URLConnection 获取输入流，并构造 BufferedReader 对象
        BufferedReader br = new BufferedReader(new InputStreamReader(
                urlConn.getInputStream()));
        String inputLine;
        // 循环读取并打印数据
        while ((inputLine = br.readLine()) != null) {
            System.out.println(inputLine);
        }
        // 关闭输入流
        br.close();
    } catch (MalformedURLException e) {
        e.printStackTrace();
    } catch (IOException e) {
        e.printStackTrace();
    }
}
```

上述代码的运行结果是输出指定网页页面的源代码，此处不显示输出效果，读者可以自己调试程序查看。

15.1.4 URLDecoder 类和 URLEncoder 类

当 URL 地址中包含非西欧字符时，系统会将这些非西欧字符转换成特殊编码(如"%××"格式)，此种编码称为 application/x-www-form-urlencoded MIME。在编程过程中如果涉及普通字符串和 application/x-www-form-urlencoded MIME 字符串之间相互转换时，就需要使用 URLDecoder 和 URLEncoder 两个工具类。

(1) URLDecoder 工具类提供了一个 decode(String s, String enc)静态方法，该方法将 application/x-www-form-urlencoded MIME 字符串转换成普通字符串；

(2) URLEncoder 工具类提供了一个 encode(String s, String enc)静态方法，该方法与 decode()方法正好相反，能够将普通的字符串转换成 application/x-www-form-urlencoded MIME 字符串。

下述案例示例了 URLDecoder 和 URLEncoder 两个工具类的使用，代码如下：

【代码 15.4】 URLDecoderExample.java

```java
package com;
import java.io.UnsupportedEncodingException;
import java.net.URLDecoder;
import java.net.URLEncoder;
public class URLDecoderExample {
    public static void main(String[] args) {
        try {
```

```
            // 将普通字符串转换成 application/x-www-form-urlencoded 字符串
            String urlStr = URLEncoder.encode("面向对象程序设计 Java", "GBK");
            System.out.println(urlStr);
            // 将 application/x-www-form-urlencoded 字符串转换成普通字符串
            String keyWord = URLDecoder.decode(
            "%C3%E6%CF%F2%B6%D4%CF%F3%B3%CC%D0%F2%C9%E8%BC%C6Java",
"GBK");
            System.out.println(keyWord);
        } catch (UnsupportedEncodingException e) {
            e.printStackTrace();
        }
    }
}
```

程序运行结果如下：

```
%C3%E6%CF%F2%B6%D4%CF%F3%B3%CC%D0%F2%C9%E8%BC%C6Java
面向对象程序设计 Java
```

15.2 基于 TCP 的网络编程

TCP/IP 通信协议是一种可靠的、双向的、持续的、点对点的网络协议。使用 TCP/IP 协议进行通信时，会在通信的两端各建立一个 Socket(套接字)，从而在通信的两端之间形成网络虚拟链路，其通信原理如图 15.1 所示。

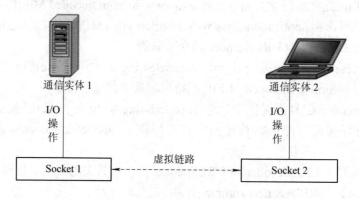

图 15.1 TCP/IP 协议通信原理

Java 对基于 TCP 的网络通信提供了封装，使用 Socket 对象封装了两端的通信端口。Socket 对象屏蔽了网络的底层细节，例如媒体类型、信息包的大小、网络地址、信息的重发等。Socket 允许应用程序将网络连接当成一个 I/O 流，既可以向流中写数据，也可以从流中读取数据。一个 Socket 对象可以用来建立 Java 的 I/O 系统到 Internet 上的任何机器(包括本机)的程序连接。

java.net 包中提供了网络编程所需的类，其中基于 TCP 协议的网络编程主要使用下面两种 Socket：

(1) Socket：客户端套接字，用于实现两台计算机之间的通信。

(2) ServerSocket：服务器套接字，用于监听并接收来自客户端的 Socket 连接。

15.2.1 Socket 类

使用 Socket 套接字可以较为方便地在网络上传递数据，从而实现两台计算机之间的通信。通常客户端使用 Socket 来连接指定的服务器，Socket 的两个常用构造方法如下：

(1) Socket(InetAddress | String host, int port)：创建连接到指定远程主机和端口号的 Socket 对象，该构造方法没有指定本地地址和本地端口号，默认使用本地主机 IP 地址和系统动态分配的端口；

(2) Socket(InetAddress | String host, int port, InetAddress localAddr, int localPort)：创建连接到指定远程主机和端口号的 Socket 对象，并指定本地 IP 地址和本地端口号，适用于本地主机有多个 IP 地址的情况。

注意：上述两个 Socket 构造方法都声明抛出 IOException 异常，因此在创建 Socket 对象时必须捕获或抛出异常。端口号建议采用注册端口(范围是 1024~49 151 之间的数)，通常应用程序使用该范围内的端口，以防止发生冲突。

例如：创建 Socket 对象

```
try{
    Socket s= new Socket("192.168.1.128" , 9999);
    ...// Socket 通信
}catch (IOException e) {
    e.printStackTrace();
}
```

除了构造方法，Socket 类常用的其他方法及功能如表 15-4 所示。

表 15-4　Socket 类常用方法及功能

方　　法	功　能　描　述
public InetAddress getInetAddress()	返回连接到远程主机的地址，如果连接失败，则返回以前连接的主机
public int getPort()	返回 Socket 连接到远程主机的端口号
public int getLocalPort()	返回本地连接终端的端口号
public InputStream getInputStream()	返回一个输入流，从 Socket 读取数据
public OutputStream getOutputStream()	返回一个输出流，向 Socket 中写数据
public synchronized void close()	关闭当前 Socket 连接

通常使用 Socket 进行网络通信的具体步骤如下：

① 根据指定 IP 地址和端口号创建一个 Socket 对象；

② 调用 getInputStream()方法或 getOutputStream()方法打开连接到 Socket 的输入/输出流；

③ 客户端与服务器根据协议进行交互，直到关闭连接；

④ 关闭客户端的 Socket。

下述案例示例了创建客户端 Socket 的过程，代码如下：

【代码 15.5】 ClientSocketExample.java

```java
package com;
import java.io.BufferedReader;
import java.io.IOException;
import java.io.InputStreamReader;
import java.io.PrintStream;
import java.net.Socket;
import java.net.UnknownHostException;
public class ClientSocketExample {
    public static void main(String[] args) {
        try {
            // 创建连接到本机、端口为 9999 的 Socket 对象
            Socket socket = new Socket("127.0.0.1", 9999);
            // 将 Socket 对应的输出流包装成 PrintStream
            PrintStream ps = new PrintStream(socket.getOutputStream());
            // 往服务器发送信息
            ps.println("我喜欢 Java");
            ps.flush();
            // 将 Socket 对应的输入流包装成 BufferedReader
            BufferedReader br = new BufferedReader(new InputStreamReader(
                    socket.getInputStream()));
            // 读服务器返回的信息并显示
            String line = br.readLine();
            System.out.println("来自服务器的数据：" + line);
            // 关闭
            br.close();
            ps.close();
            socket.close();
        } catch (UnknownHostException e) {
            e.printStackTrace();
        } catch (IOException e) {
            e.printStackTrace();
        }
    }
}
```

上述代码先创建了一个连接到本机、端口为 9999 的 Socket 对象，再使用 getOutputStream()获取 Socket 对象的输出流，用于往服务器发送信息，然后使用

getInputStream()获取 Socket 对象的输入流，读取服务器返回的数据；最后关闭输入/输出流和 Socket 连接，释放所有的资源。

15.2.2 ServerSocket 类

ServerSocket 是服务器套接字，运行在服务器端，通过指定端口主动监听来自客户端的 Socket 连接。当客户端发送 Socket 请求并与服务器端建立连接时，服务器将验证并接收客户端的 Socket，从而建立客户端与服务器之间的网络虚拟链路。一旦两端的实体之间建立了虚拟链路，就可以相互传送数据。

ServerSocket 类常用的构造方法如下：

(1) ServerSocket(int port)：根据指定端口来创建一个 ServerSocket 对象；

(2) ServerSocket(int port, int backlog)：创建一个 ServerSocket 对象，指定端口和连接队列长度，此时增加一个用来改变连接队列长度的参数 backlog；

(3) ServerSocket(int port, int backlog, InetAddress localAddr)：创建一个 ServerSocket 对象，指定端口、连接队列长度和 IP 地址。当机器拥有多个 IP 地址时，才允许使用 localAddr 参数指定具体的 IP 地址。

注意：ServerSocket 类的构造方法都声明抛出 IOException 异常，因此在创建 ServerSocket 对象时必须捕获或抛出异常。另外，在选择端口号时，建议选择注册端口(范围是 1024~49 151 的数)，通常应用程序使用这个范围内的端口，以防止发生冲突。

下面代码示例了创建一个 ServerSocket 对象。

```
try {
    ServerSocket server = new ServerSocket(9999);
} catch (IOException e) {
    e.printStackTrace();
}
```

ServerSocket 类常用的方法及功能如表 15-5 所示。

表 15-5 ServerSocket 类的常用方法及功能

方 法	功 能 描 述
public Socket accept()	接收客户端 Socket 连接请求，并返回一个与客户端 Socket 对应的 Socket 实例；该方法是一个阻塞方法，如果没有接收到客户端发送的 Socket，则一直处于等待状态，线程也会被阻塞
public InetAddress getInetAddress()	返回当前 ServerSocket 实例的地址信息
public int getLocalPort()	返回当前 ServerSocket 实例的服务端口
public void close()	关闭当前 ServerSocket 实例

通常使用 ServerSocket 进行网络通信的具体步骤如下：

① 根据指定的端口号来实例化一个 ServerSocket 对象；

② 调用 ServerSocket 对象的 accept()方法接收客户端发送的 Socket 对象；

③ 调用 Socket 对象的 getInputStream()/getOutputStream()方法来建立与客户端进行交互的 I/O 流；

④ 服务器与客户端根据一定的协议交互，直到关闭连接；
⑤ 关闭服务器端的 Socket；
⑥ 回到第②步，继续监听下一次客户端发送的 Socket 请求连接。

下述案例示例了创建服务器端 ServerSocket 的过程，代码如下：

【代码 15.6】 ServerSocketExample.java

```java
package com;
import java.io.BufferedReader;
import java.io.IOException;
import java.io.InputStreamReader;
import java.io.PrintStream;
import java.net.ServerSocket;
import java.net.Socket;
public class ServerSocketExample extends Thread {
    // 声明一个 ServerSocket
    ServerSocket server;
    // 计数
    int num = 0;
    public ServerSocketExample() {
        // 创建 ServerSocket，用于监听 9999 端口是否有客户端的 Socket
        try {
            server = new ServerSocket(9999);
        } catch (IOException e) {
            e.printStackTrace();
        }
        // 启动当前线程，即执行 run()方法
        this.start();
        System.out.println("服务器启动...");
    }
    public void run() {
        while (this.isAlive()) {
            try {
                // 接收客户端的 Socket
                Socket socket = server.accept();
                // 将 Socket 对应的输入流包装成 BufferedReader
                BufferedReader br = new BufferedReader(new InputStreamReader(
                        socket.getInputStream()));
                // 读客户端发送的信息并显示
                String line = br.readLine();
                System.out.println(line);
```

// 将 Socket 对应的输出流包装成 PrintStream
PrintStream ps = new PrintStream(socket.getOutputStream());
// 往客户端发送信息
ps.println("您是第" + (++num) + "个访问服务器的用户！");
ps.flush();
// 关闭
br.close();
ps.close();
socket.close();
} catch (IOException e) {
// TODO Auto-generated catch block
e.printStackTrace();
}
}
}
public static void main(String[] args) {
new ServerSocketExample();
}
}
```

上述代码服务器端是一个多线程应用程序，能为多个客户提供服务。在 ServerSocketExample()构造方法中，先创建一个用于监听 9999 端口的 ServerSocket 对象，再调用 this.start()方法启动线程。在线程的 run()方法中，先调用 ServerSocket 对象的 accept()方法来接收客户端发送的 Socket 对象；再使用 getInputStream()获取 Socket 对象的输入流，用于读取客户端发送的数据信息；然后使用 getOutputStream()获取 Socket 对象的输出流，往客户端发送信息；最后关闭输入、输出流和 Socket，释放所有资源。

前面编写的客户端程序 ClientSocketExample 与服务器端程序 ServerSocketExample 能够形成网络通信，运行时先运行服务器端 ServerSocketExample 应用程序，服务器端先显示如下提示：

服务器启动...

然后，运行客户端 ClientSocketExample 应用程序，此时服务器端又会增加打印一条信息：

我喜欢 Java

客户端应用程序会显示：

来自服务器的数据：您是第 1 个访问服务器的用户！

一般服务器端和客户端之间，使用 Socket 进行基于 C/S 架构的网络通信，程序设计的过程如下：

① 服务器端通过某个端口监听是否有客户端发送 Socket 连接请求；
② 客户端向服务器端发出一个 Socket 连接请求；
③ 服务器端调用 accept()接收客户端 Socket 并建立连接；
```

④ 通过调用 Socket 对象的 getInputStream()/getOutputStream()方法进行 I/O 流操作，服务器与客户端之间进行信息交互；

⑤ 关闭服务器端和客户端的 Socket。

15.2.3 聊天室

基于 TCP 网络编程的典型应用就是聊天室，下述内容使用 Socket 和 ServerSocket 实现多人聊天的聊天室程序。聊天室程序是基于 C/S 架构，分客户端代码和服务器端代码。其中，客户端是一个窗口应用程序，代码如下：

【代码 15.7】 ChatClient.java

```java
package com;
import java.awt.BorderLayout;
import java.awt.event.ActionEvent;
import java.awt.event.ActionListener;
import java.io.BufferedReader;
import java.io.IOException;
import java.io.InputStreamReader;
import java.io.PrintWriter;
import java.net.Socket;
import java.net.UnknownHostException;
import javax.swing.*;
// 聊天室客户端
public class ChatClient extends JFrame {
    Socket socket;
    PrintWriter pWriter;
    BufferedReader bReader;
    JPanel panel;
    JScrollPane sPane;
    JTextArea txtContent;
    JLabel lblName, lblSend;
    JTextField txtName, txtSend;
    JButton btnSend;
    public ChatClient() {
        super("聊天室");
        txtContent = new JTextArea();
        // 设置文本域只读
        txtContent.setEditable(false);
        sPane = new JScrollPane(txtContent);
        lblName = new JLabel("昵称：");
        txtName = new JTextField(5);
```

第 15 章 网络编程

```java
lblSend = new JLabel("发言：");
txtSend = new JTextField(20);
btnSend = new JButton("发送");
panel = new JPanel();
panel.add(lblName);
panel.add(txtName);
panel.add(lblSend);
panel.add(txtSend);
panel.add(btnSend);
this.add(panel, BorderLayout.SOUTH);
this.add(sPane);
this.setSize(500, 300);
this.setDefaultCloseOperation(JFrame.EXIT_ON_CLOSE);
try {
    // 创建一个套接字
    socket = new Socket("127.0.0.1", 9999);
    // 创建一个往套接字中写数据的管道，即输出流，给服务器发送信息
    pWriter = new PrintWriter(socket.getOutputStream());
    // 创建一个从套接字读数据的管道，即输入流，读服务器的返回信息
    bReader = new BufferedReader(
            new InputStreamReader(socket.getInputStream()));
} catch (UnknownHostException e) {
    e.printStackTrace();
} catch (IOException e) {
    e.printStackTrace();
}
// 注册监听
btnSend.addActionListener(new ActionListener() {
    public void actionPerformed(ActionEvent e) {
        // 获取用户输入的文本
        String strName = txtName.getText();
        String strMsg = txtSend.getText();
        if (!strMsg.equals("")) {
            // 通过输出流将数据发送给服务器
            pWriter.println(strName + " 说：" + strMsg);
            pWriter.flush();
            // 清空文本框
            txtSend.setText("");
        }
```

```
            }
        });
        // 启动线程
        new GetMsgFromServer().start();
    }
    // 接收服务器返回信息的线程
    class GetMsgFromServer extends Thread {
        public void run() {
            while (this.isAlive()) {
                try {
                    String strMsg = bReader.readLine();
                    if (strMsg != null) {
                        // 在文本域中显示聊天信息
                        txtContent.append(strMsg + "\n");
                    }
                    Thread.sleep(50);
                } catch (Exception e) {
                    e.printStackTrace();
                }
            }
        }
    }
    public static void main(String args[]) {
        // 创建聊天室客户端窗口实例，并显示
        new ChatClient().setVisible(true);
    }
}
```

上述代码在构造方法中先创建客户端图形界面，并创建一个 Socket 对象连接服务器，然后获取 Socket 对象的输入流和输出流，用于与服务器进行信息交互，输出流可以给服务器发送信息，输入流可以读取服务器的返回信息。再对"发送"按钮添加监听事件处理，当用户单击"发送"按钮时，将用户在文本框中输入的数据通过输出流写到 Socket 中，实现将信息发送给服务器。GetMsgFromServer 是一个用于不断循环接收服务器返回信息的线程，只要接收到服务器的信息，就将该信息在窗口的文本域中显示。注意在构造方法的最后创建一个 GetMsgFromServer 线程实例并启动。

聊天室的服务器端代码如下：

【代码 15.8】 ChatServer.java

```
package com;
import java.io.BufferedReader;
import java.io.IOException;
```

```java
import java.io.InputStreamReader;
import java.io.PrintWriter;
import java.net.ServerSocket;
import java.net.Socket;
import java.text.SimpleDateFormat;
import java.util.ArrayList;
import java.util.Date;
import java.util.LinkedList;
// 聊天室服务器端
public class ChatServer {
    // 声明服务器端套接字 ServerSocket
    ServerSocket serverSocket;
    // 输入流列表集合
    ArrayList<BufferedReader> bReaders = new ArrayList<BufferedReader>();
    // 输出流列表集合
    ArrayList<PrintWriter> pWriters = new ArrayList<PrintWriter>();
    // 聊天信息链表集合
    LinkedList<String> msgList = new LinkedList<String>();
    public ChatServer() {
        try {
            // 创建服务器端套接字 ServerSocket,在 28888 端口监听
            serverSocket = new ServerSocket(9999);
        } catch (IOException e) {
            e.printStackTrace();
        }
        // 创建接收客户端 Socket 的线程实例,并启动
        new AcceptSocketThread().start();
        // 创建给客户端发送信息的线程实例,并启动
        new SendMsgToClient().start();
        System.out.println("服务器已启动...");
    }
    // 接收客户端 Socket 套接字线程
    class AcceptSocketThread extends Thread {
        public void run() {
            while (this.isAlive()) {
                try {
                    // 接收一个客户端 Socket 对象
                    Socket socket = serverSocket.accept();
                    // 建立该客户端的通信管道
```

```java
                if (socket != null) {
                    // 获取 Socket 对象的输入流
                    BufferedReader bReader = new BufferedReader(
                        new InputStreamReader(socket.getInputStream()));
                    // 将输入流添加到输入流列表集合中
                    bReaders.add(bReader);
                    // 开启一个线程接收该客户端的聊天信息
                    new GetMsgFromClient(bReader).start();
                    // 获取 Socket 对象的输出流，并添加到输出流列表集合中
                    pWriters.add(new PrintWriter(socket.getOutputStream()));
                }
            } catch (IOException e) {
                e.printStackTrace();
            }
        }
    }
}
// 接收客户端聊天信息的线程
class GetMsgFromClient extends Thread {
    BufferedReader bReader;
    public GetMsgFromClient(BufferedReader bReader) {
        this.bReader = bReader;
    }
    public void run() {
        while (this.isAlive()) {
            try {
                // 从输入流中读一行信息
                String strMsg = bReader.readLine();
                if (strMsg != null) {
                    // SimpleDateFormat 日期格式化类，指定日期格式为
                    // "年-月-日  时:分:秒"，例如"2015-11-06 13:50:26"
                    SimpleDateFormat dateFormat = new SimpleDateFormat(
                        "yyyy-MM-dd HH:mm:ss");
                    // 获取当前系统时间，并使用日期格式化类格式化为指定格式的字符串
                    String strTime = dateFormat.format(new Date());
                    // 将时间和信息添加到信息链表集合中
                    msgList.addFirst("<== " + strTime + " ==>\n" + strMsg);
                }
            } catch (Exception e) {
```

```java
                    e.printStackTrace();
                }
            }
        }
    }
    // 给所有客户发送聊天信息的线程
    class SendMsgToClient extends Thread {
        public void run() {
            while (this.isAlive()) {
                try {
                    // 如果信息链表集合不空(还有聊天信息未发送)
                    if (!msgList.isEmpty()) {
                        // 则取信息链表集合中的最后一条，并移除
                        String msg = msgList.removeLast();
                        // 对输出流列表集合进行遍历，循环发送信息给所有客户端
                        for (int i = 0; i < pWriters.size(); i++) {
                            pWriters.get(i).println(msg);
                            pWriters.get(i).flush();
                        }
                    }
                } catch (Exception e) {
                    e.printStackTrace();
                }
            }
        }
    }
    public static void main(String args[]) {
        new ChatServer();
    }
}
```

在上述代码中，聊天室的服务器是基于多个线程的应用程序，其中：

（1）创建的 AcceptSocketThread 线程用于循环接收客户端发来的 Socket 连接，每当接收到一个客户端的 Socket 对象时，就建立服务器与该客户端的通信管道，即将该 Socket 对象的输入流和输出流保存到 ArrayList 列表集合中。

（2）创建的 GetMsgFromClient 线程用于接收客户端发来的聊天信息，并将信息保存到 LinkedList 链表集合中。

（3）创建的 SendMsgToClient 线程用于将 LinkedList 链表集合中的聊天信息循环发给所有客户端。

在聊天室服务器端的构造方法 ChatServer() 中，先后实例化 AcceptSocketThread 和

GetMsgFromClient 两个线程对象并启动；在 AcceptSocketThread 线程执行过程中，每当接收一个 Socket 对象时，说明新开启一个客户端，此时要建立与客户端的通信管道，并实例化一个 GetMsgFromClient 线程对象来接收客户端的聊天信息。通过服务器端的多线程实现多个人聊天的功能，使客户端都能看到大家发送的所有聊天信息。

运行测试时，依然是先运行服务器端，服务器端在控制台输出如下提示：

> 服务器已启动…

然后运行两个客户端，如图 15.2 所示，在各个客户端分别发送聊天信息，窗口中显示聊天室所有人的所有对话内容。

在局域网环境中，需要指定其中的一台计算机作为服务器并运行服务器端应用程序；修改客户端程序，将创建 Socket 的本机 IP "127.0.0.1" 改为服务器的真正的 IP 地址，然后在其他不同的计算机上运行客户端应用程序，可以更好地测试该聊天室应用程序。

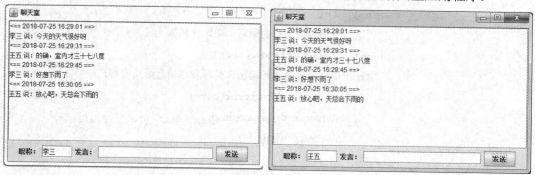

图 15.2 聊天室客户端

练 习 题

1. Java 网络程序位于 TCP/IP 参考模型的哪一层？＿＿＿＿。
   A. 网络层互联层　　B. 应用层　　C. 传输层网络　　D. 主机-网络层
2. InetAddress 类常用方法中，用于获得该 InetAddress 对象对应的 IP 地址字符串的方法是＿＿＿＿。
   A. getLocalHost()　　　　　　B. getHostAddress()
   C. getHostName()　　　　　　D. getCanonicalHostName()
3. URL 表示互联网上某一资源的地址，在通常情况下，URL 可以由协议名、主机、端口和资源四个部分组成，其语法格式正确的是＿＿＿＿。
   A. protocol://host:port/resourceName
   B. protocol:host://port/resourceName
   C. protocol://host/port/resourceName
   D. protocol:/host:port/resourceName
4. 以下不属于 socket 的类型的是＿＿＿＿。
   A. 流式套接字　　　　　　　　B. 数据报套接字
   C. 原始套接字　　　　　　　　D. 网络套接字

5．以下关于 Socket 的描述错误的是_____。
   A．是一种文件描述符
   B．是一个编程接口
   C．仅限于 TCP/IP
   D．可用于一台主机内部不同进程间的通信
6．以下哪个选项设定 Socket 的接收数据时的等待超时时间？_____。
   A．SO_LINGER   B．SO_RCVBUF
   C．SO_KEEPALIVE   D．SO_TIMEOUT
7．如何判断一个 Socket 对象当前是否处于连接状态？_____。
   A. boolean isConnected=socket.isConnected() && socket.isBound();
   B. boolean isConnected=socket.isConnected() && !socket.isClosed();
   C. boolean isConnected=socket.isConnected() && !socket.isBound();
   D. boolean isConnected=socket.isConnected();

参考答案：1. B   2. B   3. A   4. D   5. C   6. D   7. B

参 考 文 献

[1] QST 青软实训. Java 8 基础应用与开发[M]. 北京：清华大学出版社，2015.
[2] QST 青软实训. Java 8 高级应用与开发[M]. 北京：清华大学出版社，2016.
[3] 明日科技. Java 从入门到精通[M]. 北京：清华大学出版社，2016.
[4] 李刚. 疯狂 Java 讲义[M]. 北京：电子工业出版社，2014.
[5] 张化祥. Java 程序设计[M]. 北京：清华大学出版社，2010.
[6] 杨艳华. Java 程序设计教程[M]. 北京：清华大学出版社，2015.
[7] 颜志军. Java 2 实用教程[M]. 4 版. 北京：清华大学出版，2011.